Python で学ぶ 実験計画法入門

ベイズ最適化によるデータ解析

金子弘昌●著

講談社

・本書の執筆にあたっては、以下の計算機環境を利用しています。
　Windows 10 Pro
　Python 3.7

　本書に掲載されているサンプルプログラムやスクリプト、およびそれらの実行結果や出力などは、上記の環境で再現された一例です。本書の内容に関して適用した結果生じたこと、また、適用できなかった結果について、著者および出版社は一切の責任を負えませんので、あらかじめご了承ください。
・本書に記載されている情報は、2021 年 4 月時点のものです。
・本書に記載されているウェブサイトなどは、予告なく変更されていることがあります。
・本書に記載されている会社名、製品名、サービス名などは、一般に各社の商標または登録商標です。なお、本書では、™、®、© マークを省略しています。

まえがき

2020年1月、日本でも新型コロナウイルス（SARS-CoV-2）の感染者が確認され、その後まもなく、多くの大学において入構が禁止になりました。講義はオンラインで行われるようになります。そして、設備・装置・機器・薬品の揃った実験室でしかできない化学実験は、中断を余儀なくされました。筆者も大学教員として、教育・研究の現場において学生と実験ができない現状にやるせない思いをしてきました。

大学だけでなく企業においてもテレワークが推奨され、現場での実験をともなう研究・開発および製造は、縮小もしくは中断せざるを得ません。2021年限りで疫病が終息するとはいえないだけでなく、新たなウイルスが猛威を振るう可能性もあります。現状のまま何も対策をしないと、疫病のたびに世界の教育・研究・開発・製造がストップし、いずれ衰退してしまいます。

さらに日本では、人口、特に生産年齢人口の急激な減少が、高い確度をもって現実のものになります。そのため、思いつく限りの実験条件の候補をすべて実験するような、人海戦術による絨毯爆撃的な従来型の研究・開発が困難になります。これでは日本のものづくりも衰退してしまいます。

以上の状況を打破し、教育・研究・開発・製造にイノベーションを起こすことが、本書の目的です。本書で解説する実験計画法および適応的実験計画法、そしてそれを高度化したベイズ最適化により、人海戦術による絨毯爆撃的な従来型の研究・開発を刷新し、開発する材料・製品の目的を明確に指向した効率的な研究および開発に移行します。目指すべき材料や製品があるとき、その目標もしくは仕様を実現化するためにどのような実験レシピ・製造レシピにすればよいかが、事前に予測されます。このレシピに基づいて実験・製造することで、目標の材料や製品を獲得できます。結果的に実験回数・製造回数が少なくなり、効率的な材料設計・製品設計が可能です。本書ではこうした未来に向けた内容になっています。

この本の使い方

第1章には、分子設計・材料設計・プロセス設計・プロセス管理における実験計画法・適応的実験計画法・データ解析・機械学習の活用についての説明があります。まだ実験計画法を適用する具体的な対象がない方は、実験計画法を活用するイメージを膨らませることができると思います。実験計画法・適応的実験計画法について学習したい方は第2章をご覧ください。さらに第3章ではデータ解析手法・回帰分析手法の解説があり、適応的実験計画法の一つであるベイズ最適化につながるガウス過程回帰の説明もあります。第4章では回帰分析によって得られたモデルを運用するときに必要となる、モデルの適用範囲の解説があります。本書の内容は、高校卒業程度の数学の知識があることを前提としています。大学レベルの数学の基礎に関しては第 8 章に説明があります。必要に応じてご覧ください。その他、数学的な用語にはその都度補足説明を入れたり、参考文献を紹介したりしています。

さらに、実験計画法・適応的実験計画法・データ解析・機械学習に関して理解を深めるとともに、これらを実践的に活用するため、解説した手法を実際に実行するための、Python のサンプルプログラムもあります。サンプルプログラムを実行しながら内容を確認したい方は、第 8 章に必要なソフトウェアの説明、およびそれらのインストール方法や簡単な解説があります。本書で説明するすべての手法にサンプルプログラムが付いています。サンプルプログラムはすべて以下の GitHub のウェブサイトからダウンロードできます。

https://github.com/hkaneko1985/python_doe_kspub

サンプルプログラムに関する本文中での説明は必要最小限にとどめていますが、サンプルプログラムを実行するだけで本書と同様の結果が得られます。さらにサンプルプログラムにおけるデータセットを変えるだけで、例えばご自身でお持ちのデータセットに対しても、同様の解析ができます。Python のプログラムについて詳細に調べたり検討したりしたい場合は、本書の該当箇所を読んだり、サンプルプログラムのコメントを確認したり、「関数の名前 + python」でウェブ検索をしたりしてください。さらに解析を進めたい方は、「行いたい内容 + python」でウェブ検索するとよいでしょう。

第 5 章では、実験計画法・適応的実験計画法・ベイズ最適化を、Python の実践的なサンプルプログラムにより実際に行います。ぜひサンプルプログラムを実行しながら理解を深めていってください。さらに第 6 章には、分子設計・材料設計・プロセス設計における実験計画法・適応的実験計画法・ベイズ最適化の応用事例があります。

第 7 章には、発展手法として、第 5 章のベイズ最適化の効果を上回ることが確認されている手法の解説および解析結果の説明があります。分子設計・材料設計・プロセス設計のさらなる効率化のため、ぜひチャレンジしてみてください。

本書で扱う手法には、すべてサンプルプログラム・サンプルデータセットがあります。分子設計・材料設計・プロセス設計・プロセス管理の実習としても利用できます。そして、サンプルデータセットと同じ形式のデータセットをご自身で準備して、サンプルプログラムと同じフォルダ（ディレクトリ）に置けば、本書と同じ解析をそのまま実行することができます。

1 つ注意点として、基本的に本書で扱うデータセットの中身はすべて半角英数字で準備し、ひらがな・カタカナ・漢字などは使用しないことを前提としています。サンプルの名前や変数の名前などにひらがな・カタカナ・漢字を用いないよう注意してください。どうしてもひらがな・カタカナ・漢字を用いたい場合は、3.1 節におけるデータセットの読み込みに関する「参考」として対処法がありますのでご覧ください。

謝辞

本書の原稿の確認やサンプルプログラムの検証について、明治大学のデータ化学工学研究室（金子研究室）の石田敦子さん、畠沢翔太さん、江尾知也さん、山田信仁さん、岩間稜さん、谷脇寛明さん、山影柊斗さん、山本統久さん、杉崎大将さん、池田美月さん、今井航彦さん、金子大悟さん、中山祐生さん、本島康平さん、湯山春介さん、吉塚淳平さんにご助力いただきました。ここに記し、感謝の意を表します。ありがとうございました。また、自宅で執筆していても温かく見守ってくれた妻の藍子と、おとなしくしてくれた娘の瑠那と真璃衣に感謝します。

目次

データ解析や機械学習を活用した分子設計・材料設計・プロセス設計・プロセス管理

1.1 ケモ・マテリアルズ・プロセスインフォマティクス

データ解析や**機械学習**は、材料の研究・開発・製造といったいろいろな段階で利用できます（図1.1）。ここでは創薬や製薬を例にして説明します（図1.2）が、もちろん創薬や製薬だけでデータ解析や機械学習が活用されているわけではありませんので、読者のみなさまが対象とする材料の研究や開発、製造に置き換えて、お読みください。

材料の研究・開発・製造

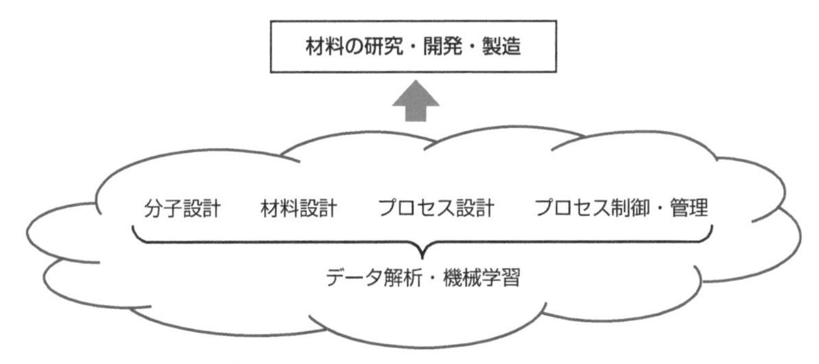

図 1.1　材料の研究・開発・製造における
データ解析や機械学習による分子設計・材料設計・プロセス設計・プロセス制御・管理

✔分子設計・化合物設計・化学構造設計・医薬品設計
（ケモインフォマティクス・マテリアルズインフォマティクス）
・例）薬効をもつ化合物

✔材料設計
（ケモインフォマティクス・マテリアルズインフォマティクス）
・例）薬剤

✔プロセス設計
（プロセスインフォマティクス）
・例）錠剤を作るための反応器

✔プロセス管理
（プロセスインフォマティクス）
・例）化学プラント

図 1.2　創薬や製薬を例にしたケモインフォマティクス・
マテリアルズインフォマティクス・プロセスインフォマティクス

鼻水やくしゃみが出るときに、薬を飲んで治った、という場合の基本的なメカニズムは、体の中の細胞にあるタンパク質と、薬に含まれる有効成分である化合物が結合して、薬としての効果を発揮する、ということになります。有効な薬を作るのに重要となるのは、タンパク質と結合する化合物の化学構造を考えることです。このような分子設計において、データ解析や機械学習が活用されます。分子設計では、化合物の物性・活性・特性Ｙと化学構造Ｘとの間で、数値モデル $Y = f(X)$ を、データベースを用いて統計的に構築します。このモデルを用いることで、化学構造からそれがもつ物性・活性・特性の値を予測できたり、物性・活性・特性が目標の値となるような化学構造を提案できたりします。分子設計のように化合物のデータを扱ってデータ解析や機械学習を行う研究分野のことを**ケモインフォマティクス**や**マテリアルズインフォマティクス**と呼びます。

もちろん医薬品設計は非常に難しい課題ですが、薬の有効成分になるような分子が見つかったとしましょう。しかし、ここでゴールではありません。胃で効く薬にするのか、腸で効く薬にするのか、といったことを考えて錠剤を設計する必要があります。ここでもデータ解析や機械学習が活用されます。材料における製品品質としての物性・活性・特性Ｙと、今度はその実験レシピ、つまり実験条件や製造条件Ｘとの間で、数値モデル $Y = f(X)$ を構築します。このモデルを用いることで、実験レシピから物性・活性・特性の値を予測できたり、物性・活性・特性が目標の値となるような実験レシピを提案できたりします。これは材料設計と呼ばれ、材料データを扱ってデータ解析や機械学習を行う研究分野も、ケモインフォマティクスやマテリアルズインフォマティクスと呼ばれています。

１つの錠剤ができたとします。ただ、ここでもゴールというわけではありません。たくさんの人に錠剤を届けるためには、錠剤をたくさん製造しなければならず、そのための反応器が必要です。反応器の設計のようなプロセス設計においても、データ解析や機械学習を活用することで効率的に設計できます。基本的には対象とするプロセスにおいてプロセスシミュレーションを行うことによって得られるデータセットを用いて、シミュレーション条件Ｘと生産量・製品純度などのシミュレーションの結果Ｙとの間で数値モデル $Y = f(X)$ を構築します。このモデルを用いることで、シミュレーション条件からシミュレーションの結果を予測できたり、望ましいシミュレーション結果になるようなシミュレーション条件を提案できたりします。プロセス設計のようにプロセスのデータを扱いデータ解析や機械学習を行う分野を**プロセスインフォマティクス**と呼びます。もちろん反応器だけでなく、生成した化合物を精製するための蒸留塔などの、様々なプロセスを設計することが大切です。

設計したプラントを実際に建てたあと、プラントを運転するときには、プラントを制御して適切にプロセス管理をします。例えば錠剤を製造したあとに、この錠剤は効くが、あの錠剤は効かない、ということがあってはいけないため、高品質な製品を安定的に製造する必要があります。ただ、製品の濃度や密度など、測定に時間がかかったり、測定頻度が低かったりするプロセス変数を制御しようとすると、測定時間だけ制御に遅れが生じたり、適時制御することが困難になったりしてしまいます。ここでもデータ解析や機械学習を活用できます。測定に時間がかかったり、測定頻度が低かったりして測定が難しいプロセス変数Ｙと、簡単に測定できるプロセス変数Ｘとの間で数値モデル $Y = f(X)$ を構築します。このモデルを用いることで、測定が簡単なプロセス変数の値から測定が困難なプロセス変数の値を推定できます。推定値をあたかも実測値のように用いることで、迅速なプロセス制御ができ、効率的なプロセス管理を達成できるわけです。さらに、プロセス変数の値が目標の値になるような操作条件をモデルから提案できます。このようなプロセス管理においてデータ解析や機械学習を活用する分野もプロセスインフォマティクスと呼ばれています。

以上のように、薬の分野でいうところの創薬から製薬まで、幅広い分野でデータ解析や機械学習を活用できます。もちろん他の材料でも、様々な分野でデータ解析や機械学習により材料の研究・開発・製造を効率化できます。

1.2 分子設計

また薬の例になりますが、分子設計において、IC_{50} の値が小さい化合物を見つけることを考えます（図 1.3）。IC_{50} とは、標的としているタンパク質の機能を 50 % 阻害する化合物の濃度であり、この値が小さいほど薬になりやすいといえます（今回は薬を例にしており IC_{50} で話を進めますが、もちろん薬以外も扱えますので、読者のみなさまが対象としている物性や特性に置き換えてください）。そのため実験科学者は、IC_{50} の値が小さくなるような化学構造を考えて、実際にその構造になるように分子を合成します。その後、IC_{50} の値を測定して、その値が目標を達成していたら終了ですが、目標を達成しなかった場合には、再び IC_{50} の値が小さくなるような化学構造を考えて、その分子を合成し、IC_{50} を測定します。これを繰り返し行い、薬になりそうな化合物を探します。

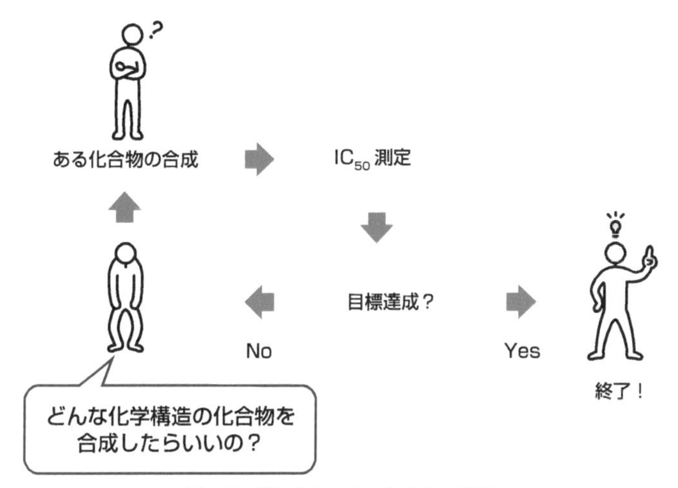

図 1.3　薬になりやすい化合物の探索

医薬品を見つけるのは 20,000 分の 1 という非常に低い確率といわれており [1]、医薬品設計は非常に難しい課題です。目標の IC_{50} の値にならないことが続くと、次はどのような化学構造の分子を合成すればよいのか、と考えるでしょう。このようなときに、データ解析や機械学習を活用できます。仮定するのは IC_{50} のような活性・物性・特性が測定された化合物群があることです。このとき、化合物の化学構造がわかれば計算できる情報を**特徴量**（もしくは記述子・説明変数）X とおきます（詳細は 5.5 節）。一方で IC_{50} のような、実験したり合成したり測定したりしないと得られない物性・活性・

特性などの情報を Y とおきます。この X と Y の間で数値モデル Y = f(X) を構築します。

では、どのように X として数値化したりモデル Y = f(X) を構築したりするのでしょうか。

最も単純な方法の一つに原子団寄与法があります（図 1.4)。まず、各分子の化学構造を、あらかじめ決めておいた原子団に分割して、それぞれの原子団の数を数え上げます。図 1.4 のように、1 つの分子に対して 1 行の数値で表されるため、例えば 100 化合物あれば、100 行になります。エクセルのシートが埋まるようなイメージです。これが X のデータセットです。Y のデータセットは化合物ごとの IC_{50} の値であり、1 列で表され、X のデータセット（のエクセルシート）の横に結合するイメージです。次に、このデータセットを使って X と Y の間で数値モデル Y = f(X) を構築します。もちろん、図 1.4 の原子団寄与法における数値化の方法では、原子団の間の距離や分子の複雑性などの分子の詳細な情報を表現できないため、実際にはさらに複雑な特徴量を計算します。この辺りの分子の扱いについては、5.5 節において Python のサンプルプログラムがあります。

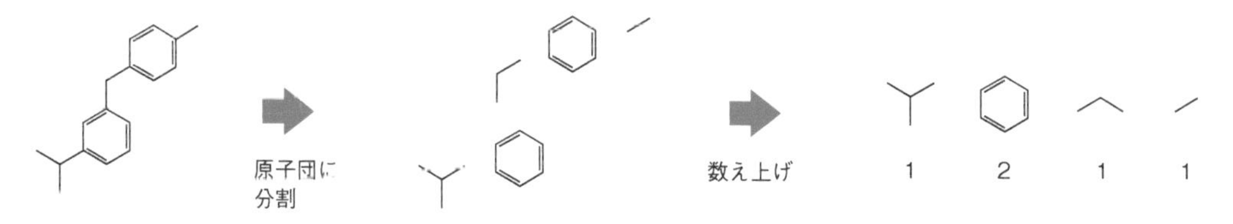

図 1.4　化学構造の数値化の例

X と Y との間で数値モデルを構築する手法の一つに最小二乗法による線形重回帰分析（Ordinary Least Squares, OLS）があります。まず図 1.5 のように、Y = f(X) を、先ほど数え上げたそれぞれの原子団の数に、何らかの値（a_1, a_2, …）をかけて、それらをすべて足し合わせたもの、と仮定します。とりあえず図 1.5 のような式で IC_{50} は表されると決めてしまうわけです。次に a_1, a_2, … といった数値をデータセットから求めます。求め方は、IC_{50} の実測値（図 1.5 の左辺）と図 1.5 の右辺で計算される IC_{50} の計算値との間の差（誤差）が小さくなるように決める、といった方法です。a_1, a_2, … の数値が決まったあとの図 1.5 の式が、いわゆる**人工知能（Artificial Intelligence, AI）**です。人工知能といっても、基本は中学校や高等学校で勉強する Y = aX + b であり、実際に用いられているのもそれを複雑にしたものといえます。もちろん図 1.5 の式では X と Y との間の複雑な関係は考慮できません。OLS の詳細や他の（より複雑な）Y = f(X) を求める方法に関しては、第 3 章で説明します。

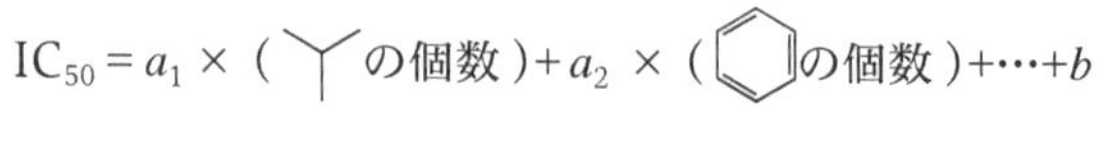

$$IC_{50} = a_1 \times (\text{〔構造〕の個数}) + a_2 \times (\text{〔ベンゼン環〕の個数}) + \cdots + b$$

図 1.5　Y = f(X) の例

図 1.5 のようなモデル Y = f(X) が構築されたとします。このモデルを用いることで、実際に化合物を合成していなくても、その化学構造さえわかれば、X の値を図 1.5 のように計算してモデル

に入力することで、IC_{50} のような物性・活性・特性の値を推定できます。例えば ChemDraw [2] や MarvinSketch [3] のようなソフトウェアで化学構造を描画して、その分子がもつと考えられる活性・物性・特性の値を推定できます。人が分子を描くのには時間がかかるため、もちろん実験するよりは早いですが、多くても 1 日に数十個の化学構造の活性・物性・特性しか推定できないでしょう。しかし、例えばこちらのウェブサイト [4] にあるような、化学構造のメインの骨格と置換基の両方を変化させながら化学構造を自動的に生成するプログラムを使うことで、1 日に数百万もの化学構造を作ることができます。コンピュータの計算速度は速いため、これらの化学構造を X に数値化し、モデルに入力して物性・活性・特性の値を推定することも一晩で可能です。このように、実験するには現実的に不可能な数の化学構造でも、それらがもつと考えられる活性・物性・特性の値をコンピュータなら推定できます。良好な推定値をもつ化学構造を選択することで、有望な化学構造を獲得できるでしょう。

もちろんコンピュータで計算できる IC_{50} のような活性・物性・特性の値はあくまで推定値であるため、たとえそれが有望な値でも、実際に合成したり測定したりして検証する必要があります。実際、実験で検証された例もあります。薬の例でいえば、モデル Y = f(X) を用いて CARM1 阻害剤となる化合物 15 個を 10 万の化合物から選んだところ、その中の 3 つの 化合物は乳がん細胞の増殖に対して実際に阻害活性を示しました [5]。20,000 分の 1 の確率を 15 分の 3 に高めたと考えることができます。他の材料でも、ニッケル触媒の新規リガンドをモデルから提案することでクロスカップリング反応の選択性と収率が向上した例 [6] や、有機薄膜太陽電池の新しい材料をモデルに基づいて設計することで光電変換効率が向上した例 [7] や、リチウムイオン電池の電解液を難燃化する材料をモデルで探索した例 [8] などが報告されています。

以上のように、データベースを活用したデータ解析や機械学習により、活性・物性・特性が所望の値をもつ分子の設計を効率化できます。

1.3 材料設計

材料の活性・物性・特性は、化学構造だけでなく材料の作り方、つまり実験条件や製造条件によっても変化します。例えば高分子設計において、単量体（モノマー）の化学構造だけでなく、そのモノマーの種類・組成比や、反応温度や反応時間といった重合条件によっても、高分子の各種の物性は変わります。実験条件・製造条件を X、材料の活性・物性・特性を Y として、X と Y との間で数値モデル Y = f(X) を構築することで、材料設計を効率化できます。

例えば表 1.1 のような、実験条件 X（モノマー 1 の組成、モノマー 2 の組成、モノマー 3 の組成、重合温度、重合時間）とその実験結果である材料物性 Y のデータセットがあれば、分子設計と同様にして、例えば OLS で数値モデル Y = f(X) を構築できます（具体的な構築方法については第 3 章参照）。もしここでデータセットがなければ、最初に作成する必要があります。実験条件・製造条件のいくつかの候補を決め、それらの条件で実験をして材料の物性を測定します。最初に実験する実験条件の候補を決める方法が実験計画法であり、詳しくは第 2 章で解説します。

表 1.1　材料設計におけるデータセットの例

	X1	X2	X3	X4	X5	Y
	モノマー 1 の組成	モノマー 2 の組成	モノマー 3 の組成	重合温度	重合時間	材料物性
材料サンプル 1	0.5	0.1	0.4	135	80	2.25
材料サンプル 2	0.7	0.0	0.3	105	50	2.24
材料サンプル 3	0.0	0.2	0.8	120	40	3.25
材料サンプル 4	0.9	0.1	0.0	110	90	2.08
材料サンプル 5	0.2	0.0	0.8	125	120	3.18
材料サンプル 6	0.7	0.1	0.2	140	60	2.10
材料サンプル 7	0.1	0.0	0.9	130	10	3.54
材料サンプル 8	0.1	0.0	0.9	140	90	3.55
材料サンプル 9	0.4	0.1	0.5	150	110	2.44
材料サンプル 10	0.5	0.2	0.3	110	40	2.24
材料サンプル 11	0.8	0.1	0.1	100	10	2.13
材料サンプル 12	0.8	0.1	0.1	115	40	2.07
材料サンプル 13	0.5	0.2	0.3	110	80	2.20
材料サンプル 14	0.5	0.4	0.1	140	40	2.32
材料サンプル 15	0.0	0.1	0.9	100	10	3.55
材料サンプル 16	0.5	0.3	0.2	105	50	2.17
材料サンプル 17	0.0	0.3	0.7	130	20	3.02
材料サンプル 18	1.0	0.0	0.0	120	60	2.16
材料サンプル 19	0.8	0.1	0.1	150	100	2.09
材料サンプル 20	0.3	0.0	0.7	110	10	2.98

モデル $Y = f(X)$ を用いることで、まだ実験していない実験条件の候補の値をモデルに入力し、実験の結果としての材料サンプルがもつと考えられる物性の値を推定できます。さらに、推定値が材料物性の目標値になる、もしくは近いような実験条件の候補を選択することで、次に行う実験を決められます。

実験の結果が得られたら、それが目標を達成していれば終了です。目標を達成していなかったら、実験条件の候補と実験結果をあわせたものをデータベースに追加して、再度モデルを構築します。新たに構築されたモデルを用いることで、次は別の実験条件の候補が選択されます。このように、モデル構築と次の実験の提案を繰り返すことを**適応的実験計画法**と呼び、詳細は 2.3 節で解説します。

1.4 なぜベイズ最適化が必要か

これまで、Y の推定値が目標値に近いような X の候補を次の実験条件の候補として選択する、といった説明をしていました。分子設計でも、化学構造を選択するときは推定値を基準にしていました。しかし、Y の目標値と現状の Y の値との隔たりが大きいときに、適応的実験計画法、つまり実験とモデル構築とを繰り返すことで目標を達成することを目指す場合には、そのようなYの推定値に基づいた選び方よりも、次に説明する「Yの目標を達成する確率」に基づいた選び方のほうが、実験回数が少なくて済む傾向があることがわかってきています。「Yの目標を達成する確率」について図1.6を用いて説明します。Y（縦軸）として1つの物性、X（横軸）として1つの実験条件（特徴量）とします。図1.6の赤点のデータベース（6サンプル）を用いて、図中の曲線のモデルY = f(X)が構築されたとします。モデルについて言い換えると、Xにいろいろな値を入力したときの、Yの推定値の集まりの曲線です。破線で囲まれた青色の領域がYの目標で、この範囲に入るようなXの値を探索したい場合を考えます。

単純にYの推定値、つまり曲線だけに基づいてXの値を探すと、曲線が最もYの目標に近づくのは、Xの値がc_1のときになります。しかし、図を見てもわかるように、Xがc_1の辺りにはサンプルがいくつも存在していて、これらのサンプルよりYの物性の値を向上させることは難しいと考えられます。このような状況においても、Yの推定値が良好なXの候補を選ぶと、c_1となり、さらにはその次の実験条件の探索のときにもc_1付近の値となることが予想されます。物性の大きな向上が期待できないXの候補が選ばれ続けてしまい、毎回同じような実験をすることになってしまいます。そのため、c_1よりは既存のサンプルから離れたところの、（失敗するかもしれませんが）少し挑戦的なXの値が選ばれたほうが、まだよさそうです。図1.6のようにXの特徴量が1つであれば、もうc_1付近には有望そうな候補はないことを目で見て確認できますが、例えば10個など複数の特徴量があると、状況がよくわかりません。このような場合、Yの推定値だけでなく、推定値のばらつきを考えます。このばらつきは、**ガウス過程回帰（Gaussian Process Regression, GPR）**によって計算でき、詳細は3.11節で解説します。

とにかく、Yの推定値ごとに、推定値のばらつきも計算できたとします。図1.6のXの値がc_1におけるYのエラーバーのようなイメージです。これにより、ある1つのXの値におけるYの推定結果を、ばらつきを標準偏差、推定値を平均値とした正規分布として表せます。Xの候補それぞれにおいて、正規分布でYを推定できるわけです。この正規分布は、**確率密度関数（Probability Density Function, PDF）**であるため、ある範囲で積分すると、その範囲に入る確率として定義できます。つまり、Yの目標の範囲で積分する、つまり図1.6のようにYの目標の範囲で囲まれる正規分布の面積を求めることで、その面積の値を「Yの目標を達成する確率」と考えられるわけです。次の実験条件、つまりXの値の候補を選択するとき、推定値が物性値に近い候補ではなく、正規分布をYの目標の範囲で積分した値である「Yの目標を達成する確率」が高い候補を選びます。図1.6においては、Xの値がc_1のときよりc_2のときのほうが、面積が大きくなり、（推定値は目標から離れていても）c_2が選ばれることになります。

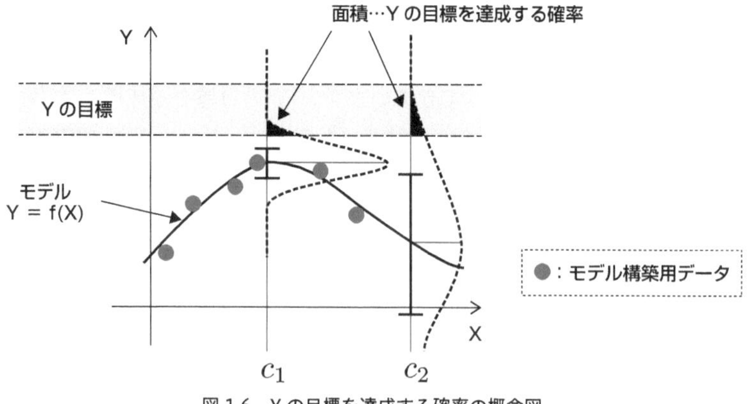

図1.6　Yの目標を達成する確率の概念図

このように次の実験条件の候補を選ぶことで、これまでのサンプルにおける物性の最良値と比べて、Yの目標が遠いときには、より外挿、つまりこれまでのサンプルにおけるXの値から離れた候補が選ばれやすくなり、目標が近くなるにつれてより内挿が選ばれやすくなります。データベースにおけるYの値がまだ目標から遠いときには、挑戦的な実験条件が選択されるわけです。もちろん、目標に入る確率が比較的高いというだけで、確実にその目標に入るわけではありません。確率が高くなるような候補を選び、それを実験することを繰り返せば、Yの推定値だけで候補を選択するよりも、より少ない実験回数でYの目標に達成できる、という理屈です。以上のような適応的実験計画法のことを**ベイズ最適化**と呼び、詳細は5.4節で説明します。例えば分子設計や材料設計の課題において、ベイズ最適化によりYの推定値だけで候補を選ぶよりも少ない回数で、目標に達成できることが確認されています。

分子設計と材料設計を組み合わせることで、何を作るか（材料自体）だけでなく、どう作るか（材料の作り方）も探索・最適化することが可能になります。

1.5 プロセス設計

反応器の形状・体積や反応器における反応温度・反応時間といったパラメータは、所望の反応器になるように、つまり生産量や製品の収率・純度が高いように、制御しやすいように設計されます。ただ、分子設計や材料設計と異なり、一度反応器を作って、目標の性能に達していなかったら、もう一度反応器を作り直す、といったことはコスト的・時間的に難しいです。そのため、基本的にはプロセスシミュレーションやCFD (Computational Fluid Dynamics) シミュレーションのような、コンピュータシミュレーションで反応器をはじめとした装置やプラントの計算をします。ただ、このシミュレーションにも計算時間がかかります。例えば、1回のシミュレーションに1時間かかるとします。反応器の大きさ・反応時間・反応温度など6つのパラメータがあり、パラメータごとに10の候補値があるとすると、すべての組み合わせの数は $10^6 = 100$ 万 になり、すべてのシミュレーションが終わるまで100万時間もかかってしまい、現実的ではありません。

そこで、効率的にプロセスの設計をするために、データ解析や機械学習が活用されます（図1.7）。ただし、実施している内容としては、材料設計でも説明したような実験計画法や適応的実験計画法です。まず、コンピュータシミュレーションをする条件（反応器の形状・体積や反応器における反応温度・反応時間など）Xを決めます。すでにXを振ってシミュレーションした結果があればそれを使いますし、まだなければ、実験計画法（第2章参照）で最初にシミュレーションをするXの候補を求め（例えば30通り）、実際にシミュレーションをします。シミュレーションの結果Yを用いて（XとYのデータベースとし）、Xとの間でモデルY＝f(X)を構築します。このモデルを活用して次のシミュレーションにおけるXの候補を決めます。例えばXのすべての候補が100万通りであれば、それらをモデルに入力して、100万通りそれぞれの推定値およびそのばらつきを計算し、材料設計のときのような「Yの目標を達成する確率」を計算します。そして、確率が高いようなXの候補を選択し、実際にシミュレーションを行います。この結果、実際に目標を達成していたら終了ですし、まだ達成していなかったら、シミュレーションの結果をデータベースに追加して、モデルY＝f(X)を再構築します。モデルの（再）構築・Xの候補の決定・シミュレーションといったサイクルを回すことで、目標を達成するようなシミュレーション条件を効率的に決めることができます。

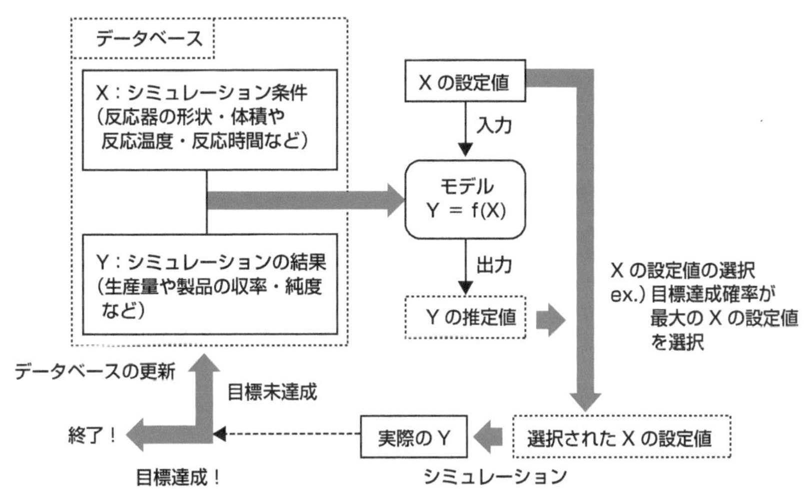

図1.7　適応的実験計画法によるプロセス設計

1.6 プロセス管理

プロセス設計を経て製造された装置や化学プラントを運転するときは、プロセスを制御し、管理する必要があります。化学プラントやいろいろな装置では、センサーなどによって温度・圧力・流量といったプロセス変数の値が測定されています。例えば温度は、センサーによりリアルタイムに値を測定できるため、シャワーの温度を素早く42 ℃にできるように、装置やプラントにおいてもPID制御などにより温度を迅速に制御する検討はできます。しかし、濃度や密度といった製品品質のように、製品をサンプリングして、研究室まで持っていき、測定装置にかけてしばらく待って測定結果が出てくるといったような、測定時間がかかったり、頻繁には測定されていなかったりするようなプロセス変数の場合、制御に遅れが生じてしまいます。

このような状況において、ソフトセンサー（図1.8）が活用されます。まず、温度や圧力のように簡単に測定可能なプロセス変数をXとし、濃度や密度のように測定が困難なプロセス変数をYとします。次に、Yは測定が困難といっても、例えば1日に3回や1日に1回といった頻度で測定はされているため、XとYの既存の測定データ（データベース）を作れます。ソフトセンサーとは、このデータベースを用いて、XとYの間で構築された数値モデル $Y = f(X)$ のことです。モデルの構築方法としては、例えば分子設計のところで説明したようなOLSが用いられます。モデル（例えば図1.8の 濃度＝1.5×温度＋0.5×圧力）が得られてしまえば、Xとして温度・圧力などの値はリアルタイムに測定されているため、その値をモデルに入力することで、Yの値をリアルタイムに推定できます。この推定値をあたかも実測値のようにモニタリングすることで、実測値が得られない状況でも、迅速な制御を達成できます。

ソフトセンサーの活用の仕方を4つ紹介します。1つ目は先ほど述べたように、ソフトセンサーによる推定値を実測値の代わりに使用する、ということが挙げられます。推定値をモニタリングすることにより、迅速な制御ができたり、分析計の測定頻度を減らしたりできます。2つ目は、分析計と一緒にソフトセンサーを用いることで、分析計の故障を診断することです。例えば分析計の実測値と、ソフトセンサーの推定値が離れているとき、つまり誤差が大きいときに、分析計に何らかの異常が生じたと考えることができます。3つ目は、プロセス変数の間の関係を検討することです。例えば、図1.8のような「濃度＝1.5×温度＋0.5×圧力」というモデルが構築されたら、もちろん実際には温度や圧力の間にも相関関係があるため単純なことはいえませんが、温度や圧力は濃度に正に効いているだろう、と考えられます。最後は、ソフトセンサーを仮想的なプラントとみなすことです。Xの時間変化の値をソフトセンサーに入力することで、その結果としてYの値がどのように変化するか推定できるため、実際にXの値を操作したときに、Yの値がどうなるかを検討できます。Yの設定値変更をするときに、なるべく効率的に制御するためにはXの値をどのように時間変化させればよいかを検討できます。最後の点に関しては、適応的実験計画法を活用できます。

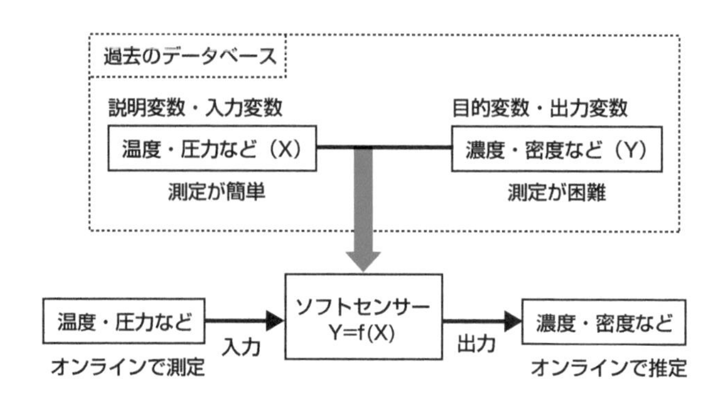

例）濃度 =f(温度、圧力)
=1.5× 温度 +0.5× 圧力

図1.8　ソフトセンサーの概要

1.7 データ解析・人工知能（モデル）の本質

前節まで、ケモインフォマティクス・マテリアルズインフォマティクス・プロセスインフォマティクスとして、分子設計・材料設計・プロセス設計・プロセス管理をデータセットに基づいて実施する話をしました。共通して大事なことは、データ解析や機械学習によりモデル $Y = f(X)$ を構築したり、構築されたモデルを適切に使用したりすることです。データに基づいて構築されたモデルのことを人工知能と呼ぶこともあります。人工知能を作る、つまりモデルを構築するということは、形式的には、データの中に潜むパラメータ（X, Y）の間の関係を抽出している、といえます。ではこれは本質的に何を意味するのでしょうか。

例えば材料設計で高機能材料を設計するとき、実験条件を変えながら、目標を満たす材料を作るための実験条件・製造条件を決めることを考えます。このような状況において、実験をする研究者が高機能材料を作るために、その人のもつ情報・知識・知見・経験、ときには感性や勘を使って、次の実験条件・製造条件を考え、実験をしています。その結果として、材料が作られ、その物性や活性の値が測定され、1つのサンプル（データ）になるわけです。もちろん1人の研究者だけでなく、複数の研究者によって、このような実験が行われることもあります。そのため、それらのデータを集めたデータセットの中には、たくさんの研究者の情報・知識・知見・経験・感性・勘がつまっています。

このデータセットを見ただけでは、研究者たちがどうして、どのような思考の結果で、そのような実験をしたのか理解することは難しいでしょう。つまり研究者の情報・知識・知見・経験・感性・勘を有効に活用できていません。データ解析をして人工知能を作る、すなわちモデル $Y = f(X)$ を構築するということは、データセットの中から、研究者の情報・知識・知見・経験・感性・勘を抽出している作業といえます。

高機能性材料を作るプロセスにはサイエンスがあり、材料パラメータ・実験パラメータの間には（すべてのパラメータが手元にあることが前提ですが）、何らかの関係性があります。実際には、その関係性はわからないことが多いですが、研究者たちはそのサイエンスを把握しようといろいろと調査したり、自分で考えたり、考えたことを実験で検証したりしています。もちろん、実際は1人だけでなく複数の人たちが（同じ場所もしくは別の場所で）研究しています。そのような研究者たちの考えたことが、データセットに反映されています。研究者たちの考えたサイエンスがデータセットに存在しているわけです。データ解析や機械学習により人工知能を作るというのは、そのサイエンスを抽出していることといえます。

作られた人工知能を使うというのは、過去の実験結果を再現させたり、いろいろな研究者の情報・知識・知見・経験・感性・勘がつながった結果をチェックしたりすることに対応します。もしくは、少しだけ情報・知識・知見・経験・感性・勘を外挿させます。その結果、有用な（目標の物性値に近づく）材料が得られる可能性が出てきます。

第2章 実験計画法

高機能性材料を開発することを考えます。材料設計をするためには、例えば表1.1のようなデータセットが必要です。つまり、モノマー1の組成、モノマー2の組成、モノマー3の組成、重合温度、重合時間といった実験条件のパラメータXに関して、いくつかの値の組み合わせで実験して、その実験結果である材料物性Yのデータセットを得ないと、前章で概要を説明したようなデータ解析ができません。データ解析を実施することを前提としたときに、良好なモデル$Y = f(X)$を構築できるように、最初に実験すべき適切なXの候補を決める方法が、**実験計画法（Design of Experiments, DoE）**です。実験計画法によって提案された実験条件で実験し、Yを測定することでXとYのデータベースを作成し、モデル$Y = f(X)$を構築すれば、Yの値が良好になるような次の実験条件をモデルから提案できます。提案された実験条件での実験結果が、Yの目標を達成していれば終了となりますが、達成していなければ、実験結果をデータベースに追加して、再度モデル$Y = f(X)$を構築します。モデル構築、新たな実験条件の提案、実験、実験結果のデータベースへの追加を繰り返しながら、Yの目標を達成する材料を作るための実験条件を探索することを、**適応的実験計画法（Adaptive Design of Experiments, ADoE）**と呼びます。本章では、実験計画法と適応的実験計画法について説明します。

2.1 なぜ実験計画法か

A, B, C, Dを何らかの化合物として、化学反応$A + B \rightarrow C + D$におけるCの収率を上げることを考えます。収率が最も高くなる実験条件を見つけることが目標となります。

実験条件の一つである反応温度を25 ℃にして実験することを考えます。人間は精密機械ではありませんし、実験するときの環境が完璧に同じになることはありえませんので、同じ実験条件で実験しても、結果は少しずつ異なります。つまり、収率の値はばらつきます。そこで同じ実験条件で何回か、例えば3回実験します。

もちろん、他の反応温度の値のほうが収率は高くなる可能性があります。そこで25 ℃だけでなく、別の反応温度の値でも実験します。例えば、反応温度が20 ℃, 30 ℃, 35 ℃, 40 ℃, 45 ℃, 50 ℃の場合でも実験します。(25 ℃を合わせて）7通りの反応温度がありますので、実験の回数は$3 \times 7 = 21$回となります。

さらに、反応温度だけでなく、反応時間や触媒量も変更すると、収率がより高い実験条件がある可能性があります。反応時間・触媒の量もそれぞれ7通りあるとして、反応温度・反応時間・触媒量について、すべての実験条件の組み合わせで実験すると、実験の回数は $3 \times 7 \times 7 \times 7 = 1{,}029$ 回もの数になります。すべて実験するのは現実的ではありません。

ここで考え方を変えます。もちろん、収率が最も高くなる実験条件を探索することが最終的な目標ですが、その前の階段として、下のモデルを求めることを目標にします。

$$収率 = f\,(反応温度、反応時間、触媒量) \tag{2.1}$$

f は何らかの数式であり、「化学反応モデル」と名付けます。f に反応温度・反応時間・触媒量を入力すると、収率の値が出力されます。このモデルがあれば、反応温度・反応時間・触媒量を変えたときに収率がどうなるか、実験せずに確認できます。計算で化学反応ができるわけです。そして、計算の結果、収率が最も高い実験条件で、実際に実験することが可能となります。

以上の化学反応の例のように、高機能性材料を作るための実験をしたり、装置を設計するために時間のかかるコンピュータシミュレーションをしたりすることがあります。実験をするときは、使用する原料や原料の量をはじめとして、いろいろな実験条件をあらかじめ決める必要があります。実験レシピを決めるわけです。シミュレーションをするときにも、あらかじめいろいろなパラメータの設定値を決める必要があります。目的の高機能性材料を作るための実験レシピや、目的の装置となるようなパラメータの設定値がわからないときは、実験条件をいくつか振って実験したり、パラメータの設定値をいくつか振ってシミュレーションをしたりします。実験条件の数やパラメータの数が多いとき、そして実験条件ごと、パラメータごとに候補の値もしくは種類が多いときには、すべての組み合わせで実験したり、シミュレーションをしたりするのは現実的ではありません。なるべく少ない実験回数、シミュレーションの回数で、目的の高機能性材料を作るための実験レシピや、目的の装置となるようなパラメータの設定値を効率的に探したいわけです。

このときに、実験条件やパラメータ X と、実験の結果やシミュレーションの結果 Y との間で、モデル $Y = f(X)$ を構築することを考えます（シミュレーションをするときには、元々何らかのモデルがあるわけですが、それよりも簡易的なモデルとお考えください）。このモデルがあれば、実験や（時間のかかる）シミュレーションをしなくても、X の値を入力して Y の値を計算することが可能です。そのため、例えば 100 万通りのような、たくさんの X の値の候補をモデルに入力することで Y の値を計算し、その計算された Y の値が良好な X の値を選択する、といったこともできます。実験やシミュレーションなしに、それぞれ目的の高機能性材料を作るための実験レシピや目的の装置となるようなパラメータの設定値を効率的に探せるわけです。

ここでは、モデル $Y = f(X)$ が重要です。なるべく良好な（精度の高い）モデルが必要です。実験計画法により、良好なモデル f を構築するための、実験における最初の実験条件の候補や、シミュレーションにおけるパラメータの最初の設定値の候補を選択します。

2.2 実験計画法とは

先ほどの、収率 Y が最大になるように最適化する例に戻ります。式 (2.1) のモデル f について、例えば以下のようなモデルの形式が考えられます。

$$収率 = a_1 \times 反応温度 + a_2 \times 反応時間 + a_3 \times 触媒量 + 定数項 \tag{2.2}$$

a_1, a_2, a_3 には何らかの数値が入ります。このように、それぞれのパラメータに何らかの値を掛けて、すべて足し合わせた形のモデルを、**線形モデル**と呼びます。

正しいかどうかはさておき、収率と反応温度・反応時間・触媒量との間の関係が、式 (2.2) の線形モデルで与えられると仮定します。仮定した上で、式 (2.2) の a_1, a_2, a_3 を求めるための実験を行うことを考えます。求めるものは a_1, a_2, a_3 の 3 つであるため（式 (2.2) では定数項も求める必要がありますが、詳しくは 3.5 節で説明するとおりここでは気にしなくて構いません）、収率・反応温度・反応時間・触媒量の組み合わせのデータ（サンプル）が、最低 3 つあれば、a_1, a_2, a_3 を求められます。最低 3 回だけ実験すればよい、ということです。実際は、実験結果にばらつきがあることもあり、3 回より多くの実験をして a_1, a_2, a_3 の値を求めることが一般的です。

実験計画法は、a_1, a_2, a_3 の値を求めるための実験の、反応温度・反応時間・触媒量の値の組み合わせにおける、いくつかの候補を決める方法です。実験計画法によって決められたいくつかの実験レシピによって実験します。

実験計画法では、最初の実験条件の候補をどのように決めるのでしょうか。

目的の高機能性材料を作るための実験レシピや、目的の装置となるようなパラメータの設定値を効率的に探すためには、モデル Y = f(X) が重要であり、なるべく良好な（精度の高い）モデルが必要です。そこで、実験条件 X と収率 Y との間で、良好な回帰モデルが構築できるように、最初の実験候補を選択することを考えます。

回帰モデルが良好かどうか確認するためには、回帰モデルを具体的に求める、つまり式 (2.2) の線形モデルでいえば a_1, a_2, a_3 を計算する必要があります。式 (2.2) の線形モデルを用いるとき、右辺で計算できる Y の計算値と、左辺における実際の Y の値（実測値）とがなるべく一致するように、a_1, a_2, a_3 を計算します。この計算方法の詳細は 3.5 節で説明します。ここでは答えだけ示すと、ベクトル $\mathbf{a}$ を

$$\mathbf{a} = (a_1, a_2, a_3)^{\mathrm{T}} \tag{2.3}$$

とするとき（右肩の ^{T} は、ベクトルや行列を転置することを表す記号です。ベクトルの表記方法を含めて、詳細は 8.1 節で説明します）、$\mathbf{a}$ は以下の式で計算できます。

$$\mathbf{a} = (\mathbf{X}^{\mathrm{T}}\mathbf{X})^{-1}\mathbf{X}^{\mathrm{T}}\mathbf{y} \tag{2.4}$$

ここで $\mathbf{X}$ は縦に実験サンプル、横に X（実験条件）が並んだ行列であり、$\mathbf{y}$ は実験サンプルごとの Y（収率）の値が縦に並んだ縦ベクトルです（右肩の $^{-1}$ は逆行列であることを表します。行列の表記方法を含めて、詳細は 8.1 節で説明します）。ここで言いたいことは、モデルを構築する、つまり

$\mathbf{a}$ を計算するためには、$\mathbf{y}$、つまり実験したあとのデータが必要ということです。しかし、まだ実験していない、Y のデータがない状況で、どのように良好なモデルであると判断すればよいのでしょうか。

式 (2.4) における、

$$(\mathbf{X}^{\mathrm{T}}\mathbf{X})^{-1} \tag{2.5}$$

の部分に着目します。式 (2.5) の逆行列（詳細は 3.5 節）を計算できないと、式 (2.4) の $\mathbf{a}$ が得られず、回帰モデルを求めることができません。また、逆行列を計算できない状況に近いと、良好なモデルの構築は困難になってしまいます。逆行列が計算できない状況とは、

$$\mathbf{X}^{\mathrm{T}}\mathbf{X} \tag{2.6}$$

の行列式（詳細は 8.1 節）の値が小さい状況です。そこで実験計画法では、良好なモデルを構築できる $\mathbf{X}$ を得るため、$\mathbf{X}^{\mathrm{T}}\mathbf{X}$ の行列式が大きくなるような実験条件の候補を選びます。こうすることで実験結果（収率 Y のデータ）がなくても、実験条件 X のデータセットのみから候補を選ぶことができます。なお、今回最大化する $\mathbf{X}^{\mathrm{T}}\mathbf{X}$ の行列式のことを **D 最適基準**と呼びます。言い換えると実験計画法では、以下の①②を同時に満たすように X の候補を決めます。

① 類似した実験条件の候補がない
② X（特徴量）の間の相関係数の絶対値が小さい（特徴量同士が類似しない）

X の候補を決める方法として、古くから直交表 [9] が使われてきましたが、直交表では各 X の値や実験候補の数を自由に決めることが難しいため、ここでは D 最適基準に基づいて実験条件の候補を選択する方法を用います。$\mathbf{X}^{\mathrm{T}}\mathbf{X}$ の行列式である D 最適基準は実験計画法において実験候補を選択するために最適化（今回は最大化）するパラメータの一例であり、他にも A 最適基準や E 最適基準など [10] があります。

このように実験計画法では、まだ実験結果や（時間のかかる）シミュレーションの結果である Y のデータがない状況において、(Y のデータを得るために）最初にいくつかの実験やシミュレーションを行う際に、良好なモデル Y = f(X) を構築できるように実験条件やシミュレーションにおけるパラメータ X の候補を決めます。

具体的に実験条件の候補を決める手順は 5.1、5.2 節で説明します。そして、実際に実験条件の候補を求め、csv ファイルとして保存する Python のサンプルプログラムについても解説します。なお、サンプルが実験条件やシミュレーションにおけるパラメータのように最初から数値化されていない化学構造の場合でも、あらかじめ化学構造を数値化しておくことで、実験条件やシミュレーションにおけるパラメータと同様に、実験計画法により最初に実験すべき化学構造を提案できます（詳細は 5.5 節参照）。

2.3 適応的実験計画法

先ほどの、実験条件 X を収率 Y が最大になるように最適化する例に戻ります。5.1, 5.2 節の実験計画法で求めた実験条件の候補で実験することで、(X のデータに加えて) Y のデータが手に入ります。X, Y のデータセット、つまり **X** および **y** を用いて、モデル Y = f(X) を構築できます。式 (2.2) の a_1, a_2, a_3 の値を、式 (2.4) により求められるわけです。

もし、Y と X の間の関係が、式 (2.2) のように単純に線形関係と仮定できなかったり、実際に式 (2.2) を仮定してモデルを構築して (a_1, a_2, a_3 の値を求めて) Y の値を計算したら、計算された Y の値と実際の Y の値との誤差が大きかったりするとき、X と Y の間に非線形関係があると考えてモデルを構築するとよいです。最も単純に X と Y の間の非線形性を表現する方法の一つは、X に、各 X を二乗した項 (二乗項) と、2 つの X の間で掛け合わせた項 (交差項) を追加する方法です。交差項は、一般的には 2 つの X のすべての組み合わせで準備します。今回の例でいえば、反応温度・反応時間・触媒量に、二乗項として (反応温度)^2・(反応時間)^2・(触媒量)^2 の 3 変数を、交差項として反応温度×反応時間・反応時間×触媒量・反応温度×触媒量の 3 変数を追加します。これによりモデル Y = f(X) は以下のようになります。

$$\begin{aligned}\text{収率} = & a_1 \times \text{反応温度} + a_2 \times \text{反応時間} + a_3 \times \text{触媒量} + \\ & a_4 \times (\text{反応温度})^2 + a_5 \times (\text{反応時間})^2 + a_6 \times (\text{触媒量})^2 + \\ & a_7 \times \text{反応温度} \times \text{反応時間} + a_8 \times \text{反応時間} \times \text{触媒量} + a_9 \times \text{反応温度} \times \text{触媒量} + \text{定数項}\end{aligned} \tag{2.7}$$

そして、式 (2.2) と同様にして (詳しい計算過程は 3.5 節で説明します) a_1 から a_9 までの値を計算します。つまり、式 (2.3) と同様にベクトル **a** を、

$$\mathbf{a} = (a_1, a_2, a_3, a_4, a_5, a_6, a_7, a_8, a_9)^{\mathrm{T}} \tag{2.8}$$

として、**X** を縦に実験サンプル、横に X (実験条件) およびその二乗項と交差項が並んだ行列にして、式 (2.4) により **a** を計算します。式 (2.7) のモデルのほうが、式 (2.2) のモデルより良好な推定性能になることもあります。モデルの良し悪しを評価する方法の詳細は 3.6 節で説明します。

式 (2.2) や式 (2.7) といったモデルを構築したら、まだ実験していない X の多数の候補について、X の値をモデルに入力して、Y の値を推定します。推定された値が良好な (ここでは Y が収率なので値が大きな) 実験条件の候補を選択するわけですが、あくまで Y の「推定」値であるため、その値をどのくらい信頼できるか (推定値が当たっているかどうか) わかりません。そこで、**モデルの適用範囲 (Applicability Domain, AD)** というものを考えます。AD の詳細については 第 4 章をご覧ください。AD を考慮することで、Y の推定値を、モデルを構築したときのサンプルにおける推定誤差と同程度の誤差と信頼できる、X の値がわかります。Y の推定値が良好で、かつ推定値を信頼できる X の候補を選択できるわけです。その候補で再び実験を行えば、Y のデータが得られます。なお、X

の複数の候補を選択するときには、それらが類似していない候補を選択しましょう。具体的なやり方は 5.4.1 項をご覧ください。

実験後に Y のデータが得られたら、X と Y を組みにしたサンプルをデータベース（式 (2.4) の **X** および **y**）に追加して、再度、式 (2.2) や式 (2.7) のような回帰モデルを構築します。つまり、a_1, a_2, … を計算し直します。再構築されたモデルを用いて、まだ実験していない X の候補を、AD を考慮した後にモデルに入力して Y の値を推定し、Y の推定値が良好な X の候補を選択します。このように、モデルを用いて次の実験条件 X の候補を選択し、実際に実験し、結果を用いてモデルを再構築する、といったことを繰り返して、収率 Y が大きくなる X の候補を探索します。

以上のように、下の 1. 2. 3. を繰り返して、実験の結果や（時間のかかる）シミュレーションの結果 Y が良好な値になるように、もしくは目標の値となるように、実験条件やパラメータ X の候補を探索することを、適応的実験計画法と呼びます。

1. モデルを用いた次の実験条件やパラメータの候補の選択
2. 実験やシミュレーション
3. 実験の結果やシミュレーションの結果を用いたモデル構築

上の適応的実験計画法の説明では、1. で次の実験条件やパラメータの候補の選択するとき、X の値をモデルに入力して Y の値を推定し、その推定値が良好な値となる X を選択しました。しかし、1.4 節の図 1.6 を用いて説明したように、Y の推定値が良好な X の候補を選ぶと、物性の大きな向上が期待できない X の候補が選ばれ続けてしまい、毎回同じような実験をすることになってしまう可能性があります。そこで図 1.6 では、Y の推定値とそのばらつきに基づいて、「Y の目標を達成する確率」を計算しました。

このように適応的実験計画法において、実験条件の候補やパラメータの候補ごとに Y の推定値だけでなく推定値のばらつきも考慮して指標（獲得関数）の値を計算し、その値が大きい候補を選択する方法を**ベイズ最適化（Bayesian optimization）**と呼びます。ベイズ最適化を用いることで、1.4 節で説明したようなメリットが得られます。ベイズ最適化の詳細は 5.4 節で説明し、そこでベイズ最適化を実行するための Python のサンプルプログラムおよびその使い方も紹介します。

2.4 必要となる手法・技術

実験計画法・適応的実験計画法・ベイズ最適化を行うためには、実際に実験したり（時間のかかる）シミュレーションをしたりすることを除いて、データ解析・機械学習の中でも特に回帰分析とモデルの適用範囲 (Applicability Domain, AD) が必要です。それぞれ第 3 章と第 4 章で説明しています。また回帰分析を実行したり、AD を設定したり、大量のデータ（仮想的な実験条件の候補やシミュレーションのパラメータの候補）を処理したりするため、プログラミング技術が必要です。本書ではプログラミング技術を補填するため、それぞれを実行するための Python のサンプルプログラムを配布しています。こちらの URL (https://github.com/hkaneko1985/python_doe_kspub) [11] からダウンロード可能です。8.4 節やウェブサイト[12,13]を参考にして Anaconda[14]というパッケージをインストールしてから、Spyder というソフトウェアを起動すれば、Python のサンプルプログラムを実行できます。また実行するときに必要なサンプルデータセットも一緒に配布しています。第 3 章、第 4 章、第 5 章を読みながら、一緒に Python プログラムを実行するとよいでしょう。さらに、サンプルデータセットの形式を参考にして、ご自身の実験系やシミュレーションにあわせてデータセットを作成すれば、そのデータセットに対して同じプログラムで実行することができます。もちろん、プログラムをご自身で変更してカスタマイズしていただいても構いません。

第3章 データ解析や回帰分析の手法

実験計画法によって実験条件 X の候補や時間のかかるシミュレーションのパラメータ X の候補が求められたら、実際にその候補で実験をしたりシミュレーションをしたりして、その結果である Y のデータを獲得します。ここでは X や Y のデータセットの表現の仕方や、データを確認する方法や、X と Y の間でモデル Y = f(X) を構築するための回帰分析について説明します。適応的実験計画法の 1 つであるベイズ最適化で必要な、ガウス過程回帰についても説明があります。

行列やベクトルの表現、転置行列、逆行列、固有値分解、最尤推定法、正規分布、確率、同時確率、条件付き確率、確率の乗法定理といった数学の基礎は第 8 章に説明がありますので、各節を読みながら必要に応じてご参照ください。

節ごとに、内容を実現するための Python のサンプルプログラムがあります。各節の説明を読みながら、サンプルプログラムを実行して確認しましょう。サンプルプログラムの実行に必要なサンプルデータセットの csv ファイルもあります。サンプルデータセットの csv ファイルの形式と同様の形式で csv ファイルを準備することで、同様の解析もできます。ぜひご自身のデータセットでも実行してみましょう。

3.1 データセットの表現

i 番目のサンプル（標本）における、j 番目の特徴量の値を $z_j^{(i)}$ と表現します。表の形式では、表 3.1 のようになります。例えば、すべての特徴量が説明変数（実験条件やシミュレーションのパラメータ）X のデータセットや、特徴量 1 が目的変数（実験やシミュレーションの結果）Y で特徴量 2, 3, … が X のデータセットや、特徴量 1, 2, 3, 4, 5 が X で特徴量 7, 8 が Y のデータセットなどがあります。

表 3.1　データセットの表現方法

	特徴量 1	特徴量 2	特徴量 3	・・・
サンプル 1	$z_1^{(1)}$	$z_2^{(1)}$	$z_3^{(1)}$	・・・
サンプル 2	$z_1^{(2)}$	$z_2^{(2)}$	$z_3^{(2)}$	・・・
サンプル 3	$z_1^{(3)}$	$z_2^{(3)}$	$z_3^{(3)}$	・・・
サンプル 4	$z_1^{(4)}$	$z_2^{(4)}$	$z_3^{(4)}$	・・・
・・・	・・・	・・・	・・・	・・・

サンプルプログラム sample_program_03_01_read_dataset.py でデータセットを読み込みましょう。サンプルデータセットとして、仮想的な樹脂材料のデータセット resin.csv を用います。このデータセットは、原料として 3 種類 (raw material 1, raw material 2, raw material 3) あり、それらの組成比と重合温度 (temperature)・重合時間 (time) をそれぞれ変えて樹脂材料が作られ、物性 (property) が測定されたような 20 サンプルです。今回読み込む resin.csv を sample_program_03_01_read_dataset.py と同じフォルダ（ディレクトリ）に置いてください。サンプルプログラムは以下のとおりです。

```
import pandas as pd  # pandas の取り込み。一般的に pd と名前を省略して取り込みます

dataset = pd.read_csv('resin.csv', index_col=0, header=0)  # データセットの読み込み

print(dataset)  # 読み込んだデータセットを表示して確認
```

データセットの読み込みには pandas [15] というライブラリを使用します。Anaconda をインストールした時点（8.4 節参照）で、一緒にインストールされています。pandas を使用できるようにするため、まず import 文で pandas を取り込んでいます。pandas は一般的に pd と名前を省略して取り込みます。なお # を書くことで、それより右はコメントとなり実行するときは無視されます。説明を書いたりメモとして残したりするときに使います。

次に、resin.csv を読み込みます。最後に print 文で、読み込んだデータセット dataset を IPython コンソール（8.4 節参照）に表示して確認しています。IPython コンソールに図 3.1 のように表示されることを確認しましょう。IPython コンソールで dataset と入力して実行しても、同様に読み込んだデータセットの内容を確認できます。また、サンプルプログラムを実行した後に、「その他」(8.4 節参照）の変数エクスプローラーにおける「dataset」をダブルクリックしても、内容を確認できます。図 3.2 のようなウィンドウが開くことを確認しましょう。

resin.csv のデータセット以外でも、一番左の列をサンプルの名前としてサンプルを縦に並べ、一番上の行を特徴量の名前にして特徴量を横に並べたデータセットを、csv ファイルとして準備することで、sample_program_03_01_read_dataset.py の 'resin.csv' の部分を準備した csv ファイルの名前に変えて実行すれば、同様にデータセットを読み込めます。

参考

基本的に本書で扱うデータセットの中身はすべて半角英数字で準備し、ひらがな・カタカナ・漢字などは使用しないことを前提としています。サンプルの名前や特徴量の名前などにひらがな・カタカナ・漢字を用いないよう注意してください。どうしてもひらがな・カタカナ・漢字を用いたい場合は、

```
dataset = pd.read_csv('resin.csv', index_col=0, header=0)
```

の代わりに、

```
dataset = pd.read_csv('resin.csv', encoding='SHIFT-JIS', index_col=0, header=0)
```

を用いてください。これでもエラーが出てしまう場合は、データセット内のひらがな・カタカナ・漢字を半角英数字に変換してください。

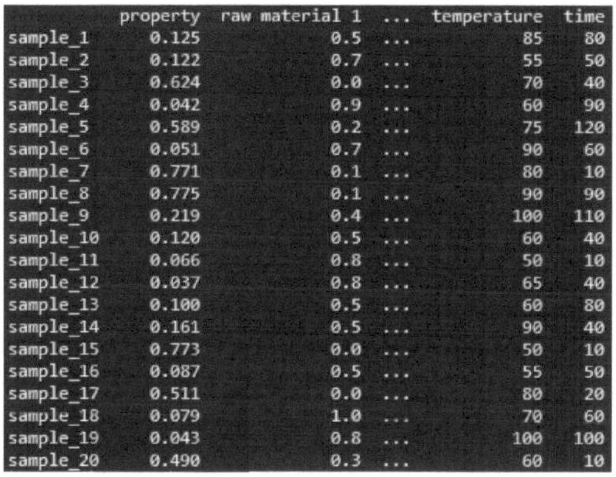

```
           property  raw material 1  ...  temperature  time
sample_1      0.125             0.5  ...           85    80
sample_2      0.122             0.7  ...           55    50
sample_3      0.624             0.0  ...           70    40
sample_4      0.042             0.9  ...           60    90
sample_5      0.589             0.2  ...           75   120
sample_6      0.051             0.7  ...           90    60
sample_7      0.771             0.1  ...           80    10
sample_8      0.775             0.1  ...           90    90
sample_9      0.219             0.4  ...          100   110
sample_10     0.120             0.5  ...           60    40
sample_11     0.066             0.8  ...           50    10
sample_12     0.037             0.8  ...           65    40
sample_13     0.100             0.5  ...           60    80
sample_14     0.161             0.5  ...           90    40
sample_15     0.773             0.0  ...           50    10
sample_16     0.087             0.5  ...           55    50
sample_17     0.511             0.0  ...           80    20
sample_18     0.079             1.0  ...           70    60
sample_19     0.043             0.8  ...          100   100
sample_20     0.490             0.3  ...           60    10
```

図 3.1　読み込んだデータセットの表示

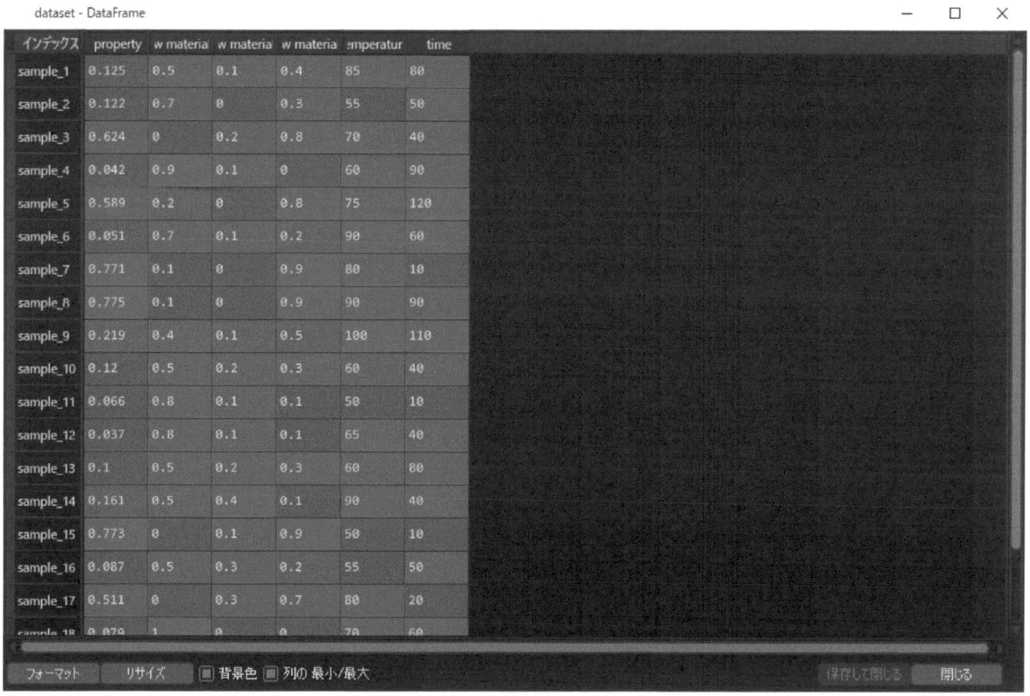

dataset - DataFrame

インデックス	property	w materia	w materia	w materia	emperatur	time
sample_1	0.125	0.5	0.1	0.4	85	80
sample_2	0.122	0.7	0	0.3	55	50
sample_3	0.624	0	0.2	0.8	70	40
sample_4	0.042	0.9	0.1	0	60	90
sample_5	0.589	0.2	0	0.8	75	120
sample_6	0.051	0.7	0.1	0.2	90	60
sample_7	0.771	0.1	0	0.9	80	10
sample_8	0.775	0.1	0	0.9	90	90
sample_9	0.219	0.4	0.1	0.5	100	110
sample_10	0.12	0.5	0.2	0.3	60	40
sample_11	0.066	0.8	0.1	0.1	50	10
sample_12	0.037	0.8	0.1	0.1	65	40
sample_13	0.1	0.5	0.2	0.3	60	80
sample_14	0.161	0.5	0.4	0.1	90	40
sample_15	0.773	0	0.1	0.9	50	10
sample_16	0.087	0.5	0.3	0.2	55	50
sample_17	0.511	0	0.3	0.7	80	20
sample_18	0.079	1	0	0	70	60

フォーマット　リサイズ　背景色　列の 最小/最大　保存して閉じる　閉じる

図 3.2　読み込んだデータセットを変数エクスプローラーから表示

3.2 ヒストグラム・散布図の確認

実験結果やコンピュータ計算の結果が得られたら、具体的にその結果、例えば材料開発における材料の物性・活性・特性を、実験条件と一緒に表3.1のようにまとめ、結果を確認します。サンプル数が4、5個くらいでしたら、サンプル間の関係を考慮して確認したり、様々な実験条件の値と、その結果としての物性の値との関係を確認したりすることはできますが、サンプルが多くなると、確認は難しくなります。特にサンプルの数や特徴量の数が多いとき、表を眺めるだけではデータセット全体の特徴を把握することは困難です。

材料の物性のような特徴量ごとの値の分布を確認したい場合は、**ヒストグラム**を作成します。ヒストグラムとは、横軸を連続的に区切った特徴量の値の範囲（階級）、縦軸を範囲ごとのデータの個数（度数）としたグラフです。ヒストグラムにより、ある特徴量において、どの値の範囲にどの程度のデータ量があるか、つまりデータの分布を確認できます。

区切られた区間のことを**ビン**と呼び、ビンの数を決めると範囲の大きさも決まります。ヒストグラムにおいてビンの数が異なれば、異なるデータ分布として見えてしまうことがあります。ビンの数として、サンプル数の平方根が採用されることもありますが、最良のビンの数があるわけではありません。ビンの数をいくつか変えてヒストグラムを作成し、データ分布を確認することが重要です。

サンプルプログラム sample_program_03_02_histgram.py でヒストグラムを作成しましょう。サンプルデータセットとして、仮想的な樹脂材料のデータセット resin.csv を用いますので、sample_program_03_02_histgram.py と同じフォルダ（ディレクトリ）に置いてください。サンプルプログラムは以下のとおりです。

```
import pandas as pd
import matplotlib.pyplot as plt  # matplotlib の pyplot の読み込み

number_of_variable = 0  # ヒストグラムを描画する特徴量の番号
number_of_bins = 10  # ビンの数

dataset = pd.read_csv('resin.csv', index_col=0, header=0)  # データセットの読み込み

plt.rcParams['font.size'] = 18  # 横軸や縦軸の名前の文字などのフォントのサイズ
plt.hist(dataset.iloc[:, number_of_variable], bins=number_of_bins)  # ヒストグラムの作成
plt.xlabel(dataset.columns[number_of_variable])  # 横軸の名前
plt.ylabel('frequency')  # 縦軸の名前
plt.show()  # 以上の設定において、グラフを描画
```

ヒストグラムや後に扱う散布図を描画するためには、Anacondaをインストールしたときに一緒にインストールされている Matplotlib [16] の matplotlib.pyplot モジュールの関数を使用します。そのため matplotlib.pyplot を取り込んで（import して）います。一般的には matplotlib.pyplot を plt と省略して取り込みます。

variable_number でヒストグラムを描画する特徴量の番号を、number_of_bins でビンの数を設定します。Pythonでは順番が0から始まるため注意してください。つまり、resin.csv における最初の

特徴量である property は 0 列目になります。

resin.csv を読み込んだ後に、ヒストグラムを描画します。サンプルプログラムを実行すると、「その他」（8.4 節参照）のプロットにおいて、図 3.3 のようなヒストグラムの図が得られます。なお、プロットにおける右上のハンバーガーボタン「≡」をクリックして、"インラインプロットをミュートする" のチェックを外すと、IPython コンソール（8.4 節参照）に図が表示されるようになります。

仮想的な樹脂材料のデータセットにおいて、variable_number で特徴量の番号を変えたり、number_of_bins でビンの数を変えたりして、いろいろなヒストグラムを描画し、データ分布を確認しましょう。

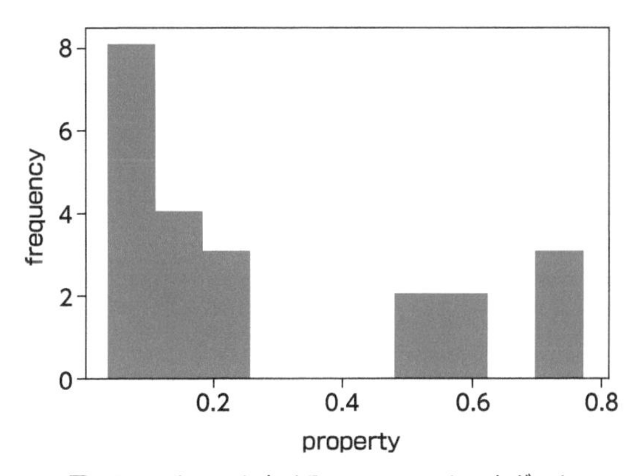

図 3.3　resin.csv における property のヒストグラム

ヒストグラムによって特徴量ごとのデータ分布を確認できました。散布図を用いれば、特徴量間の関係性（データ分布が分かれている、1 つの特徴量の値が大きいときもう一方の特徴量の値も大きい、など）を確認できます。散布図とは、縦軸をある特徴量、横軸を別の特徴量としてサンプルを点でプロットしたグラフです。

サンプルプログラム sample_program_03_02_scatter_plot.py で散布図を作成しましょう。ここでも仮想的な樹脂材料のデータセット resin.csv を用います。サンプルプログラムは以下のとおりです。

```
import pandas as pd
import matplotlib.pyplot as plt

variable_number_1 = 0  # 散布図における横軸の特徴量の番号 (0 から順番が始まるため注意)
variable_number_2 = 1  # 散布図における縦軸の特徴量の番号 (0 から順番が始まるため注意)

dataset = pd.read_csv('resin.csv', index_col=0, header=0)

plt.rcParams['font.size'] = 18  # 横軸や縦軸の名前の文字などのフォントのサイズ
plt.scatter(dataset.iloc[:, variable_number_1], dataset.iloc[:, variable_number_2]) # 散布図の作成
plt.xlabel(dataset.columns[variable_number_1])  # 横軸の名前。ここでは、variable_number_1 番目の列の名前
plt.ylabel(dataset.columns[variable_number_2])  # 縦軸の名前。ここでは、variable_number_2 番目の列の名前
plt.show()  # 以上の設定において、グラフを描画
```

variable_number_1 で散布図における横軸の特徴量の番号を、variable_number_2 で散布図における縦軸の特徴量の番号を設定します（Python では順番が 0 から始まるため注意）。サンプルプログラムを実行すると、図 3.4 のような散布図が得られます。variable_number_1 と variable_number_2 で特徴量の番号の組み合わせを変えて、いろいろな散布図を描画し、2 つの特徴量間のデータ分布を確認してみましょう。

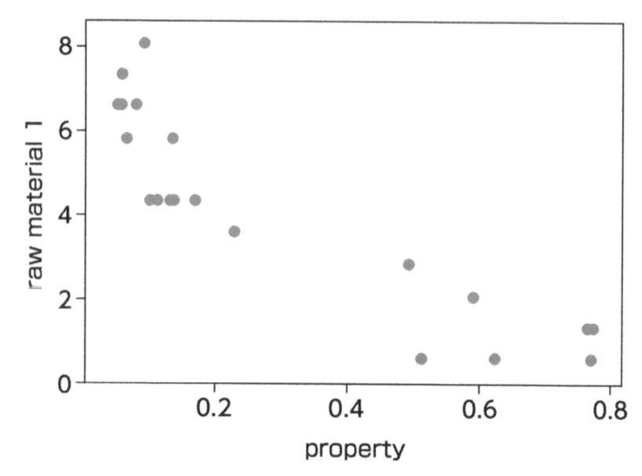

図 3.4　仮想的な樹脂材料のデータセットにおける property と raw material 1 の間の散布図

3.3 統計量の確認

ヒストグラムによって特徴量ごとのデータ分布を把握することはできますが、複数の特徴量の間でデータ分布を比較するためには、ヒストグラムを特徴量の数だけ作成して、それらの差異を目で確認しなければなりません。また、散布図によって 2 つの特徴量間の関係性を確認できますが、例えば 10 の特徴量しかないときでも 2 つの特徴量の組み合わせの数は ${}_{10}\mathrm{C}_2 = 45$ になり、この数の散布図を確認する必要があります。ヒストグラムも散布図も、特徴量の数が多くなればなるほど確認は困難になります。各特徴量のデータ分布や、特徴量間のデータ分布を簡単に比較するためには、それらのデータ分布の特徴を数値化できれば便利です。

基礎統計量は、各特徴量のデータ分布の特徴を表現するために計算する値です。例えば平均値や中央値は、データ分布の中心を表現するために計算されます。j 番目の特徴量の**平均値**（**mean**）m_j は以下の式で計算できます。

$$m_j = \frac{\sum_{i=1}^{n} x_j^{(i)}}{n} \tag{3.1}$$

ここで n はサンプル数です。**中央値**は、特徴量の値を小さい順に並べ替えたときに、順番が中央に位置する値とします。サンプルの数が偶数のときは中央の 2 つの値の平均を取ります。特徴量に極端に大きい値もしくは極端に小さい値（外れ値）が存在するとき、平均値は式 (3.1) より外れ値の影響を受けますが、中央値では順番が中央の値のみ考慮されるため外れ値の影響を受けにくくなります。このため中央値は外れ値に対して頑健な統計量といわれています。ただし、データセットにおけるサンプルの値が変化したとしても、それが中央値から離れた値（大きい値や小さい値）でしたら、中央値は変化しないため、データセットの変化の確認には向かないことがあります。

分散や標準偏差は、データ分布のばらつきを表現するために計算されます。ある観測対象において、j 番目の特徴量における観測可能なすべてのサンプル（**母集団**）があり、μ_j をその平均としたとき、各サンプルの平均との差の 2 乗 $(x_j^{(i)} - \mu_j)^2$ の平均を**母分散**と呼びます。j 番目の特徴量の母分散 σ_j^2 は以下の式で計算されます。

$$\sigma_j^2 = \frac{\sum_{i=1}^{n} \left(x_j^{(i)} - \mu_j\right)^2}{n} \tag{3.2}$$

平均から離れた値が多くあるような特徴量では、母分散の値が大きくなり、データ分布が中心からばらついていると考えられます。母分散においては観測可能なすべてのサンプルを仮定していましたが、実際にすべてのサンプルが得られることはほとんどなく、少数のサンプルのみ手に入ります（実際 6.1 節では、100 万サンプルの中から 30 個のサンプルのみ選択しています）。そのようなサンプルで計算される分散を**標本分散**と呼びます。標本分散は、一般にその期待値が母分散よりも若干小さくなることが知られており（具体的な計算方法は本書の範囲を超えるため、ここでは省略します）、その補正のために式 (3.2) のように n で割るのではなく、標本分散では $(n - 1)$ で割ります。j 番目の特徴量の標本分散 s_j^2 は、平均値を式 (3.1) の m_j として以下の式で計算されます。

$$s_j^2 = \frac{\sum_{i=1}^{n} \left(x_j^{(i)} - m_j\right)^2}{n-1} \tag{3.3}$$

s_j のことを**標準偏差（standard deviation）**と呼び、以下の式で計算できます。

$$s_j = \sqrt{\frac{\sum_{i=1}^{n} \left(x_j^{(i)} - m_j\right)^2}{n-1}} \tag{3.4}$$

平均値から離れた値が多くあるような特徴量では、標本分散や標準偏差の値が大きくなり、データ分布が中心からばらついていると考えられます。分散において 2 乗した値を、標準偏差において平方根を取ることで戻しているため、標準偏差の単位は特徴量の単位と同じです。

なお式 (3.2) は、j 番目の特徴量の平均が 0、すなわち $\mu_j = 0$ のとき、以下のようになります。

$$\sigma_j^2 = \frac{\sum_{i=1}^{n} \left(x_j^{(i)} \right)^2}{n} \tag{3.5}$$

これより、ある特徴量 x_j の平均が 0 のとき、x_j の分散は x_j^2 の平均と等しいことがわかります。

なお本書では特に区別する必要がない限り、母分散も標本分散も分散と表記します。

サンプルプログラム sample_program_03_03_statistics.py で統計量を計算しましょう。ここでも仮想的な樹脂材料のデータセット resin.csv を用います。サンプルプログラムは以下のとおりです。

```
import pandas as pd

dataset = pd.read_csv('resin.csv', index_col=0, header=0)

statistics = pd.concat(
    [dataset.mean(), dataset.median(), dataset.var(), dataset.std(),
     dataset.max(), dataset.min(), dataset.sum()], axis=1).T  # 統計量を計算して結合
statistics.index = ['mean', 'median', 'variance', 'standard deviation', 'max', 'min', 'sum']
statistics.to_csv('statistics.csv')  # csv ファイルとして保存
```

サンプルプログラムを実行すると、各統計量を計算し、それらを結合してから、最後に statistics.csv という名前の csv ファイルとして同じフォルダに保存します。なおサンプルプログラムでは、平均値 (mean)、中央値 (median)、分散 (variance)、標準偏差 (standard deviation) の他に、最大値 (max)、最小値 (min)、合計 (sum) も計算しています。statistics.csv をエクセル等で開いて内容を確認しましょう。「その他」(8.4 節参照) の変数エクスプローラーにおける「statistics」をダブルクリックしても、図 3.5 のように統計量の内容を確認できます。

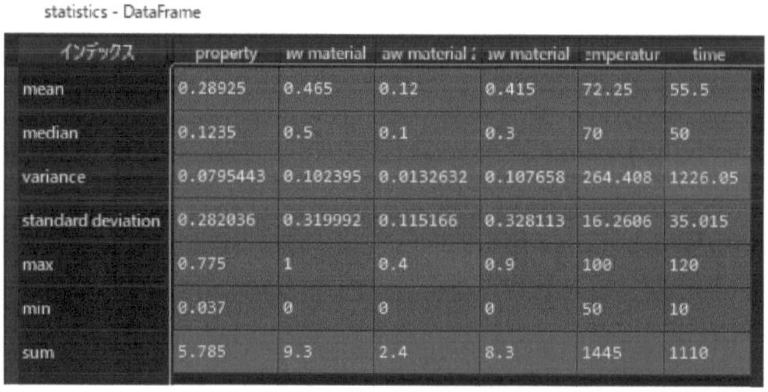

statistics - DataFrame

インデックス	property	w material	aw material :	w material	emperatur	time
mean	0.28925	0.465	0.12	0.415	72.25	55.5
median	0.1235	0.5	0.1	0.3	70	50
variance	0.0795443	0.102395	0.0132632	0.107658	264.408	1226.05
standard deviation	0.282036	0.319992	0.115166	0.328113	16.2606	35.015
max	0.775	1	0.4	0.9	100	120
min	0.037	0	0	0	50	10
sum	5.785	9.3	2.4	8.3	1445	1110

図 3.5 仮想的な樹脂材料のデータセットにおける各統計量

平均・分散・標準偏差は、平均値付近に値が集中するようなデータ分布である正規分布に基づいて導出される統計量です。正規分布や各統計量について学習したい方は統計学の入門書 [17] が参考になります。

データ分布が正規分布に従うならば、2 つの特徴量で平均・分散・標準偏差がそれぞれ等しいときは同じデータ分布といえますが、正規分布に従わない場合は、たとえ 2 つの特徴量で平均・分散・標準偏差がそれぞれ等しいとしても、同じデータ分布とは限りません。注意しましょう。

続いて、相関係数によって 2 つの特徴量間の関係を数値化します。相関係数とは、2 つの特徴量間にある直線的な関係の強さの指標であり、j 番目の特徴量と k 番目の特徴量との間の相関係数 $r_{j,k}$ は以下の式で計算できます。

$$c_{j,k} = \frac{1}{n-1}\sum_{i=1}^{n}\left(x_j^{(i)} - m_j\right)\left(x_k^{(i)} - m_k\right) \tag{3.6}$$

$$r_{j,k} = \frac{c_{j,k}}{s_j s_k} \tag{3.7}$$

ここで $c_{j,k}$ はj 番目の特徴量と k 番目の特徴量との間の共分散です。共分散とは、特徴量のばらつき度合いを表す分散（式 (3.3)）を 2 つの特徴量間のばらつき度合いに拡張したものです。相関係数は、共分散をそれぞれの特徴量の標準偏差（s_j, s_k）で割ることで − 1 から 1 までの値を取るように正規化したものといえます。

j 番目の特徴量の値が大きいほど k 番目の特徴量の値も大きく、j 番目の特徴量の値が小さいほど k 番目の特徴量の値も小さいような関係性のとき、$r_{j,k}$ は 1 に近づき、「正の相関がある」といいます。逆に、j 番目の特徴量の値が大きいほど k 番目の特徴量の値は小さいような関係性のとき、$r_{j,k}$ は − 1 に近づき、「負の相関がある」といいます。

相関係数の値によって以下のようにいわれます。

- 0.9 くらい : 強い正の相関がある
- 0.5 くらい : 中程度の正の相関がある
- 0.3 くらい : 弱い正の相関がある
- 0 : 相関がない（無相関）
- −0.3 くらい : 弱い負の相関がある
- −0.5 くらい : 中程度の負の相関がある
- −0.9 くらい : 強い負の相関がある

なお、分散に母分散と標本分散がありましたが、式 (3.6) の共分散は標本分散に対応するものです。母分散に対応する共分散は以下の式のように n で割ります。

$$\frac{1}{n}\sum_{i=1}^{n}\left(x_j^{(i)} - \mu_j\right)\left(x_k^{(i)} - \mu_k\right) \tag{3.8}$$

ここで $\mu_k = \mu_j = 0$ のとき、以下の式になります。

$$\frac{1}{n}\sum_{i=1}^{n} x_j^{(i)} x_k^{(i)} \tag{3.9}$$

これより、2 つの特徴量 x_j と x_k の平均が 0 のとき、それらの共分散は x_j と x_k を掛け算した $x_j x_k$ の平均と等しいことがわかります。

サンプルプログラム sample_program_03_03_correlation.py で共分散と相関係数を計算しましょう。ここでも仮想的な樹脂材料のデータセット resin.csv を用います。サンプルプログラムは以下のとおりです。

```
import pandas as pd

dataset = pd.read_csv('resin.csv', index_col=0, header=0)

covariance = dataset.cov()  # 共分散の計算
covariance.to_csv('covariance.csv')

correlation_coefficient = dataset.corr()  # 相関係数の計算
correlation_coefficient.to_csv('correlation_coefficient.csv')
```

サンプルプログラムを実行すると、すべての特徴量の間で共分散・相関係数を計算し、それぞれ covariance.csv, correlation_coefficient.csv という名前の csv ファイルとして同じフォルダに保存します。エクセル等で開いて内容を確認しましょう。「その他」(8.4 節参照) の変数エクスプローラーにおける「covariance」、「correlation_coefficient」をダブルクリックしても、それぞれ図 3.6 のように共分散の内容を、図 3.7 のように相関係数の内容を確認できます。また図 3.5 と図 3.6 より、図 3.6 の対角成分が、図 3.5 の分散と一致することを確認できます。

covariance - DataFrame

インデックス	property	raw material 1	raw material 2	raw material 3	temperature	time
property	0.0795443	-0.0806224	-0.00768421	0.0883066	0.242303	-2.27987
raw material 1	-0.0806224	0.102395	-0.004	-0.0983947	-0.496053	2.51842
raw material 2	-0.00768421	-0.004	0.0132632	-0.00926316	0.0578947	-0.747368
raw material 3	0.0883066	-0.0983947	-0.00926316	0.107658	0.438158	-1.77105
temperature	0.242303	-0.496053	0.0578947	0.438158	264.408	284.342
time	-2.27987	2.51842	-0.747368	-1.77105	284.342	1226.05

図 3.6　仮想的な樹脂材料のデータセットにおける共分散

correlation_coefficient - DataFrame

インデックス	property	raw material 1	aw material :	aw material :	temperature	time
property	1	-0.893331	-0.236576	0.954257	0.0528344	-0.230861
raw material 1	-0.893331	1	-0.108542	-0.937152	-0.0953349	0.224768
raw material 2	-0.236576	-0.108542	1	-0.245139	0.0309157	-0.185335
raw material 3	0.954257	-0.937152	-0.245139	1	0.0821241	-0.154154
temperature	0.0528344	-0.0953349	0.0309157	0.0821241	1	0.499401
time	-0.230861	0.224768	-0.185335	-0.154154	0.499401	1

図 3.7　仮想的な樹脂材料のデータセットにおける相関係数

3.4 特徴量の標準化

特徴量の中には、長さや重さなど様々な単位のものがあります。同じ長さを表す特徴量で、同じ 1 という数値であっても、例えば単位が nm（ナノメートル）のときと m（メートル）のときとでは、物理的な長さは 1×10^9 倍も異なります。さらに 3.2、3.3 節においてヒストグラムや基礎統計量で特徴量のデータ分布を確認したように、同じ単位の特徴量の中にもいろいろなデータ分布の特徴量があります。

データ解析では、データセット内にある異なる単位の特徴量や、異なるデータ分布の特徴量が一緒に扱われます。解析前に特徴量のスケールを揃えるため、すべての特徴量の平均値を 0、標準偏差を 1 にします。このようなデータセットの前処理のことを特徴量の**標準化（オートスケーリング、autoscaling** または **standardization）**と呼びます。特徴量ごとに、特徴量からその特徴量の平均値を引き、その後に特徴量の標準偏差で割ることで、すべての特徴量の平均値を 0 、標準偏差を 1 に揃えます。

3.1 節と同様に、i 番目のサンプルにおける、j 番目の特徴量の値を $z_j^{(i)}$ と表現すると $z_j^{(i)}$ は以下のように標準化されます。

$$\frac{x_j^{(i)} - m_j}{s_j} \tag{3.10}$$

ここで m_j, s_j はそれぞれ j 番目の特徴量における平均値と標準偏差です（3.3 節参照）。特徴量のスケールを揃えるため、データセットを解析する前には特徴量の標準化を行うことが一般的です。

サンプルプログラム sample_program_03_04_autoscaling.py で特徴量の標準化をしましょう。ここでも仮想的な樹脂材料のデータセット resin.csv を用います。サンプルプログラムは以下のとおりです。

```
import pandas as pd

dataset = pd.read_csv('resin.csv', index_col=0, header=0)

deleting_variables = dataset.columns[dataset.std() == 0]  # 標準偏差が 0 の特徴量
dataset = dataset.drop(deleting_variables, axis=1)  # 標準偏差が 0 の特徴量の削除

autoscaled_dataset = (dataset - dataset.mean()) / dataset.std()  # 特徴量の標準化
autoscaled_dataset.to_csv('autoscaled_dataset.csv')

print('標準化後の平均値')
print(autoscaled_dataset.mean())
print('\n標準化後の標準偏差')
print(autoscaled_dataset.std())
```

サンプルプログラムを実行すると、読み込んだデータセットに対して特徴量の標準化をした後に、そのデータセットを autoscaled_dataset.csv という名前の csv ファイルとして同じフォルダに保存

します。「その他」（8.4 節参照）の変数エクスプローラーにおける「autoscaled_dataset」をダブルクリックしても、図 3.8 のように特徴量の標準化後の仮想的な樹脂材料のデータセットを確認できます。特徴量の標準化前の図 3.2 と比べてみましょう。なお、サンプルデータセットは関係ありませんが、標準偏差が 0 の特徴量があると、標準偏差で割るときに 0 で割ることになってしまい問題です。そこで特徴量の標準化前に、標準偏差が 0 の特徴量を削除しています。

さらにサンプルプログラムでは、特徴量の標準化後のデータセットにおける平均値と標準偏差を計算し、IPython コンソール（8.4 節参照）に表示しています（図 3.9）。なお、表示される e-16 や e-17 はそれぞれ 10^{-16}、10^{-17} を表します。すべての特徴量の平均値がほぼ 0、標準偏差が 1 であり、適切に特徴量の標準化ができていることを確認できます。

autoscaled_dataset - DataFrame

インデックス	property	aw material	aw material	aw material	temperature	time
sample_1	-0.582372	0.109378	-0.173663	-0.045716	0.784103	0.699699
sample_2	-0.593009	0.734394	-1.04198	-0.350489	-1.06084	-0.157075
sample_3	1.18691	-1.45316	0.694651	1.17338	-0.138371	-0.442667
sample_4	-0.876661	1.35941	-0.173663	-1.26481	-0.753354	0.985291
sample_5	1.06281	-0.828146	-1.04198	1.17338	0.16912	1.84207
sample_6	-0.84475	0.734394	-0.173663	-0.655263	1.09159	0.128516
sample_7	1.70812	-1.14065	-1.04198	1.47815	0.476611	-1.29944
sample_8	1.7223	-1.14065	-1.04198	1.47815	1.09159	0.985291
sample_9	-0.249082	-0.20313	-0.173663	0.259057	1.70658	1.55647
sample_10	-0.600101	0.109378	0.694651	-0.350489	-0.753354	-0.442667
sample_11	-0.791566	1.0469	-0.173663	-0.960036	-1.36834	-1.29944
sample_12	-0.894389	1.0469	-0.173663	-0.960036	-0.445862	-0.442667
sample_13	-0.671014	0.109378	0.694651	-0.350489	-0.753354	0.699699
sample_14	-0.454729	0.109378	2.43128	-0.960036	1.09159	-0.442667
sample_15	1.71521	-1.45316	-0.173663	1.47815	-1.36834	-1.29944
sample_16	-0.717107	0.109378	1.56296	-0.655263	-1.06084	-0.157075
sample_17	0.786247	-1.45316	1.56296	0.868604	0.476611	-1.01385

フォーマット　リサイズ　背景色　列の 最小/最大　保存して閉じる　閉じる

図 3.8　特徴量の標準化後の仮想的な樹脂材料のデータセット

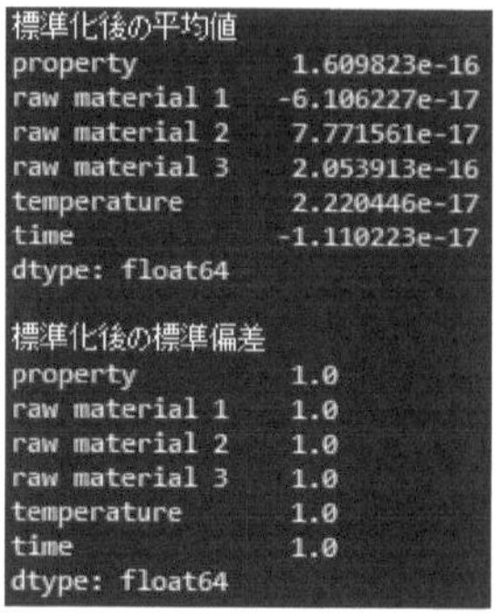

```
標準化後の平均値
property           1.609823e-16
raw material 1    -6.106227e-17
raw material 2     7.771561e-17
raw material 3     2.053913e-16
temperature        2.220446e-17
time              -1.110223e-17
dtype: float64

標準化後の標準偏差
property          1.0
raw material 1    1.0
raw material 2    1.0
raw material 3    1.0
temperature       1.0
time              1.0
dtype: float64
```

図 3.9　特徴量の標準化後の仮想的な樹脂材料のデータセットにおける、特徴量ごとの平均値と標準偏差

3.5 最小二乗法による線形重回帰分析

回帰分析とは、説明変数 X によって目的変数 Y を回帰モデル Y = f(X) の形でどのくらい説明できるかを定量的に分析することであり、回帰モデルの目的は Y の値が不明なサンプルに対して、X の値から Y の値を精度良く（誤差小さく）推定することです。

線形回帰分析では、回帰モデル Y = f(X) の構造として、Y の推定値が X の線形結合で与えられる、すなわち各 X を $\mathrm{x}_1, \mathrm{x}_2, \cdots, \mathrm{x}_m$ (m は X の数）として以下の式でモデルが与えられると仮定します。

第3章

$$\mathrm{Y} = b_0 + \mathrm{x}_1 b_1 + \mathrm{x}_2 b_2 + \ldots + \mathrm{x}_m b_m \tag{3.11}$$

ここで $b_1, b_2, \cdots, b_m$ は回帰係数と呼ばれ、b_0 は定数項です。$m = 1$ のときが**線形単回帰分析**、$m > 1$ のときが**線形重回帰分析**です。

回帰係数を決める方法である線形回帰分析手法には、決め方の違いによって様々な方法があります。代表的な手法の一つが**最小二乗法による線形重回帰分析（Ordinary Least Squares, OLS）**です。OLS では、3.1 節の表 3.1 のようなデータセットにおける Y の実測値と推定値との差の二乗和が最小となる、つまりデータセットの Y の値を精度良く推定できるように回帰係数と定数項を計算します。例えば、X が 2 つの特徴量 $\mathrm{x}_1, \mathrm{x}_2$ の場合 ($m = 2$) を例に OLS の計算方法を説明します。Y の実際の値とモデルによって計算される値との間の誤差 F を考慮すると、Y, $\mathrm{x}_1, \mathrm{x}_2$, F の間の関係は以下の式で表されます。

$$\mathrm{Y} = b_0 + \mathrm{x}_1 b_1 + \mathrm{x}_2 b_2 + \mathrm{F} \tag{3.12}$$

Y, $\mathrm{x}_1, \mathrm{x}_2$ それぞれの特徴量の標準化 (3.4 節参照）をすると、それぞれの平均値は 0 となるため、回帰モデルの定数項 b_0 (y 切片）は 0 となります。また、標準化を行った後に計算される回帰係数のことを**標準回帰係数**と呼びます。

サンプル数を n として、各サンプルを式 (3.12) に代入すると以下のようになります。

$$\begin{aligned}
Y^{(1)} &= x_1^{(1)} b_1 + x_2^{(1)} b_2 + F^{(1)} \\
Y^{(2)} &= x_1^{(2)} b_1 + x_2^{(2)} b_2 + F^{(2)} \\
&\vdots \\
Y^{(n)} &= x_1^{(n)} b_1 + x_2^{(n)} b_2 + F^{(n)}
\end{aligned} \tag{3.13}$$

ここで $Y^{(i)}, F^{(i)}$ は i 番目のサンプルにおけるそれぞれ Y の値 , F の値であり、$x_j^{(i)}$ は i 番目のサンプルにおける j 番目の X の値です。

OLS では $F^{(i)}$ の二乗和が最小となるように b_1, b_2 を求めます。$F^{(i)}$ の二乗和を G とすると、式 (3.13) より G は以下のように変形できます。

$$
\begin{aligned}
G &= \sum_{i=1}^{n} \left(F^{(i)}\right)^2 \\
&= \sum_{i=1}^{n} \left(Y^{(i)} - x_1^{(i)} b_1 - x_2^{(i)} b_2\right)^2
\end{aligned}
\tag{3.14}
$$

G が最小となるためには G が極小となる必要があるため、以下のように G を b_1, b_2 で偏微分 [18] したものを 0 とします。

$$
\begin{cases}
\dfrac{\partial G}{\partial b_1} = -2 \displaystyle\sum_{i=1}^{n} x_1^{(i)} \left(Y^{(i)} - x_1^{(i)} b_1 - x_2^{(i)} b_2\right) = 0 \\
\dfrac{\partial G}{\partial b_2} = -2 \displaystyle\sum_{i=1}^{n} x_2^{(i)} \left(Y^{(i)} - x_1^{(i)} b_1 - x_2^{(i)} b_2\right) = 0
\end{cases}
\tag{3.15}
$$

整理すると以下の式になります。

$$
\begin{cases}
\left(\displaystyle\sum_{i=1}^{n} \left(x_1^{(i)}\right)^2\right) b_1 + \left(\displaystyle\sum_{i=1}^{n} x_1^{(i)} x_2^{(i)}\right) b_2 = \displaystyle\sum_{i=1}^{n} x_1^{(i)} Y^{(i)} \\
\left(\displaystyle\sum_{i=1}^{n} x_1^{(i)} x_2^{(i)}\right) b_1 + \left(\displaystyle\sum_{i=1}^{n} \left(x_2^{(i)}\right)^2\right) b_2 = \displaystyle\sum_{i=1}^{n} x_2^{(i)} Y^{(i)}
\end{cases}
\tag{3.16}
$$

式 (3.16) において、$\sum_{i=1}^{n} \left(x_1^{(i)}\right)^2$, $\sum_{i=1}^{n} x_1^{(i)} x_2^{(i)}$, $\sum_{i=1}^{n} \left(x_2^{(i)}\right)^2$, $\sum_{i=1}^{n} x_1^{(i)} Y^{(i)}$, $\sum_{i=1}^{n} x_2^{(i)} Y^{(i)}$は、3.1 節の表 3.1 のような X や Y のデータセットから計算でき、それぞれ何らかの数値になります。それを念頭に置いて式 (3.16) を見ると、b_1, b_2 を変数とする連立方程式であることがわかります。わからない変数が 2 つあり、異なる式が 2 つありますので、8.1 節のように逆行列を計算して連立方程式を解くことで b_1, b_2 を求められます。

式 (3.16) を行列の形式で表現します。式 (3.16) の左辺・右辺それぞれ、以下のような行列とベクトルの積に変形できます。

$$
\begin{pmatrix}
x_1^{(1)} & x_1^{(2)} & \cdots & x_1^{(n)} \\
x_2^{(1)} & x_2^{(2)} & \cdots & x_2^{(n)}
\end{pmatrix}
\begin{pmatrix}
x_1^{(1)} & x_2^{(1)} \\
x_1^{(2)} & x_2^{(2)} \\
\vdots & \vdots \\
x_1^{(n)} & x_2^{(n)}
\end{pmatrix}
\begin{pmatrix} b_1 \\ b_2 \end{pmatrix}
=
\begin{pmatrix}
x_1^{(1)} & x_1^{(2)} & \cdots & x_1^{(n)} \\
x_2^{(1)} & x_2^{(2)} & \cdots & x_2^{(n)}
\end{pmatrix}
\begin{pmatrix} Y^{(1)} \\ Y^{(2)} \\ \vdots \\ Y^{(n)} \end{pmatrix}
\tag{3.17}
$$

式 (3.17) の左辺・右辺それぞれ、8.1 節にある行列の積の計算をすると、式 (3.16) と同じになることを確認できると思います。ここで、行列 $\mathbf{X}$ とベクトル $\mathbf{y}, \mathbf{b}$ を以下の式のようにおきます。

$$\mathbf{X} = \begin{pmatrix} x_1^{(1)} & x_2^{(1)} \\ x_1^{(2)} & x_2^{(2)} \\ \vdots & \vdots \\ x_1^{(n)} & x_2^{(n)} \end{pmatrix}, \ \mathbf{y} = \begin{pmatrix} Y^{(1)} \\ Y^{(2)} \\ \vdots \\ Y^{(n)} \end{pmatrix}, \ \mathbf{b} = \begin{pmatrix} b_1 \\ b_2 \end{pmatrix} \tag{3.18}$$

すると、式 (3.17) は以下のようになります。

$$\mathbf{X}^{\mathrm{T}}\mathbf{X}\mathbf{b} = \mathbf{X}^{\mathrm{T}}\mathbf{y} \tag{3.19}$$

行列の式に変形する前の式 (3.16) からも $\mathbf{X}^{\mathrm{T}}\mathbf{X}$ が正方行列であることがわかり、また実際に $\mathbf{X}^{\mathrm{T}}\mathbf{X}$ を計算しても $\mathbf{X}^{\mathrm{T}}\mathbf{X}$ は正方行列です。よって、8.1 節にあるように、$\mathbf{X}^{\mathrm{T}}\mathbf{X}$ の逆行列 $(\mathbf{X}^{\mathrm{T}}\mathbf{X})^{-1}$ を計算できる可能性があります (8.1 節にあるように逆行列を計算できない場合もあります)。式 (3.19) の両辺に左から $\mathbf{X}^{\mathrm{T}}\mathbf{X}$ の逆行列である $(\mathbf{X}^{\mathrm{T}}\mathbf{X})^{-1}$ を掛けると以下の式のように変形できます。

$$\begin{aligned} \left(\mathbf{X}^{\mathrm{T}}\mathbf{X}\right)^{-1}\mathbf{X}^{\mathrm{T}}\mathbf{X}\mathbf{b} &= \left(\mathbf{X}^{\mathrm{T}}\mathbf{X}\right)^{-1}\mathbf{X}^{\mathrm{T}}\mathbf{y} \\ \mathbf{E}\mathbf{b} &= \left(\mathbf{X}^{\mathrm{T}}\mathbf{X}\right)^{-1}\mathbf{X}^{\mathrm{T}}\mathbf{y} \\ \mathbf{b} &= \left(\mathbf{X}^{\mathrm{T}}\mathbf{X}\right)^{-1}\mathbf{X}^{\mathrm{T}}\mathbf{y} \end{aligned} \tag{3.20}$$

ここで $\mathbf{E}$ は 2×2 の単位行列であり、$\mathbf{Eb}$ は $\mathbf{b}$ と同じです。式 (3.20) より、回帰係数 $\mathbf{b} = (b_1, b_2)$ は、3.1 節の表 3.1 のようなデータセットの $\mathbf{X}, \mathbf{y}$ から計算できることを確認できます。

今回は説明変数の数が 2 個、つまり未知の変数が 2 個の場合で説明しましたが、一般化して説明変数の数を m 個、つまり未知の変数が m 個の場合でも、式 (3.16) における方程式の数が m 個になり、m 元一次方程式を ($\mathbf{X}^{\mathrm{T}}\mathbf{X}$ の逆行列を計算して) 解くことで $b_1, b_2, \cdots, b_m$ を求めることができます。

まとめると、表 3.1 のようなデータセットを用いて回帰モデルを構築する流れは以下のとおりです。

1. $\mathbf{X}, \mathbf{y}$ のデータセットに分割する
2. $\mathbf{X}, \mathbf{y}$ に対して、それぞれ特徴量の標準化 (3.4 節参照) をする
3. 式 (3.20) より、標準回帰係数 $\mathbf{b}$ を計算する

構築された回帰モデルを用いて、X の新しいデータ $\mathbf{X}_{\mathrm{new}}$ に対する Y の値を推定する流れは以下のとおりです。

1. $\mathbf{X}_{\mathrm{new}}$ に対して、$\mathbf{X}$ のデータセットで特徴量の標準化をする ($\mathbf{X}_{\mathrm{new}}$ から $\mathbf{X}$ の平均値を引いたあとに、$\mathbf{X}$ の標準偏差で割る)
2. 標準化後の $\mathbf{X}_{\mathrm{new}}$ と $\mathbf{b}$ を用いて、$\mathbf{X}_{\mathrm{new}}\mathbf{b}$ により Y の値を推定する
3. 推定された Y のスケールをもとに戻す ($\mathbf{y}$ の標準偏差を掛けたあとに、$\mathbf{y}$ の平均値を足す)

1. では、回帰モデルを構築したデータである $\mathbf{X}$ の平均値や $\mathbf{X}$ の標準偏差を用いることに注意してください。$\mathbf{X}_{\mathrm{new}}$ を $\mathbf{X}$ と同じスケールにする ($\mathbf{X}$ と同じ値で引いたり割ったりする) 必要があるためです。また 2. で推定された Y は、標準化後のスケールです。3. において、推定値に $\mathbf{y}$ の標準偏差を掛けたあとに、$\mathbf{y}$ の平均値を足すことで、スケールをもとに戻すことを忘れないようにしましょう。

サンプルプログラム sample_program_03_05_ols.py で OLS により回帰モデルを構築しましょう。ここでも仮想的な樹脂材料のデータセット resin.csv を用います。サンプルプログラムは以下のとおりです。

```
import matplotlib.pyplot as plt
import pandas as pd
from sklearn.linear_model import LinearRegression  # OLS モデルの構築に使用

dataset = pd.read_csv('resin.csv', index_col=0, header=0)

# モデル構築 1. データセットの分割
y = dataset.iloc[:, 0]  # 目的変数
x = dataset.iloc[:, 1:]  # 説明変数

# モデル構築 2. 特徴量の標準化 (標準偏差が 0 の特徴量の削除)
deleting_variables = x.columns[x.std() == 0]
x = x.drop(deleting_variables, axis=1)
autoscaled_y = (y - y.mean()) / y.std()
autoscaled_x = (x - x.mean()) / x.std()

# モデル構築 3. OLS による標準回帰係数の計算
model = LinearRegression()  # モデルの宣言
model.fit(autoscaled_x, autoscaled_y)  # モデルの構築

# 標準回帰係数
standard_regression_coefficients = pd.DataFrame(model.coef_)  # Pandas の DataFrame 型に変換
standard_regression_coefficients.index = x.columns
# X に対応する名前を、元のデータセットにおける X の名前に変更
standard_regression_coefficients.columns = ['standard_regression_coefficients']  # 列名を変更
standard_regression_coefficients.to_csv(
    'standard_regression_coefficients_ols.csv')  # csv ファイルに保存

x_new = dataset.iloc[:, 1:]
# 今回はモデル構築に用いたデータセットと同じデータセットにおける Y の値を推定します

# 新しいデータの推定 1. モデル構築用のデータセットを用いた特徴量の標準化
autoscaled_x_new = (x_new - x.mean()) / x.std()

# 新しいデータの推定 2. Y の値の推定
autoscaled_estimated_y_new = model.predict(autoscaled_x_new)

# 新しいデータの推定 3. 推定値のスケールをもとに戻す
estimated_y_new = autoscaled_estimated_y_new * y.std() + y.mean()
estimated_y_new = pd.DataFrame(estimated_y_new, index=dataset.index,
columns=['estimated_y'])
estimated_y_new.to_csv('estimated_y_ols.csv')
```

```
# 実測値 vs. 推定値のプロット
plt.rcParams['font.size'] = 18
plt.scatter(y, estimated_y_new.iloc[:, 0], c='blue')  # 実測値 vs. 推定値プロット
y_max = max(y.max(), estimated_y_new.iloc[:, 0].max())
# 実測値の最大値と、推定値の最大値の中で、より大きい値を取得
y_min = min(y.min(), estimated_y_new.iloc[:, 0].min())
# 実測値の最小値と、推定値の最小値の中で、より小さい値を取得
plt.plot([y_min - 0.05 * (y_max - y_min), y_max + 0.05 * (y_max - y_min)],
         [y_min - 0.05 * (y_max - y_min), y_max + 0.05 * (y_max - y_min)], 'k-')
# 取得した最小値-5%から最大値+5%まで、対角線を作成
plt.ylim(y_min - 0.05 * (y_max - y_min), y_max + 0.05 * (y_max - y_min))  # y 軸の範囲の設定
plt.xlim(y_min - 0.05 * (y_max - y_min), y_max + 0.05 * (y_max - y_min))  # x 軸の範囲の設定
plt.xlabel('actual y')  # x 軸の名前
plt.ylabel('estimated y')  # y 軸の名前
plt.gca().set_aspect('equal', adjustable='box')  # 図の形を正方形に
plt.show()  # 以上の設定で描画
```


OLS モデルを構築するためには、Anaconda をインストールしたときに一緒にインストールされている scikit-learn [19] の sklearn.linear_model モジュールの関数を使用します。サンプルプログラムを実行すると、回帰モデル構築の流れ 1.、2.、3. にそって OLS モデルを構築し、標準回帰係数を standard_regression_coefficients_ols.csv という名前の csv ファイルに保存した後に、新しいデータの推定の流れ 1.、2.、3. にそって新しいデータセットにおける Y の値を構築された OLS モデルにより推定します（今回はモデル構築に用いたデータセットと同じデータセットを推定）。推定値は estimated_y_ols.csv という名前の csv ファイルに保存します。

その後、今回はモデル構築に用いたデータセットと同じデータセットであり、実際の Y の値があるため、実際の Y の値と推定された Y の値で、図 3.10 のような散布図を描画します。対角線も一緒に描くことで、対角線からサンプルが縦にどれくらいズレているかで Y の誤差を見やすくしています。実測値と推定値が一致すればサンプルが対角線上にあり、正確に推定できたことを意味します。

なお標準回帰係数は standard_regression_coefficients_ols.csv という名前の csv ファイルに保存されますが、「その他」（8.4 節参照）の変数エクスプローラーにおける「standard_regression_coefficients」をダブルクリックしても、図 3.11 のように標準回帰係数を確認できます。

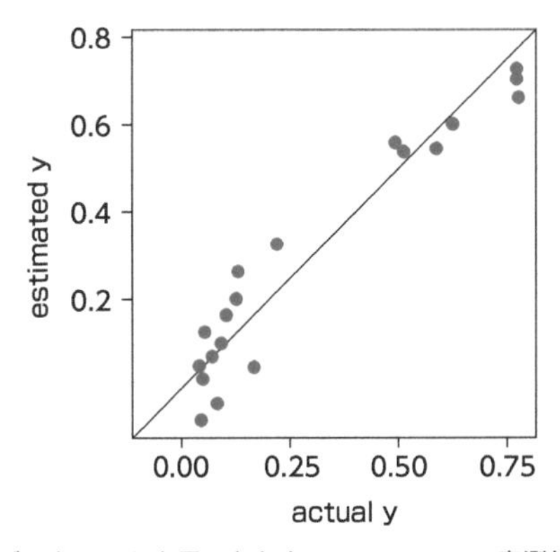

図 3.10　仮想的な樹脂材料のデータセットを用いたときの、property の実測値 vs. OLS モデルによる推定値

standard_regression_coefficients - DataFrame

インデックス	regression_c
raw material 1	-0.430839
raw material 2	-0.185724
raw material 3	0.485364
temperature	0.0325037
time	-0.109855

図 3.11　仮想的な樹脂材料のデータセットを用いたときの、OLS モデルの標準回帰係数

3.6 回帰モデルの推定性能の評価

回帰分析手法で回帰モデルを構築できたら、そのモデルを評価する必要があります。回帰モデルの目的の一つは、Y の値が不明な新しいサンプルに対して、X の値から Y の値を正確に予測することです。しかし、図 3.12 のような**オーバーフィッティング**と呼ばれる問題が起きると、正確な予測は難しくなってしまいます。オーバーフィッティングとは、（3.1 節の表 3.1 のような）既存のデータセットにモデルが過度に適合する、つまり Y と X の間の本来の関係とは関わりのないノイズ等にもモデルが適合し、モデル構築時（3.5 節でいえば回帰係数の計算時）の Y の誤差が非常に小さいモデルが構築される一方で、既存のデータセットに含まれないサンプルの予測にモデルを適用したときに、Y の誤差が大きくなってしまうことです。例えば、既存のデータセットに含まれる計量や測定などの実験的な誤差や個人のくせなどのノイズにもモデルが過度に適合することで、他の人が行う同じ実験に対する予測性が低下してしまうことが考えられます。

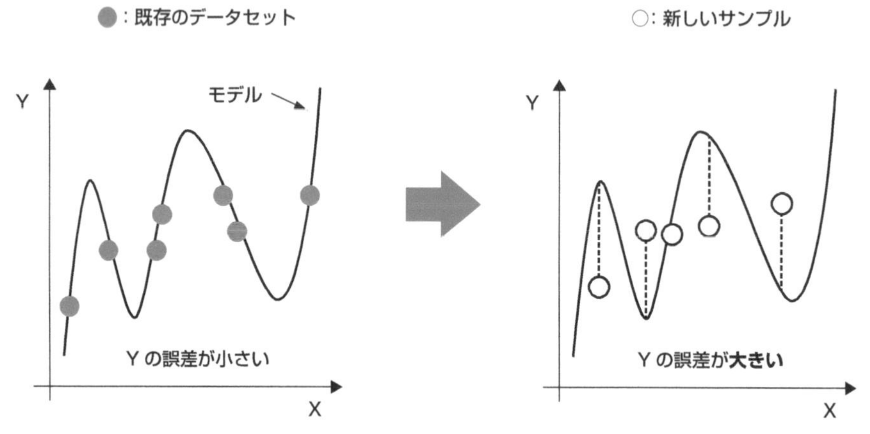

図 3.12　オーバーフィッティングの概念図

参考：共線性・多重共線性

線形モデルでもオーバーフィッティングが起こる要因の一つに共線性や多重共線性があります。これは、ある X が別の X と相関が強かったり、従属関係にあったりするような場合のことです。共線性や多重共線性によるオーバーフィッティングを防ぐため、リッジ回帰 [20]、Least Absolute Shrinkage and Selection Operator (LASSO) [20]、elastic net [20]、Partial Least Squares (PLS) [21] などの線形回帰分析手法が開発されました。ただし実験計画法では、共線性や多重共線性がないように X の候補が選択されるため、線形の回帰分析を行う場合は 3.5 節の OLS で十分といえます。

そこで、構築した回帰モデルを、モデル構築に用いていないサンプルで検証することが一般的となっています。検証の方法には、大きく分けて 2 つあります。**外部バリデーション（external validation）**と**内部バリデーション（クロスバリデーション、cross-validation）**です。

外部バリデーションの概念図を図 3.13 に示します。外部バリデーションでは、データセットを、モデルを構築するサンプル群と構築したモデルを検証するサンプル群の 2 つに分けます。前者を**トレーニングデータ**、後者を**テストデータ**と呼びます。基本的にはランダムにサンプルをトレーニングデータとテストデータに分けます。サンプル数の割合は、トレーニングデータが 70 % から 80 %、テストデータが 20 % から 30 % が一般的です。トレーニングデータのみを用いて回帰モデルを構築し、テストデータの X の値をモデルに入力して Y の値を推定します。

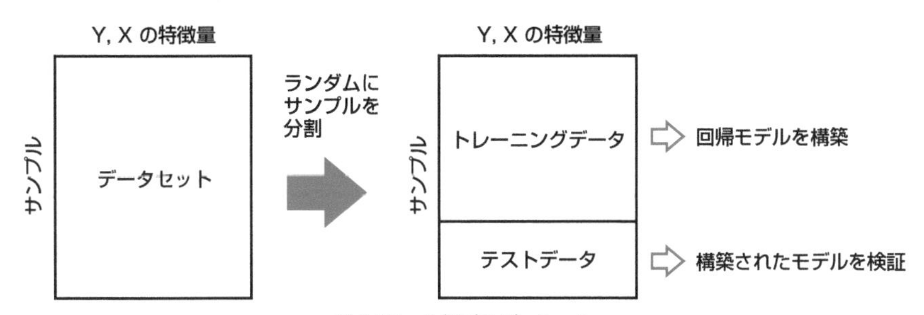

図 3.13　外部バリデーション

テストデータにおける Y の推定値が、Y の実測値とどれくらいあっているかでモデルを評価します。例えば、Y の実測値と推定値との間でサンプルをプロットします。

サンプルプログラム sample_program_03_06_external_validation.py を実行してみましょう。ここでも仮想的な樹脂材料のデータセット resin.csv を用います。サンプルプログラムは以下のとおりです。

```
import matplotlib.pyplot as plt
import pandas as pd
from sklearn.linear_model import LinearRegression
from sklearn.model_selection import train_test_split  # トレーニングデータとテストデータに分割するときに使用
```

```
from sklearn.metrics import r2_score, mean_squared_error, mean_absolute_error
# r^2, RMSE, MAE の計算に使用

number_of_test_samples = 5  # テストデータのサンプル数

dataset = pd.read_csv('resin.csv', index_col=0, header=0)

# データ分割
y = dataset.iloc[:, 0]  # 目的変数
x = dataset.iloc[:, 1:]  # 説明変数

# ランダムにトレーニングデータとテストデータとに分割
# random_state に数字を与えることで、別のときに同じ数字を使えば、ランダムとはいえ同じ結果にすることができます
if number_of_test_samples == 0:
    x_train = x.copy()
    x_test = x.copy()
    y_train = y.copy()
    y_test = y.copy()
else:
    x_train, x_test, y_train, y_test = train_test_split(x, y, test_size=number_
of_test_samples, shuffle=True, random_state=99)

# 標準偏差が 0 の特徴量の削除
deleting_variables = x_train.columns[x_train.std() == 0]
x_train = x_train.drop(deleting_variables, axis=1)
x_test = x_test.drop(deleting_variables, axis=1)

# オートスケーリング
autoscaled_y_train = (y_train - y_train.mean()) / y_train.std()
autoscaled_x_train = (x_train - x_train.mean()) / x_train.std()

# モデル構築
model = LinearRegression()  # モデルの宣言
model.fit(autoscaled_x_train, autoscaled_y_train)  # モデル構築

# 標準回帰係数
standard_regression_coefficients = pd.DataFrame(model.coef_, index=x.columns,
columns=['standard_regression_coefficients'])
standard_regression_coefficients.to_csv(
    'standard_regression_coefficients_ols.csv')  # csv ファイルに保存

# トレーニングデータの推定
autoscaled_estimated_y_train = model.predict(autoscaled_x_train)  # y の推定
estimated_y_train = autoscaled_estimated_y_train * y_train.std() + y_train.
mean()  # スケールをもとに戻す
estimated_y_train = pd.DataFrame(estimated_y_train, index=x_train.index, columns
=['estimated_y'])

# トレーニングデータの実測値 vs. 推定値のプロット
plt.rcParams['font.size'] = 18
plt.scatter(y_train, estimated_y_train.iloc[:, 0], c='blue')  # 実測値 vs. 推定値プロット
y_max = max(y_train.max(), estimated_y_train.iloc[:, 0].max())
# 実測値の最大値と、推定値の最大値の中で、より大きい値を取得
y_min = min(y_train.min(), estimated_y_train.iloc[:, 0].min())
# 実測値の最小値と、推定値の最小値の中で、より小さい値を取得
plt.plot([y_min - 0.05 * (y_max - y_min), y_max + 0.05 * (y_max - y_min)],
```

```
        [y_min - 0.05 * (y_max - y_min), y_max + 0.05 * (y_max - y_min)], 'k-')
 # 取得した最小値-5%から最大値+5%まで、対角線を作成
plt.ylim(y_min - 0.05 * (y_max - y_min), y_max + 0.05 * (y_max - y_min)) # y 軸の範囲の設定
plt.xlim(y_min - 0.05 * (y_max - y_min), y_max + 0.05 * (y_max - y_min)) # x 軸の範囲の設定
plt.xlabel('actual y') # x 軸の名前
plt.ylabel('estimated y') # y 軸の名前
plt.gca().set_aspect('equal', adjustable='box') # 図の形を正方形に
plt.show() # 以上の設定で描画

# トレーニングデータのr2, RMSE, MAE
print('r^2 for training data :', r2_score(y_train, estimated_y_train))
print('RMSE for training data :', mean_squared_error(y_train, estimated_y_train,
squared=False))
print('MAE for training data :', mean_absolute_error(y_train, estimated_y_train
))

# トレーニングデータの結果の保存
y_train_for_save = pd.DataFrame(y_train)
y_train_for_save.columns = ['actual_y']
y_error_train = y_train_for_save.iloc[:, 0] - estimated_y_train.iloc[:, 0]
y_error_train = pd.DataFrame(y_error_train)
y_error_train.columns = ['error_of_y(actual_y-estimated_y)']
results_train = pd.concat([y_train_for_save, estimated_y_train, y_error_train],
axis=1) # 結合
results_train.to_csv('estimated_y_train_in_detail_ols.csv') # 推定値を csv ファイルに保存

# テストデータの、トレーニングデータを用いたオートスケーリング
autoscaled_x_test = (x_test - x_train.mean()) / x_train.std()

# テストデータの推定
autoscaled_estimated_y_test = model.predict(autoscaled_x_test) # y の推定
estimated_y_test = autoscaled_estimated_y_test * y_train.std() + y_train.mean()
 # スケールをもとに戻す
estimated_y_test = pd.DataFrame(estimated_y_test, index=x_test.index, columns=
['estimated_y'])

# テストデータの実測値 vs. 推定値のプロット
plt.rcParams['font.size'] = 18
plt.scatter(y_test, estimated_y_test.iloc[:, 0], c='blue') # 実測値 vs. 推定値プロット
y_max = max(y_test.max(), estimated_y_test.iloc[:, 0].max())
# 実測値の最大値と、推定値の最大値の中で、より大きい値を取得
y_min = min(y_test.min(), estimated_y_test.iloc[:, 0].min())
# 実測値の最小値と、推定値の最小値の中で、より小さい値を取得
plt.plot([y_min - 0.05 * (y_max - y_min), y_max + 0.05 * (y_max - y_min)],
        [y_min - 0.05 * (y_max - y_min), y_max + 0.05 * (y_max - y_min)], 'k-')
# 取得した最小値-5%から最大値+5%まで、対角線を作成
plt.ylim(y_min - 0.05 * (y_max - y_min), y_max + 0.05 * (y_max - y_min)) # y 軸の範囲の設定
plt.xlim(y_min - 0.05 * (y_max - y_min), y_max + 0.05 * (y_max - y_min)) # x 軸の範囲の設定
plt.xlabel('actual y') # x 軸の名前
plt.ylabel('estimated y') # y 軸の名前
plt.gca().set_aspect('equal', adjustable='box') # 図の形を正方形に
plt.show() # 以上の設定で描画

# テストデータのr2, RMSE, MAE
print('r^2 for test data :', r2_score(y_test, estimated_y_test))
print('RMSE for test data :', mean_squared_error(y_test, estimated_y_test, squar
```

```
ed=False))
print('MAE for test data :', mean_absolute_error(y_test, estimated_y_test))

# テストデータの結果の保存
y_test_for_save = pd.DataFrame(y_test)
y_test_for_save.columns = ['actual_y']
y_error_test = y_test_for_save.iloc[:, 0] - estimated_y_test.iloc[:, 0]
y_error_test = pd.DataFrame(y_error_test)
y_error_test.columns = ['error_of_y(actual_y-estimated_y)']
results_test = pd.concat([y_test_for_save, estimated_y_test, y_error_test], axis=1) # 結合
results_test.to_csv('estimated_y_test_in_detail_ols.csv') # 推定値を csv ファイルに保存
```

サンプルプログラムでは number_of_test_samples でテストデータのサンプル数を設定する必要があります。初期設定では 5 (number_of_test_samples = 5) となっています。サンプルプログラムを実行すると、読み込んだデータセットを Y, X に分けた後、sklearn.model_selection の train_test_split() 関数を用いて、それぞれトレーニングデータとテストデータにランダムに分割します。random_state を同じ数字にすることで、ランダムとはいえ毎回同じようにトレーニングデータとテストデータに分割できます。なおテストデータの数を 0 にすると (number_of_test_samples = 0)、本プログラムではデータセットのすべてのサンプルをトレーニングデータにするとともに、それと同じデータをテストデータにするような仕様になっています。すべてのサンプルで標準回帰係数を計算したいときなどにご利用ください。

その後、トレーニングデータで回帰モデルを構築し、トレーニングデータやテストデータを用いて、回帰モデルによる推定結果を評価しています。「その他」（8.4 節参照）のプロットにおいて、トレーニングデータにおける Y の実測値 vs. 推定値プロット（図 3.14)、テストデータにおける Y の実測値 vs. 推定値プロット（図 3.15）の順にプロットが表示されます。それぞれ、対角線に近いサンプルほど、実測値と推定値との誤差が小さく、良好に Y の値を推定できたといえます。実測値 vs. 推定値プロットにより、対角線から外れた Y の誤差の大きいサンプルや Y の値によって誤差の偏り（バイアス）があることなどを確認できます。

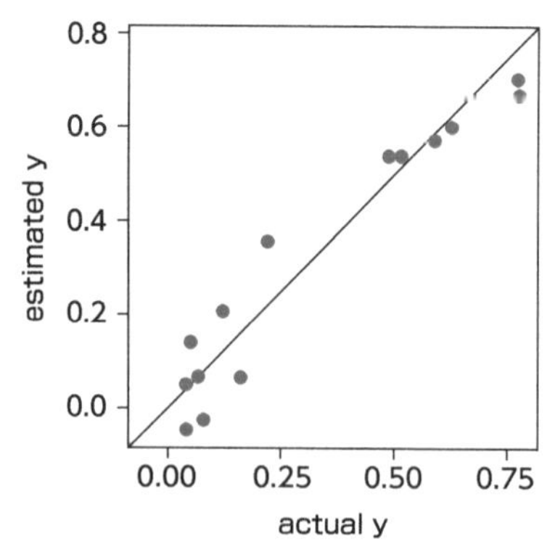

図 3.14　線形重回帰分析を行った際の、トレーニングデータにおける
実測値 (actual y) vs. 推定値 (estimated y) プロット

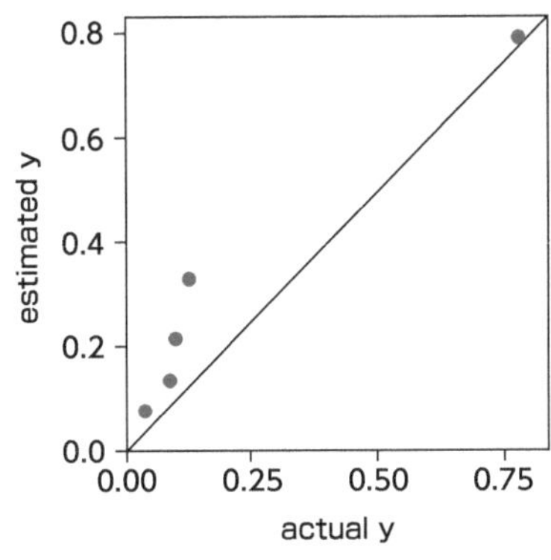

図 3.15 線形重回帰分析を行った際の、テストデータにおける
実測値 (actual y) vs. 推定値 (estimated y) プロット

回帰モデルの推定結果を定量的に評価するための一つの指標として、決定係数 **r^2** があります。r^2 の定義はいくつかありますが、一般的な r^2 は以下の式で計算できます。

$$r^2 = \frac{\sum_{i=1}^{n}\left(Y^{(i)} - \overline{Y}\right)^2 - \sum_{i=1}^{n}\left(Y^{(i)} - Y_{\mathrm{EST}}{}^{(i)}\right)^2}{\sum_{i=1}^{n}\left(Y^{(i)} - \overline{Y}\right)^2} = 1 - \frac{\sum_{i=1}^{n}\left(Y^{(i)} - Y_{\mathrm{EST}}{}^{(i)}\right)^2}{\sum_{i=1}^{n}\left(Y^{(i)} - \overline{Y}\right)^2} \tag{3.21}$$

ここで n はサンプル数、$Y^{(i)}$, $Y_{\mathrm{EST}}{}^{(i)}$ はそれぞれ i 番目のサンプルにおける Y の実測値および推定値、$\overline{Y}$ は Y の実測値の平均値です。式 (3.21) の変形前における分母は Y の分散、分子は Y の分散から誤差の二乗和を引いたものであり、r^2 は Y の推定値によって説明された Y の分散の割合を表します。例えば $r^2 = 0.92$ のとき、Y の実測値のばらつきの 92 % を推定値によって説明できたといえます。Y の誤差 $(Y^{(i)} - Y_{\mathrm{EST}}{}^{(i)})$ が小さいほど、r^2 は 1 に近づき、回帰モデルが精度良く Y の値を推定できています。

式 (3.21) における右辺の第 2 項の分母は Y の実測値の分散にサンプル数を掛けたものであり、r^2 は Y の分散に依存します。同じデータセットで計算された r^2 であれば値の比較に意味があり、値が大きいほど推定精度の高い回帰モデルといえますが、異なるデータセットで計算された r^2 の値の比較には意味はありません。回帰モデルを決定係数によって比較する場合、同じデータセットで計算された r^2 で比較しましょう。

Y の推定誤差を評価するための指標には、Root-Mean-Squared Error (RMSE) や Mean Absolute Error (MAE) などがあります。RMSE は Y の誤差の 2 乗における平均値の平方根であり、以下の式で計算できます。

$$RMSE = \sqrt{\frac{\sum_{i=1}^{n} \left(Y^{(i)} - Y_{\mathrm{EST}}{}^{(i)} \right)^2}{n}} \tag{3.22}$$

MAE は Y の誤差の絶対値の平均値であり、以下の式で計算できます。

$$MAE = \frac{\sum_{i=1}^{n} \left| Y^{(i)} - Y_{\mathrm{EST}}{}^{(i)} \right|}{n} \tag{3.23}$$

RMSE や MAE が 0 に近いほど、回帰モデルが精度良く Y の値を推定できていることになります。なお RMSE では誤差を 2 乗しているため、MAE より誤差の外れ値の影響を受けやすいです。

r^2, RMSE, MAE のような指標の数値だけを見て回帰モデルの良し悪しを判断してしまうと、特に誤差の大きいサンプルがあるかどうか、誤差のバイアスがあるかどうかがわかりません。例えば、Y の値の大きなサンプルを特に精度良く推定したいにもかかわらず、Y の値が大きいサンプルにおいて誤差が大きいモデルが選択されてしまう可能性があります。必ず Y の実測値 vs. 推定値プロットを確認して回帰モデルの推定結果を評価しましょう。

サンプルプログラム sample_program_03_06_external_validation.py を実行すると、IPython コンソール（8.4 節参照）に、トレーニングデータにおける r^2, RMSE, MAE（図 3.16）、テストデータにおける r^2, RMSE, MAE（図 3.17）の順に表示されます。

トレーニングデータにおけるサンプルごとの Y の実測値・推定値・誤差が estimated_y_train_in_detail_ols.csv に、テストデータにおけるサンプルごとの Y の実測値・推定値・誤差が estimated_y_test_in_detail_ols.csv に保存されます。

```
r^2 for training data : 0.920574061363659
RMSE for training data : 0.07642250753813626
MAE for training data : 0.06501558909890055
```

図 3.16　線形重回帰分析を行った際の、
トレーニングデータにおける r^2, RMSE, MAE

```
r^2 for test data : 0.8391851466438052
RMSE for test data : 0.11059867369650678
MAE for test data : 0.08646666666666658
```

図 3.17　線形重回帰分析を行った際の、
テストデータにおける r^2, RMSE, MAE

もう一つの検証方法であるクロスバリデーションの概要を図 3.18 に示します。まず、なるべく各グループにおけるサンプル数が等しくなるように注意しながら、サンプルをいくつかのグループ（**fold** と呼びます）にランダムに分割します。k 個のグループに分割するクロスバリデーションのとき、***k*-fold クロスバリデーション**と呼びます。例えば、図 3.18 の A では 3 つのグループに分割しているため、3-fold クロスバリデーションです。次に、$k-1$ 個のグループ（図3.18 では 2 つのグループ）のみを用いてモデルを構築し、残りの 1 つのグループの Y の値を推定することを k 回繰り返します（図 3.18 の B。この場合は 3 回）。これにより、すべてのサンプルにおいて、各サンプルをモデル構築に用いていないときの Y の推定結果が得られます。

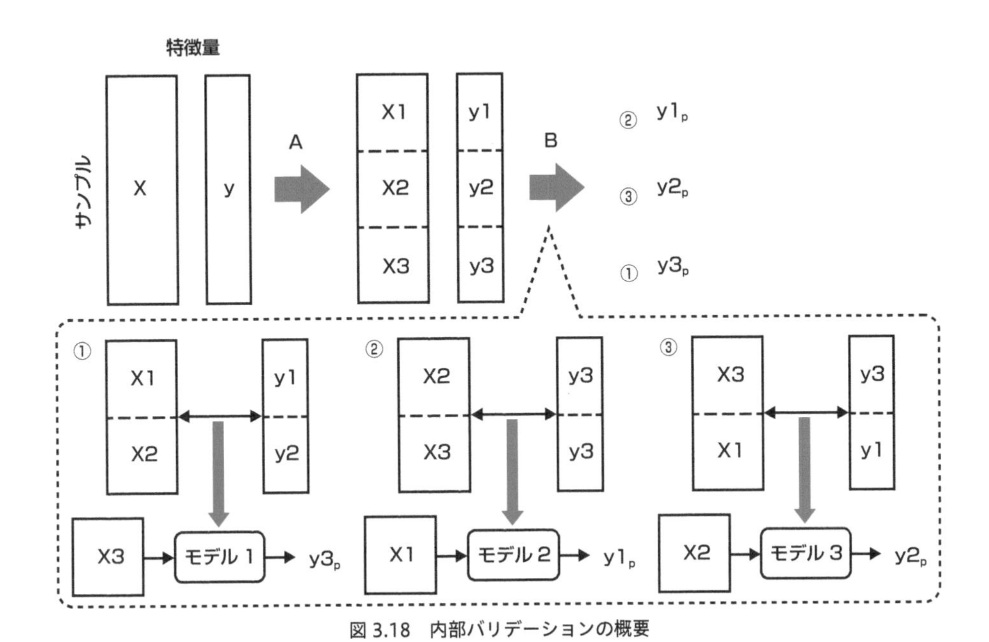

図 3.18 内部バリデーションの概要

クロスバリデーションでも外部バリデーションと同様にして、実測値とクロスバリデーション後の推定値との間で散布図を確認したり、r^2, RMSE, MAE といった指標を計算したりして、結果を評価します。

サンプルプログラム sample_program_03_06_cross_validation.py を実行してみましょう。ここでも仮想的な樹脂材料のデータセット resin.csv を用います。サンプルプログラムは以下のとおりです。

```
import matplotlib.pyplot as plt
import pandas as pd
from sklearn.linear_model import LinearRegression
from sklearn.model_selection import KFold, cross_val_predict  # クロスバリデーションをするときに使用
from sklearn.metrics import r2_score, mean_squared_error, mean_absolute_error  # r^2, RMSE, MAE の計算に使用

fold_number = 10  # クロスバリデーションの fold 数

dataset = pd.read_csv('resin.csv', index_col=0, header=0)

# データ分割
y = dataset.iloc[:, 0]  # 目的変数
x = dataset.iloc[:, 1:]  # 説明変数

# 標準偏差が 0 の特徴量の削除
```

```
deleting_variables = x.columns[x.std() == 0]
x = x.drop(deleting_variables, axis=1)

# オートスケーリング
autoscaled_y = (y - y.mean()) / y.std()
autoscaled_x = (x - x.mean()) / x.std()

# モデル構築
model = LinearRegression()  # モデルの宣言
model.fit(autoscaled_x, autoscaled_y)  # モデル構築

# 標準回帰係数
standard_regression_coefficients = pd.DataFrame(model.coef_, index=x.columns,
columns=['standard_regression_coefficients'])
standard_regression_coefficients.to_csv(
    'standard_regression_coefficients_ols.csv')  # csv ファイルに保存

# トレーニングデータの推定
autoscaled_estimated_y = model.predict(autoscaled_x)  # y の推定
estimated_y = autoscaled_estimated_y * y.std() + y.mean()  # スケールをもとに戻す
estimated_y = pd.DataFrame(estimated_y, index=x.index, columns=['estimated_y'])

# トレーニングデータの実測値 vs. 推定値のプロット
plt.rcParams['font.size'] = 18
plt.scatter(y, estimated_y.iloc[:, 0], c='blue')  # 実測値 vs. 推定値プロット
y_max = max(y.max(), estimated_y.iloc[:, 0].max())
# 実測値の最大値と、推定値の最大値の中で、より大きい値を取得
y_min = min(y.min(), estimated_y.iloc[:, 0].min())
# 実測値の最小値と、推定値の最小値の中で、より小さい値を取得
plt.plot([y_min - 0.05 * (y_max - y_min), y_max + 0.05 * (y_max - y_min)],
         [y_min - 0.05 * (y_max - y_min), y_max + 0.05 * (y_max - y_min)], 'k-')
# 取得した最小値-5%から最大値+5%まで、対角線を作成
plt.ylim(y_min - 0.05 * (y_max - y_min), y_max + 0.05 * (y_max - y_min))  # y 軸の範囲の設定
plt.xlim(y_min - 0.05 * (y_max - y_min), y_max + 0.05 * (y_max - y_min))  # x 軸の範囲の設定
plt.xlabel('actual y')  # x 軸の名前
plt.ylabel('estimated y')  # y 軸の名前
plt.gca().set_aspect('equal', adjustable='box')  # 図の形を正方形に
plt.show()  # 以上の設定で描画

# トレーニングデータのr2, RMSE, MAE
print('r^2 for training data :', r2_score(y, estimated_y))
print('RMSE for training data :', mean_squared_error(y, estimated_y,
squared=False))
print('MAE for training data :', mean_absolute_error(y, estimated_y))

# トレーニングデータの結果の保存
y_for_save = pd.DataFrame(y)
y_for_save.columns = ['actual_y']
y_error_train = y_for_save.iloc[:, 0] - estimated_y.iloc[:, 0]
y_error_train = pd.DataFrame(y_error_train)
y_error_train.columns = ['error_of_y(actual_y-estimated_y)']
results_train = pd.concat([y_for_save, estimated_y, y_error_train], axis=1)
# 結合
results_train.to_csv('estimated_y_in_detail_ols.csv')  # 推定値を csv ファイルに保存

# クロスバリデーションによる y の値の推定
```

```
cross_validation = KFold(n_splits=fold_number, random_state=9, shuffle=True)
# クロスバリデーションの分割の設定
autoscaled_estimated_y_in_cv = cross_val_predict(model, autoscaled_x, autoscaled_y)  # y の推定
estimated_y_in_cv = autoscaled_estimated_y_in_cv * y.std() + y.mean()  # スケールをもとに戻す
estimated_y_in_cv = pd.DataFrame(estimated_y_in_cv, index=x.index, columns=
['estimated_y'])

# クロスバリデーションにおける実測値 vs. 推定値のプロット
plt.rcParams['font.size'] = 18
plt.scatter(y, estimated_y_in_cv.iloc[:, 0], c='blue')  # 実測値 vs. 推定値プロット
y_max = max(y.max(), estimated_y_in_cv.iloc[:, 0].max())
# 実測値の最大値と、推定値の最大値の中で、より大きい値を取得
y_min = min(y.min(), estimated_y_in_cv.iloc[:, 0].min())
# 実測値の最小値と、推定値の最小値の中で、より小さい値を取得
plt.plot([y_min - 0.05 * (y_max - y_min), y_max + 0.05 * (y_max - y_min)],
         [y_min - 0.05 * (y_max - y_min), y_max + 0.05 * (y_max - y_min)], 'k-')
# 取得した最小値-5%から最大値+5%まで、対角線を作成
plt.ylim(y_min - 0.05 * (y_max - y_min), y_max + 0.05 * (y_max - y_min))  # y 軸の範囲の設定
plt.xlim(y_min - 0.05 * (y_max - y_min), y_max + 0.05 * (y_max - y_min))  # x 軸の範囲の設定
plt.xlabel('actual y')  # x 軸の名前
plt.ylabel('estimated y')  # y 軸の名前
plt.gca().set_aspect('equal', adjustable='box')  # 図の形を正方形に
plt.show()  # 以上の設定で描画

# クロスバリデーションにおけるr2, RMSE, MAE
print('r^2 in cross-validation :', r2_score(y, estimated_y_in_cv))
print('RMSE in cross-validation :', mean_squared_error(y, estimated_y_in_cv, squared=False))
print('MAE in cross-validation :', mean_absolute_error(y, estimated_y_in_cv))

# クロスバリデーションの結果の保存
y_error_in_cv = y_for_save.iloc[:, 0] - estimated_y_in_cv.iloc[:, 0]
y_error_in_cv = pd.DataFrame(y_error_in_cv)
y_error_in_cv.columns = ['error_of_y(actual_y-estimated_y)']
results_in_cv = pd.concat([y_for_save, estimated_y_in_cv, y_error_in_cv], axis=1) # 結合
results_in_cv.to_csv('estimated_y_in_cv_in_detail_ols.csv')  # 推定値を csv ファイルに保存
```

サンプルプログラムでは fold_number でクロスバリデーションの分割数を設定する必要があります。初期設定では 10 (fold_number = 10) となっています。サンプルプログラムを実行すると、読み込んだデータセットを Y, X に分けた後、sklearn.model_selection の KFold() 関数を用いてクロスバリデーションの分割を設定し、cross_val_predict() 関数を用いてクロスバリデーションを行います。KFold() 関数における random_state を同じ数字にすることで、ランダムとはいえ毎回同じように fold_number 個のグループに分割できます。

トレーニングデータにおける Y の実測値 vs. 推定値プロット（図 3.19)、クロスバリデーションにおける Y の実測値 vs. 推定値プロット（図 3.20）の順にプロットが表示されます。

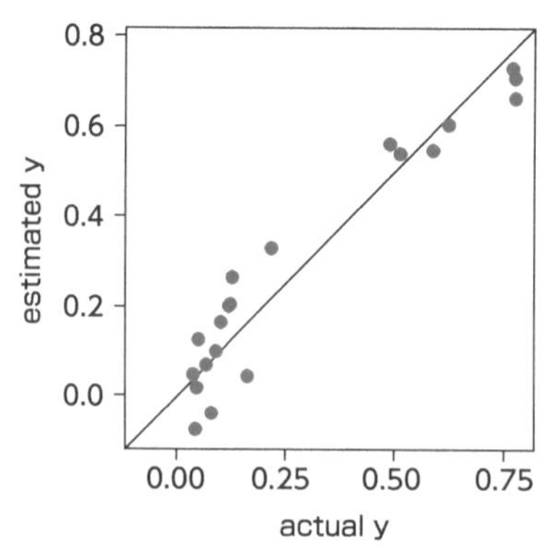

図 3.19　線形重回帰分析を行った際の、トレーニングデータにおける実測値（actual y）vs. 推定値（estimated y）プロット

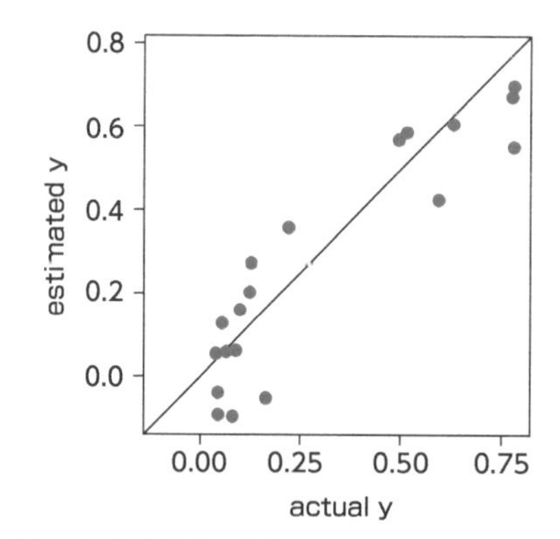

図 3.20　線形重回帰分析を行った際の、クロスバリデーションにおける実測値（actual y）vs. 推定値（estimated y）プロット

IPython コンソール（8.4 節参照）に、トレーニングデータにおける r^2, RMSE, MAE（図 3.21)、クロスバリデーションにおける r^2, RMSE, MAE（図 3.22）の順に表示されます。

トレーニングデータにおけるサンプルごとの Y の実測値・推定値・誤差が estimated_y_train_in_detail_ols.csv に、クロスバリデーションにおけるサンプルごとの Y の実測値・推定値・誤差が estimated_y_in_cv_in_detail_ols.csv に保存されます。

```
r^2 for training data : 0.9190600238137889
RMSE for training data : 0.0782074054211705
MAE for training data : 0.0664516783215491
```

図 3.21　線形重回帰分析を行った際の、トレーニングデータにおける r^2, RMSE, MAE

```
r^2 in cross-validation : 0.8217944838465117
RMSE in cross-validation : 0.11604512842921633
MAE in cross-validation : 0.09812618205239618
```

図 3.22　線形重回帰分析を行った際の、クロスバリデーションにおける r^2, RMSE, MAE

k-fold クロスバリデーションにおいて、k がサンプル数に等しいときには **leave-one-out クロスバリデーション**と呼びます。サンプル数が小さい（例えば 30 未満）ときには leave-one-out クロスバリデーションがよいでしょう。サンプル数が十分大きいときの k の値としては 2, 5, 10 が経験的によく使用されます。

補足

クロスバリデーションにおいて k の値に最適な値があるわけではありませんが、筆者は以下を目安にして使い分けています。

- サンプル数 30 未満 : leave-one-out クロスバリデーション
- サンプル数 30 ～ 100 : 10-fold クロスバリデーション
- サンプル数 100 ～ 1000 : 5-fold クロスバリデーション
- サンプル数 1000 以上 : 2-fold クロスバリデーション

回帰分析手法においてハイパーパラメータ（3.8 節参照）があるときには、外部バリデーションとクロスバリデーションを組み合わせて用いられることがあります。ある手法において、トレーニングデータとテストデータとに分割した後に、トレーニングデータのみを用いてハイパーパラメータの候補ごとにクロスバリデーションを行います。クロスバリデーションの推定結果が最良となる（例えば、r^2 が最大値となる）ハイパーパラメータを選択し、そのハイパーパラメータでトレーニングデータを用いてモデルを構築します。構築されたモデルでテストデータの Y の値を予測します（外部バリデーション）。これを様々な回帰分析手法を用いて実施し、テストデータにおける Y の推定結果が最良となる回帰分析手法を選択します。クロスバリデーションによってハイパーパラメータを選択し、外部バリデーションにより回帰分析手法を選択するわけです。

3.8 節や 3.10 節などにおいて、クロスバリデーションによりハイパーパラメータを選択し、テストデータを推定する Python プログラムがあります。

3.7　非線形重回帰分析

3.5 節の線形重回帰分析では、実験条件である説明変数 X と実験結果である目的変数 Y の間に直線的な関係 $\mathrm{Y} = a\mathrm{X} + b$ が仮定されていました。しかし、実際の実験条件と実験結果の間には、そのような線形の関係ではない、より複雑な関係があることも考えられます。

2.3 節で述べたとおり、X と Y の間の非線形関係を表現する最も単純な方法の一つは、各 X を 2 乗した特徴量（二乗項）や、すべての X の組み合わせで掛け算した特徴量（交差項）を X に追加することです。二乗項・交差項を X に追加することで、例えば式 (2.2) は式 (2.7) になります。二乗項・交差項を追加した後の X と Y の間で、3.5 節の最小二乗法による重回帰分析をすることで、X と Y の間の非線形関係を考慮してモデル Y = f(X) を構築できます。

サンプルプログラム sample_program_03_07_nonlinear_ols.py を実行してみましょう。ここでも仮想的な樹脂材料のデータセット resin.csv を用います。プログラムの流れは sample_program_03_06_external_validation.py と同様であり、非線形重回帰分析で回帰モデルの構築および外部バリデーションを行います。

サンプルプログラムでは number_of_test_samples でテストデータのサンプル数を設定する必要があります。初期設定では 5 (number_of_test_samples = 5) となっています。なおテストデータの数を 0 にすると (number_of_test_samples = 0)、本プログラムではデータセットのすべてのサンプルをトレーニングデータにするとともに、それと同じデータをテストデータにするような仕様になっています。例えばすべてのサンプルで標準回帰係数を計算したいときなどにご利用ください。

トレーニングデータで回帰モデルを構築し、トレーニングデータやテストデータを用いて、回帰モデルによる推定結果を評価しています。「その他」(8.4 節参照) のプロットにおいて、トレーニングデータにおける Y の実測値 vs. 推定値プロット（図 3.23)、テストデータにおける Y の実測値 vs. 推定値プロット（図 3.24) の順にプロットが表示されます。それぞれ、対角線に近いサンプルほど、実測値と推定値との誤差が小さく、良好に Y の値を推定できたといえます。実測値 vs. 推定値プロットにより、対角線から外れた Y の誤差の大きいサンプルや Y の値によって誤差の偏り（バイアス）があることなどを確認できます。

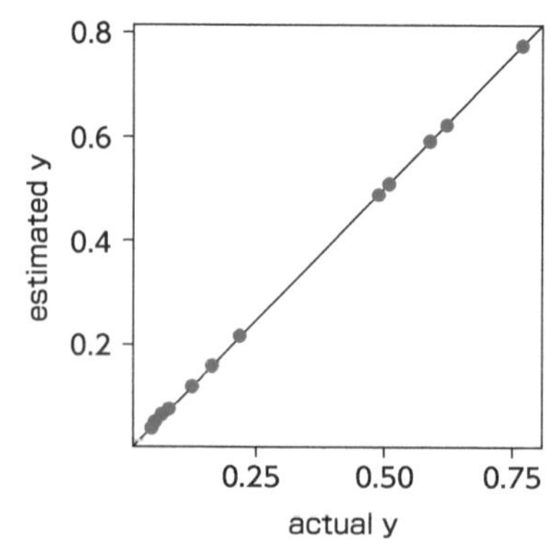

図 3.23　非線形重回帰分析を行った際の、トレーニングデータにおける
実測値 (actual y) vs. 推定値 (estimated y) プロット

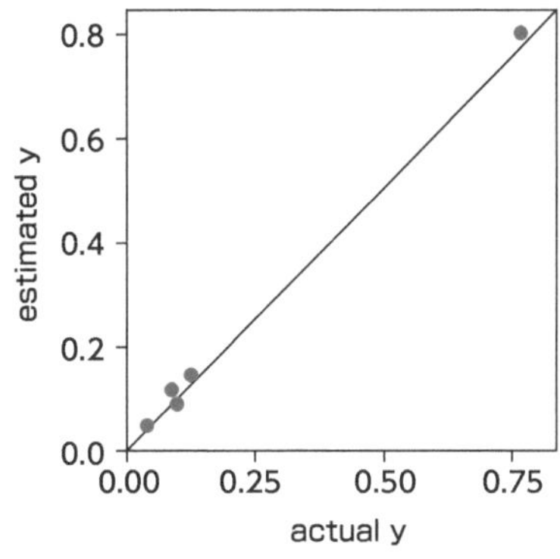

図 3.24 非線形重回帰分析を行った際の、テストデータにおける実測値 (actual y) vs. 推定値 (estimated y) プロット

IPython コンソール (8.4 節参照) に、トレーニングデータにおける r^2, RMSE, MAE (図 3.25)、テストデータにおける r^2, RMSE, MAE (図 3.26) の順に表示されます。

```
r^2 for training data : 1.0
RMSE for training data : 1.849619841448469e-16
MAE for training data : 1.4062824978585316e-16
```

図 3.25 非線形重回帰分析を行った際の、トレーニングデータにおける r^2, RMSE, MAE

```
r^2 for test data : 0.9918019254956555
RMSE for test data : 0.024971393011743205
MAE for test data : 0.022206512230738152
```

図 3.26 非線形重回帰分析を行った際の、テストデータにおける r^2, RMSE, MAE

標準回帰係数が standard_regression_coefficients_nonlinear_ols.csv に、トレーニングデータにおけるサンプルごとの Y の実測値・推定値・誤差が estimated_y_train_in_detail_nonlinear_ols.csv に、テストデータにおけるサンプルごとの Y の実測値・推定値・誤差が estimated_y_test_in_detail_nonlinear_ols.csv に保存されます。同じ名前のファイルがあるときは上書きされますので注意しましょう。

本節では X の二乗項や交差項を X に追加することで X と Y との間の非線形性を考慮しましたが、元の X の数 m が大きいほど、特に交差項の数が ${}_m\mathrm{C}_2 = m(m-1)/2$ と大きくなるため注意が必要です。また、例えば X を 2 乗するより、3 乗したり 0.5 乗したり、もしくは指数関数や対数関数で変換したりしたほうがよいかもしれません。本章では次節から、X と Y との間の非線形性を考慮可能な回帰分析手法として、決定木 (Decision Tree, DT)、ランダムフォレスト (Random Forests, RF)、サポートベクター回帰 (Support Vector Regression, SVR)、ガウス過程回帰 (Gaussian Process Regression, GPR) について説明します。

3.8 決定木

決定木（Decision Tree, DT）は回帰分析にもクラス分類にも用いることができる手法ですが、本書では基本的に回帰分析のみで用います。クラス分類に関する詳細はこちらのウェブサイト[22]をご覧ください。

DTでは、図3.27のように説明変数X（x_1, x_2, …, x_m（mは説明変数の数））の空間を、各領域内に目的変数Yの値が類似したサンプルのみが存在するように、適切な領域に分割します。領域に分割されたあと、新しいサンプルはXの値によっていずれかの領域に属することになり、そのYの指定値は、そのサンプルに該当する領域に存在するサンプル群におけるYの値の平均値になります。例えば$3 < x_1 \leqq 5$かつ$x_2 \leqq 4$の領域には4つのサンプルがあり、それぞれのYの値は2.1, 2.0, 2.3, 2.6であり、平均値は2.25となるため、新たにこの領域に入るサンプルにおけるYの推定値は2.25です。$x_1 \leqq 3$かつ$1 < x_2$の領域には4つのサンプルがあり、それぞれのYの値は2.2, 2.1, 1.4, 1.7であり、平均値は1.85となるため、新たにこの領域に入るサンプルにおけるYの推定値は1.85です。

図3.27のような領域の分割は、図3.28の木のような構造で表されます。決定「木」（Decision「Tree」）という名前は、モデルが「木」の構造で与えられることに由来します（「木」よりも「樹」のほうがイメージしやすいかもしれませんが、本書では慣例にならい決定「木」と記載します）。図3.28において、図3.27の領域に対応するサンプル群を**ノード**と呼び、特に最初のノードを根ノード、末端のノードを**葉ノード**と呼びます。ノードにおいて、あるXにおけるある閾値によってサンプル群が分割され、次の2つのノードになります。葉ノードにおいてはこれ以上分割されません。

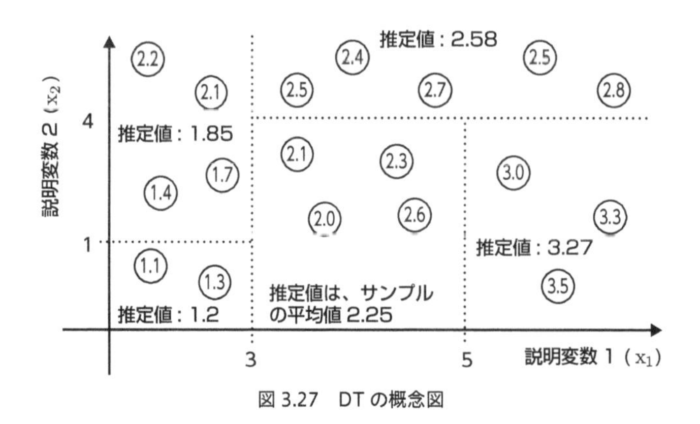

図3.27　DTの概念図

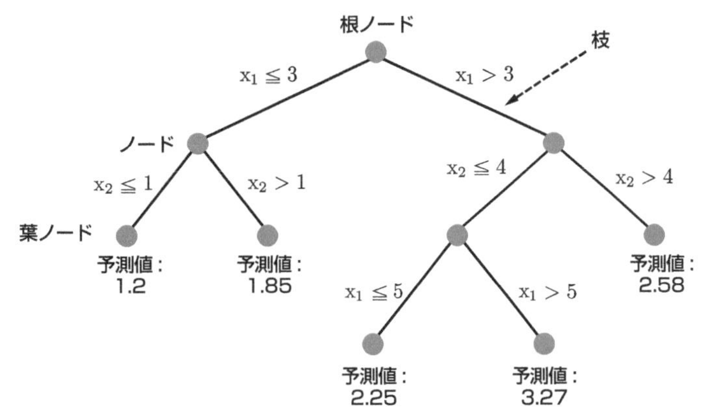

図 3.28　DT モデルの構造

DT では、1 つのノードから 2 つのノードを追加することで、木を深くします。では、どのように 2 つのノードを追加するのでしょうか。つまり、どのように X を 1 つ選んで、どのように閾値を選ぶのでしょうか。DT では、X と閾値のすべての組み合わせにおいて、これから説明する評価関数 E の値を計算し、その値が最も小さい X と閾値の組み合わせに決定します。ちなみに閾値の候補は、X ごとに値の小さい順 (もしくは大きい順) にサンプルを並べ替えたときに、隣り合う値同士のちょうど中間の値になります。

評価関数 E は、分割後の 2 つのノードにおけるそれぞれの評価関数 E_1, E_2 の和で与えられます。

$$E = E_1 + E_2 \tag{3.24}$$

1 番目のノードの評価関数を E_1, 2 番目のノードの評価関数を E_2 としていますが、特にノードの順番は関係ありません。E_i $(i = 1$ もしくは $i - 2)$ は、分割後のそれぞれのノードにおける、Y の誤差の 2 乗和です。サンプル群が分割された後、それぞれのノードにおける Y の推定値は、そのノードにおけるサンプル群の Y の実測値の平均で与えられるため、その平均値と実測値の差の 2 乗を足し合わせたものが E_i になるわけです。このように E_1, E_2 を計算した後に式 (3.24) で計算される E が最小となる X と閾値の組み合わせを探索します。

葉ノードにおけるサンプルの数に下限を設定したり、木の深さの上限を設定したりすることで、ノードの分割をストップし、木の深さを調整します。DT における葉ノードでのサンプル数の下限値や木の深さの上限値のように、回帰モデルを構築する前に設定する必要のあるパラメータを、**ハイパーパラメータ**と呼びます。本書では、葉ノードにおけるサンプルの数の下限を 3 とし、木の深さの上限はクロスバリデーション (3.6 節参照) で最適化します。

DT は図 3.28 の木のような構造で回帰モデルが与えられるため、モデルを解釈しやすくなっています。しかし、モデルがシンプルであることから、X と Y との関係が複雑な場合は、推定精度は他の手法と比較して低いことが多くなります。また DT モデルにおける Y の推定値はトレーニングデータのサンプルにおける Y の平均値になるため、既存のサンプルにおける Y の最大値を上回ったり最小値を下回ったりすることはありません。

今回は DT を回帰分析手法として用いましたが、Y の推定値をノードにおけるサンプルのクラスの多数決で与え、E_i をクラス分類用の評価関数にすることで、DT をクラス分類に用いることもできます [22]。

サンプルプログラム sample_program_03_08_dt.py を実行してみましょう。ここでも仮想的な樹脂材料のデータセット resin.csv を用います。プログラムの流れは sample_program_03_08_external_validation.py と基本的に同様ですが、DT では各特徴量の閾値だけが重要であるため、特徴量の標準化は行いません。また、木の深さの最大値をクロスバリデーションにより最適化しています。設定として、fold_number でクロスバリデーションの fold 数を決め、max_depths で木の深さの最大値を決めます。初期設定では、fold_number = 10 と 10-fold クロスバリデーションであり、max_depths = np.arange(1, 31) と木の深さの最大値の候補は 1, 2, …, 29, 30 となっています。木の深さの最大値の候補ごとにクロスバリデーションを行い r^2 を計算します。その結果が、「その他」(8.4 節参照) のプロットにおいて、図 3.29 のように表示されます。そして r^2 が最大となる木の深さの候補を選択しています。IPython コンソール (8.4 節参照) に、最適化された木の深さの最大値が表示されます。その後、DT で回帰モデルの構築および外部バリデーションを行います。なお葉ノードごとのサンプル数の最小値は min_samples_leaf = 3 と 3 に設定しています。

サンプルプログラムでは number_of_test_samples でテストデータのサンプル数を設定する必要があります。初期設定では 5 (number_of_test_samples = 5) となっています。なおテストデータの数を 0 にすると (number_of_test_samples = 0)、本プログラムではデータセットのすべてのサンプルをトレーニングデータにするとともに、それと同じデータをテストデータにするような仕様になっています。すべてのサンプルで構築された DT モデルを確認したいときなどにご利用ください。

トレーニングデータで回帰モデルを構築し、トレーニングデータやテストデータを用いて、回帰モデルによる推定結果を評価しています。トレーニングデータにおける Y の実測値 vs. 推定値プロット (図 3.30)、テストデータにおける Y の実測値 vs. 推定値プロット (図 3.31) の順にプロットが表示されます。それぞれ、対角線に近いサンプルほど、実測値と推定値との誤差が小さく、良好に Y の値を推定できたといえます。実測値 vs. 推定値プロットにより、対角線から外れた Y の誤差の大きいサンプルや Y の値によって誤差の偏り (バイアス) があることなどを確認できます。DT では葉ノードにおけるトレーニングデータの Y の平均値で推定値が与えられるため、同じ葉ノードのサンプルは同じ推定値になることから、図 3.30、3.31 においてサンプルが横に並ぶ (推定値が同じ) 結果になっています。また Y の推定値がトレーニングデータにおける Y の実測値を超えないことを確認できます。

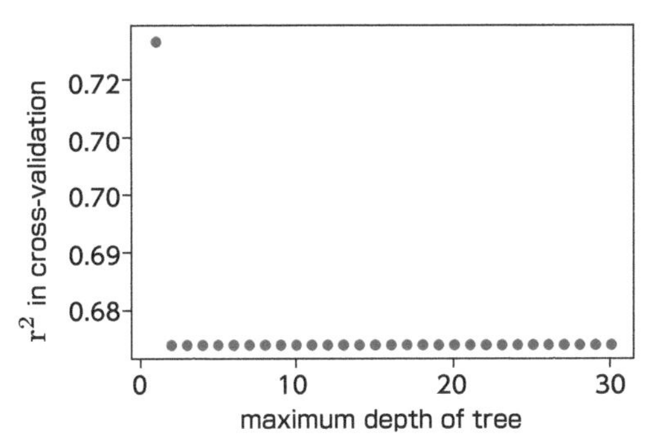

図 3.29　DT による回帰分析を行った際の、木の深さの最大値ごとのクロスバリデーション後の r^2

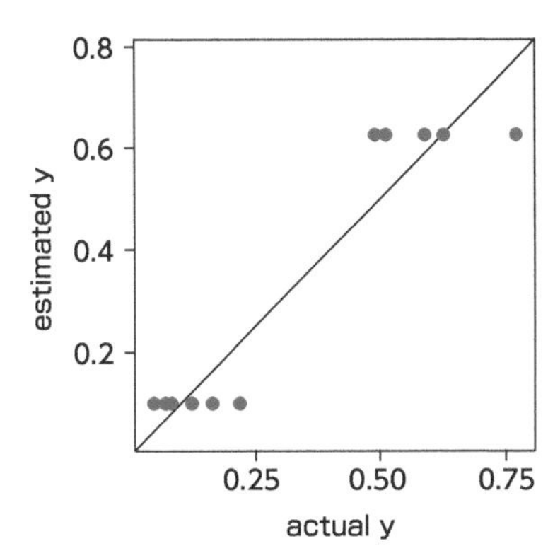

図 3.30　DT による回帰分析を行った際の、トレーニングデータにおける実測値（actual y）vs. 推定値（estimated y）プロット

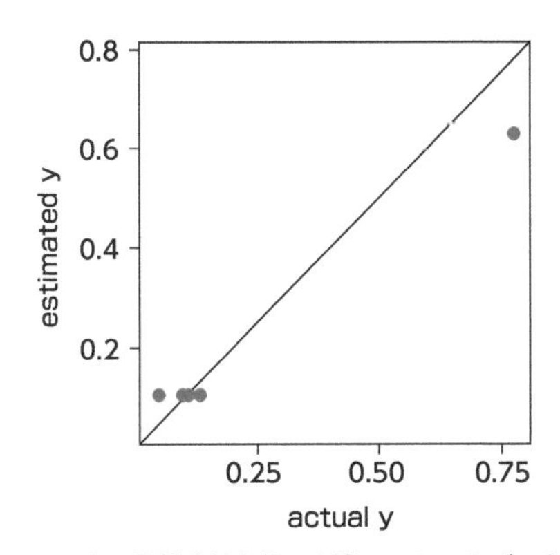

図 3.31　DT による回帰分析を行った際の、テストデータにおける実測値（actual y）vs. 推定値（estimated y）プロット

IPython コンソール（8.4 節参照）に、トレーニングデータにおける r^2, RMSE, MAE（図 3.32）、テストデータにおける r^2, RMSE, MAE（図 3.33）の順に表示されます。

```
r^2 for training data : 0.9041755964364975
RMSE for training data : 0.08394177876494054
MAE for training data : 0.06844444444444445
```

図 3.32　DT による回帰分析を行った際の、トレーニングデータにおける r^2, RMSE, MAE

```
r^2 for test data : 0.9310811429864256
RMSE for test data : 0.07240288514816093
MAE for test data : 0.04960000000000002
```

図 3.33　DT による回帰分析を行った際の、テストデータにおける r^2, RMSE, MAE

トレーニングデータにおけるサンプルごとの Y の実測値・推定値・誤差が estimated_y_train_in_detail_dt.csv に、テストデータにおけるサンプルごとの Y の実測値・推定値・誤差が estimated_y_test_in_detail_dt.csv に保存されます。

サンプルプログラムでは最後に DT の回帰モデルを確認するための dot ファイルを作成しています。作成された tree.dot をテキストエディタで開いても決定木モデルを確認できますが、Graphviz [23] をインストールして Graphviz で tree.dot を開くと、図 3.34 のように DT の回帰モデルを可視化できます。図 3.34 の各四角がノードを表し、一番上のノードにおいてサンプル数は 15 (samples = 15)、Y の平均値は 0.311 (value = 0.311)、この平均値を推定値としたときの誤差の 2 乗の平均は 0.074 (mse = 0.074) であることを表します。そして、raw material 1 の変数が選ばれ、その閾値が 0.35 であり (raw material 1 <= 0.35)、0.35 以下のサンプルは左のノードへ (True)、0.35 より大きいサンプルは右のノードへ (False) 移ります。今回の DT モデルは木の深さが 1 のため分岐は以上ですが、木の深さが 2 以上の場合でも図の各ノードの見方は同じです。

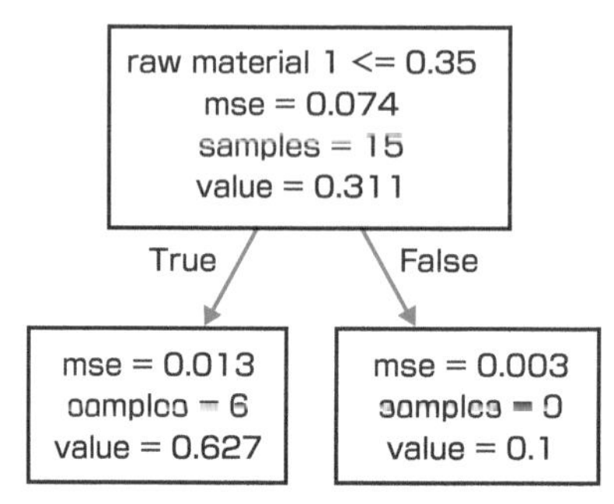

図 3.34　構築された DT の回帰モデル

3.9 ランダムフォレスト

ランダムフォレスト（Random Forest, RF）では、前節の DT モデルをたくさん構築します。新しいサンプルにおける目的変数 Y の推定値は、すべての DT モデルの Y の推定値の平均値です。このように複数のモデルを構築して、それらを総合的に用いて新しいサンプルの Y を推定する方法を**アンサンブル学習法**と呼びます。

図 3.35 が RF の概念図です。RF ではサンプルをランダムに選び、説明変数 X をランダムに選ぶことで、新たなデータセットを複数作ります。新たなデータセットのことを**サブデータセット**と呼び、サブデータセットごとに前節の DT モデルを構築します。各サブデータセットは、サンプルや X が異なるため、異なる DT モデルが構築されます。サブデータセットの数（= DT モデルの数）k はハイパーパラメータであり、事前に決める必要があります。

サブデータセットを作成するとき、データセットのサンプル数を n とすると、サンプルは重複を許してランダムに n 個選択します。選択されないサンプルもあれば、複数回選択されるサンプルもある可能性があるわけです。データセットの X の数を m とすると、m 個の X の中からは重複を許さずにランダムに p 個選択します。$p < m$ のとき、選択されない X はありますが、複数回選択される X はないということです。p はハイパーパラメータであり事前に決める必要があります。

サンプルと X が選択されたサブデータセットごとに DT モデルが構築されます。新しいサンプルの X の値が入力されると、まずすべての DT モデルにより Y の推定値が計算されます。そして、それら k 個の推定値を平均したものが最終的な推定値になります。RF でも DT と同様に、各 DT モデルからの推定値はトレーニングデータのサンプルにおける Y の平均値になるため、既存のサンプルにおける Y の最大値を上回ったり最小値を下回ったりすることはありません。注意しましょう。

RF では X ごとの重要度を計算できます。j 番目の X の重要度 I_j を計算するために、j 番目の X が用いられたすべての DT モデルにおいて、j 番目の X で分割したノード t で以下の値を求めます。

$$\frac{n_t}{n}\Delta E_t \tag{3.25}$$

ここで n_t は t における分割前のサンプル数、ΔE_t は t においてサンプルを分割したことによる式 (3.24) の E の変化です。式 (3.25) を j 番目の X が用いられたすべての決定木およびすべてのノードで足し合わせ、サブデータセットの数で割ることで j 番目の X の重要度が計算されます。

$$I_j = \frac{1}{k}\sum_{T}\sum_{t \in T,j}\frac{n_t}{n}\Delta E_t \tag{3.26}$$

サブデータセットを作成するとき、サンプルは重複を許してランダムに n 個選択します。サブデータセットごとに選択されないサンプルが存在し、これらのサンプルのことを **Out-Of-Bag（OOB）**と呼びます。OOB により外部データに対する推定性能を評価できます。i 番目のサンプルが用いられていない（i 番目のサンプルが OOB となる）DT モデルだけ集めて、i 番目のサンプルの Y の値を推定します。これらの推定値の平均を i 番目のサンプルの Y の推定値とします。RF では、クロスバリデーション（3.6 節参照）の推定値の代わりに、OOB の推定値に基づいてハイパーパラメータを選択できます。例えば、実測値と OOB の推定値との間で r^2（3.6 節参照）を計算し、r^2 が最大になるように RF のハイパーパラメータを決めることがあります。クロスバリデーションのようにサンプルを分割して何度もモデル構築と予測を繰り返す必要はないため、OOB を用いることで効率的にハイパーパラメータを選択できます。なお OOB を用いた X の重要度 [24] もあります。本書では式 (3.26) の重要度を用います。

DT と同様にして、RF はクラス分類でも用いることができます。クラス分類における RF の推定結果は、すべての DT モデルにおける推定結果を多数決したものです。

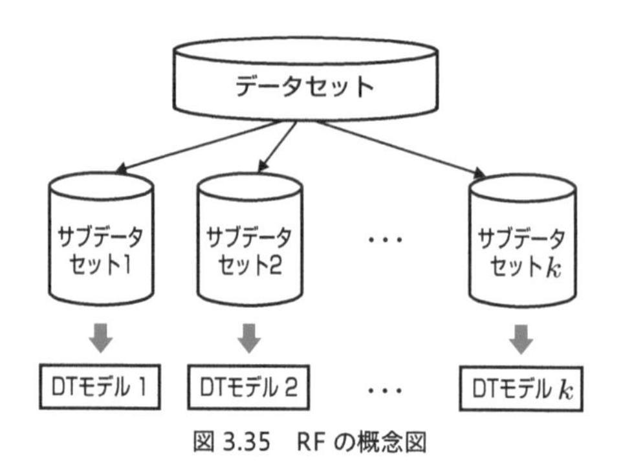

図 3.35　RF の概念図

サンプルプログラム sample_program_03_09_rf.py を実行してみましょう。ここでも仮想的な樹脂材料のデータセット resin.csv を用います。プログラムの流れは sample_program_03_08_external_validation.py と基本的に同様ですが、RF では DT に基づくため、DT と同様に特徴量の標準化は行いません。また、DT における X の数の割合を OOB により最適化しています。設定として、x_variables_rates で木の深さの最大値を決めます。初期設定では、x_variables_rates = np.arange(1, 11, dtype=float) / 10 と X の数の割合の候補は 0.1, 0.2, …, 0.9, 1.0 となっています。X の数の割合の候補ごとに OOB で r^2 を計算します。その結果が、「その他」(8.4 節参照) のプロットにおいて、図 3.36 のように表示されます。そして r^2 が最大となる X の数の割合を選択しています。IPython コンソール (8.4 節参照) に、最適化された X の数が表示されます。その後、RF で回帰モデルの構築および外部バリデーションを行います。なおサブデータセットの数は number_of_trees = 300 と 300 に設定しています。筆者の経験的には、300 で安定した結果が得られています。結果が安定しない場合は、この数を増やすことで安定性が向上する傾向がありますが、計算時間がかかるようになります。

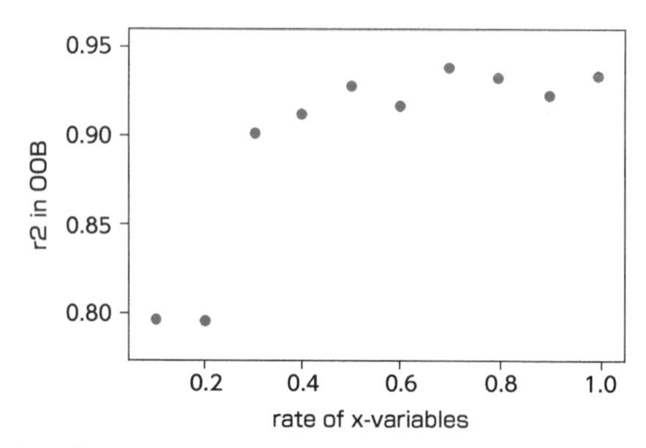

図 3.36　RF による回帰分析を行った際の、用いる X の数の割合ごとのクロスバリデーション後の r^2

サンプルプログラムでは number_of_test_samples でテストデータのサンプル数を設定する必要があります。初期設定では 5 (number_of_test_samples = 5) となっています。なおテストデータの数を 0 にすると (number_of_test_samples = 0)、本プログラムではデータセットのすべてのサンプルをトレーニングデータにするとともに、それと同じデータをテストデータにするような仕様になっています。例えばすべてのサンプルで計算された RF モデルにおける各 X の重要度を確認したいときなどにご利用ください。

トレーニングデータで回帰モデルを構築し、トレーニングデータやテストデータを用いて、回帰モデルによる推定結果を評価しています。トレーニングデータにおける Y の実測値 vs. 推定値プロット（図 3.37)、テストデータにおける Y の実測値 vs. 推定値プロット（図 3.38）の順にプロットが表示されます。それぞれ、対角線に近いサンプルほど、実測値と推定値との誤差が小さく、良好に Y の値を推定できたといえます。実測値 vs. 推定値プロットにより、対角線から外れた Y の誤差の大きいサンプルや Y の値によって誤差の偏り（バイアス）があることなどを確認できます。RF では Y の推定値がトレーニングデータにおける Y の実測値を超えない結果になっています。

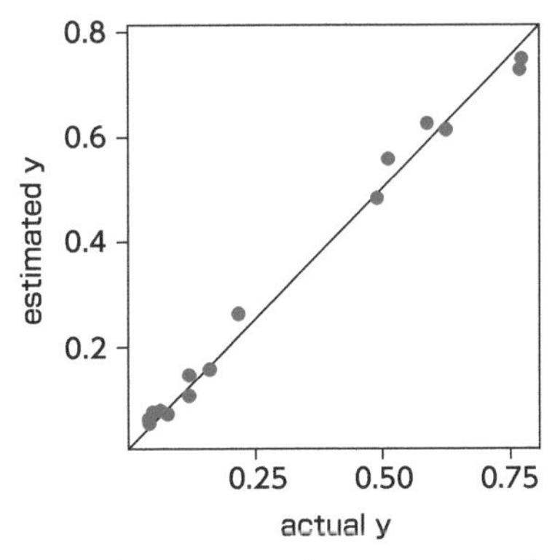

図 3.37　RF による回帰分析を行った際の、トレーニングデータにおける実測値 (actual y) vs. 推定値 (estimated y) プロット

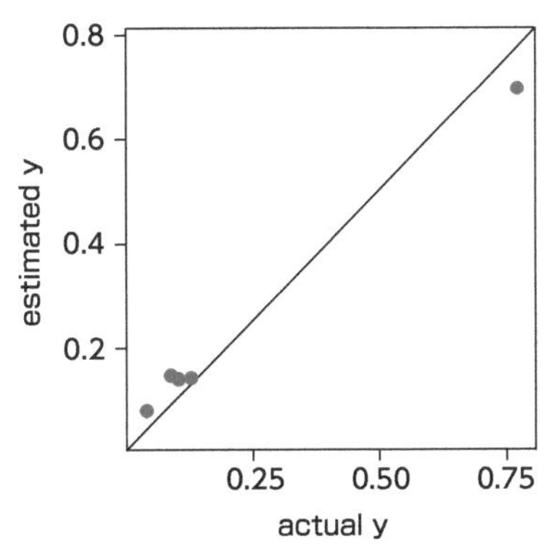

図 3.38　RF による回帰分析を行った際の、テストデータにおける実測値 (actual y) vs. 推定値 (estimated y) プロット

IPython コンソール（8.4 節参照）に、トレーニングデータにおける r^2, RMSE, MAE（図 3.39）、テストデータにおける r^2, RMSE, MAE（図 3.40）の順に表示されます。

```
r^2 for training data : 0.991151540848431
RMSE for training data : 0.02550785447661165
MAE for training data : 0.021520000000000036
```

図 3.39　RF による回帰分析を行った際の、トレーニングデータにおける r^2, RMSE, MAE

```
r^2 for test data : 0.9684866002375562
RMSE for test data : 0.04895921758634172
MAE for test data : 0.04342400000000054
```

図 3.40　RF による回帰分析を行った際の、テストデータにおける r^2, RMSE, MAE

特徴量の重要度が `variable_importances_rf.csv` に、トレーニングデータにおけるサンプルごとの Y の実測値・推定値・誤差が `estimated_y_train_in_detail_rf.csv` に、テストデータにおけるサンプルごとの Y の実測値・推定値・誤差が `estimated_y_test_in_detail_rf.csv` に保存されます。

3.10 サポートベクター回帰

サポートベクター回帰（Support Vector Regression, SVR）は、クラス分類手法であるサポートベクターマシン（Support Vector Machine, SVM）[25] を回帰分析に応用した手法です。基本的には式 (2.2) のような線形モデルを構築する回帰分析手法ですが、**カーネルトリック**という方法により非線形の回帰分析手法に拡張できます。

ある 1 つのサンプル（トレーニングデータにおける i 番目のサンプル）の説明変数 X のベクトル $\mathbf{x}^{(i)}$ に対して、目的変数 Y の推定値が $f\left(\mathbf{x}^{(i)}\right)$ で計算されるとします。$\mathbf{x}^{(i)}$ は以下のように表されます。

$$\mathbf{x}^{(i)} = \begin{pmatrix} x_1^{(i)} & x_2^{(i)} & \cdots & x_m^{(i)} \end{pmatrix} \tag{3.27}$$

ここで、m は X の数であり、関数 f は SVR モデルです（まだ f が何かわかりません。これから求めていきます）。

SVR モデルは線形モデルと仮定し、回帰係数は以下のように $\mathbf{a}_{\mathrm{SVR}}$ とします。

$$\mathbf{a}_{\mathrm{SVR}} = \begin{pmatrix} a_{\mathrm{SVR},1} & a_{\mathrm{SVR},2} & \cdots & a_{\mathrm{SVR},m} \end{pmatrix}^{\mathrm{T}} \tag{3.28}$$

これにより $f\left(\mathbf{x}^{(i)}\right)$ は以下のように表されます。

$$f\left(\mathbf{x}^{(i)}\right) = \mathbf{x}^{(i)}\mathbf{a}_{\mathrm{SVR}} + u \tag{3.29}$$

ここで u は定数項であり、今は気にしなくて構いません。

$\mathbf{x}^{(i)}$ に非線形の変換、例えば 3.7 節における X の 2 乗項・交差項を X に追加するような変換をするとします。ただ今の時点ではどのような変換かはわからず、とりあえず変換の関数を g とします。つまり、$\mathbf{x}^{(i)}$ は $g\left(\mathbf{x}^{(i)}\right)$ になります。それにともない、回帰係数も以下のような $\mathbf{a}_{\mathrm{NSVR}}$ とします（N は Nonlinear の N)。

$$\mathbf{a}_{\mathrm{NSVR}} = \left(a_{\mathrm{NSVR},1} \quad a_{\mathrm{NSVR},2} \quad \cdots \quad a_{\mathrm{NSVR},k}\right)^{\mathrm{T}} \tag{3.30}$$

ここで k は非線形変換した後の $g\left(\mathbf{x}^{(i)}\right)$ の特徴量の数です。ただ $\mathbf{a}_{\mathrm{NSVR}}$ も k も、とりあえずこのように設定しておくだけで、実はのちに考えなくてもよくなりますので、今は無視して問題ありません。

非線形性を考慮に入れると、式 (3.29) は以下のようになります。

$$f\left(\mathbf{x}^{(i)}\right) = g\left(\mathbf{x}^{(i)}\right)\mathbf{a}_{\mathrm{NSVR}} + u \tag{3.31}$$

回帰係数 $\mathbf{a}_{\mathrm{NSVR}}$ を求めることを考えます。3.5 節の OLS では、Y の実測値と推定値との誤差を小さくなるように決めました。SVR では誤差だけでなく、回帰係数の大きさも一緒に小さくするように、回帰係数を求めます。これにより、回帰係数が必要以上に正に、もしくは負に大きくなることでモデルがオーバーフィッティング（3.6 節参照）することを軽減できます。

SVR で最小化する S は、

$$S = C \times (\text{Y の誤差に関する項}) + (\mathbf{a}_{\mathrm{NSVR}}\text{の大きさに関する項}) \tag{3.32}$$

となります。C は 2 つの項のバランスを調整する重みであり、ハイパーパラメータ（3.8 節参照）です。C が大きいと（Y の誤差に関する項）の影響が大きくなるため Y の誤差が小さくなりやすく、C が小さいと（$\mathbf{a}_{\mathrm{NSVR}}$ の大きさに関する項）の影響が大きくなるため $\mathbf{a}_{\mathrm{NSVR}}$ の大きさが小さくなりやすくなります。

SVR では式 (3.32) における（Y の誤差に関する項）にも工夫があります。サンプルごとの誤差 $Y^{(i)} - f\left(\mathbf{x}^{(i)}\right)$ に対して、OLS では 2 乗しましたが、SVR では以下の誤差関数 h を用います。

$$h\left(Y^{(i)} - f\left(\mathbf{x}^{(i)}\right)\right) = \max\left(0, \left|Y^{(i)} - f\left(\mathbf{x}^{(i)}\right)\right| - \varepsilon\right) \tag{3.33}$$

$\max(a, b)$ は、a と b の大きいほうを意味します。つまり式 (3.33) は図 3.41 のようになります。$-\varepsilon$ から ε まで誤差の不感帯を設定することで、$-\varepsilon \leqq$ 誤差 $\leqq \varepsilon$ のとき誤差は 0 とみなされます。これにより、ノイズのような微小な誤差により回帰係数が変化することを軽減でき、ノイズの影響を受けにくいモデルを構築できるわけです。式 (3.33) の誤差をすべてのサンプルで足し合わせたものが、式 (3.32) における（Y の誤差に関する項）です。なお $-\varepsilon \leqq$ 誤差 $\leqq \varepsilon$ の領域のことを **ε チューブ**と呼びます。ε はハイパーパラメータです。

式 (3.32) における ($\mathbf{a}_{\mathrm{NSVR}}$ の大きさに関する項) は、ベクトル $\mathbf{a}_{\mathrm{NSVR}}$ の大きさ (8.1 節参照) を 2 乗して 0.5 倍したものです。つまり、

$$\frac{1}{2}\|\mathbf{a}_{\mathrm{NSVR}}\|^2 = \frac{1}{2}\left((a_{\mathrm{NSVR},1})^2 + (a_{\mathrm{NSVR},2})^2 + \cdots + (a_{\mathrm{NSVR},k})^2\right) \tag{3.34}$$

です。

以上により式 (3.32) は

$$\begin{aligned} S &= C \times \sum_{j=1}^{n} h\left(Y^{(j)} - f\left(\mathbf{x}^{(j)}\right)\right) + \frac{1}{2}\|\mathbf{a}_{\mathrm{NSVR}}\|^2 \\ &= C \times \sum_{j=1}^{n} \max\left(0, \left|Y^{(j)} - f\left(\mathbf{x}^{(j)}\right)\right| - \varepsilon\right) + \frac{1}{2}\|\mathbf{a}_{\mathrm{NSVR}}\|^2 \end{aligned} \tag{3.35}$$

となります。この S を最小化することで、以下の式が得られます。

$$\begin{aligned} f\left(\mathbf{x}^{(i)}\right) &= \sum_{j=1}^{m}\left(\alpha_{\mathrm{U}}^{(j)} - \alpha_{\mathrm{L}}^{(j)}\right) g\left(\mathbf{x}^{(j)}\right) g\left(\mathbf{x}^{(i)}\right)^{\mathrm{T}} + u \\ &= \sum_{j=1}^{m}\left(\alpha_{\mathrm{U}}^{(j)} - \alpha_{\mathrm{L}}^{(j)}\right) K\left(\mathbf{x}^{(i)}, \mathbf{x}^{(j)}\right) + u \end{aligned} \tag{3.36}$$

ただし、K はカーネル関数と呼ばれ、

$$K\left(\mathbf{x}^{(i)}, \mathbf{x}^{(j)}\right) = g\left(\mathbf{x}^{(j)}\right) g\left(\mathbf{x}^{(i)}\right)^{\mathrm{T}} \tag{3.37}$$

と表されます。カーネル関数については後ほど説明します。$\alpha_{\mathrm{U}}^{(j)}, \alpha_{\mathrm{L}}^{(j)}$ は S の最小化によって求められるパラメータであり、u はその後 ε チューブ上のサンプル (誤差 $= \varepsilon$ もしくは誤差 $= -\varepsilon$ のサンプル) によって計算されます。$\alpha_{\mathrm{U}}^{(j)}, \alpha_{\mathrm{L}}^{(j)}, u$ の導出過程やサポートベクター回帰の名前にもあるサポートベクターの詳細については筆者の別書 [26] をご覧ください。

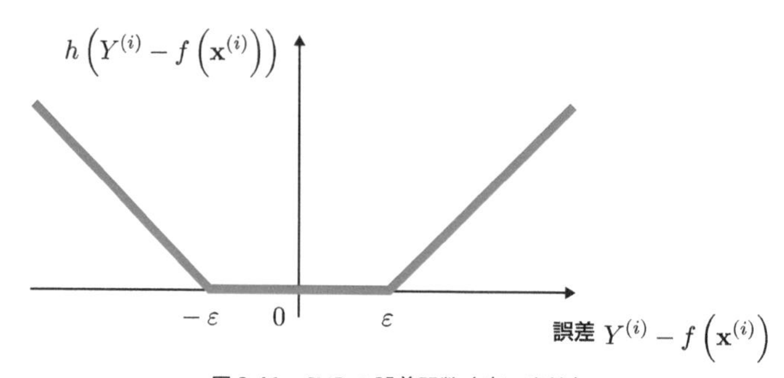

図 3.41　SVR の誤差関数 (青い実線)

式 (3.36) を見ると、最初に非線形の変換 g を導入したものの、結果的に、非線形変換 g 自体を考える必要はなく、非線形変換した 2 つのサンプル $g\left(\mathbf{x}^{(i)}\right), g\left(\mathbf{x}^{(j)}\right)$ の内積のみを考えればよいことがわかります。この内積（式 (3.37)）を**カーネル関数**と呼びます。非線形変換 g 自体ではなくカーネル関数によって非線形モデルに拡張することをカーネルトリックと呼びます。

カーネル関数の例を以下に示します。

$$K\left(\mathbf{x}^{(i)}, \mathbf{x}^{(j)}\right) = \mathbf{x}^{(i)}\mathbf{x}^{(j)\mathrm{T}} \tag{3.38}$$

$$K\left(\mathbf{x}^{(i)}, \mathbf{x}^{(j)}\right) = \exp\left(-\gamma\left\|\mathbf{x}^{(i)} - \mathbf{x}^{(j)}\right\|^2\right) \tag{3.39}$$

$$K\left(\mathbf{x}^{(i)}, \mathbf{x}^{(j)}\right) = \left(1 + \omega_1\mathbf{x}^{(i)}\mathbf{x}^{(j)\mathrm{T}}\right)^{\omega_2} \tag{3.40}$$

式 (3.38) を線形カーネル、式 (3.39) を**ガウシアンカーネル (Gaussian kernel)** もしくは **RBF (Radial Basis Function) カーネル**、式 (3.40) を**多項式カーネル**と呼びます。線形カーネルを用いれば、線形の SVR モデルが得られ、回帰係数が求まります（式 (3.36) において $g\left(\mathbf{x}^{(i)}\right)^{\mathrm{T}} = \mathbf{x}^{(i)\mathrm{T}}$ として計算）。カーネル関数における $\gamma, \omega_1, \omega_2$ はハイパーパラメータです。よく用いられるのはガウシアンカーネルです。

カーネル関数はサンプル間の類似度と考えることもできます。非線形変換 g を使用する前、つまり線形の SVR モデルでは、カーネル関数は式 (3.38) の $\mathbf{x}^{(i)}\mathbf{x}^{(j)\mathrm{T}}$、つまり i 番目のサンプルの X のベクトルと、j 番目のサンプルの X のベクトルの掛け算（内積）です（内積については 8.1 節参照）。ベクトルの要素ごと（特徴量の値ごと）を掛けて足し合わせたものですので、特徴量ごとに 2 つのサンプルの符号が同じで似ているとき、計算結果は大きくなります。2 つのサンプル $\mathbf{x}^{(i)}$, $\mathbf{x}^{(j)}$ が類似しているほど、$\mathbf{x}^{(i)}\mathbf{x}^{(j)\mathrm{T}}$ が大きくなるといえ、カーネル関数 $\mathbf{x}^{(i)}\mathbf{x}^{(j)\mathrm{T}}$ はサンプル $\mathbf{x}^{(i)}$ と $\mathbf{x}^{(j)}$ の間の類似度と考えられます。このとき、非線形変換 g を使用したときのカーネル関数である式 (3.37) は、サンプル $\mathbf{x}^{(i)}$, $\mathbf{x}^{(j)}$ を非線形変換した後の、サンプル間の類似度となります。サンプル間の類似度を、実空間における類似度 ($\mathbf{x}^{(i)}\mathbf{x}^{(j)\mathrm{T}}$) から非線形変換した後の空間における類似度 $g\left(\mathbf{x}^{(i)}\right) g\left(\mathbf{x}^{(j)}\right)^{\mathrm{T}}$ に拡張したわけです。適切な非線形変換を考えることは、変換の候補の数も大きく難しいですが、サンプル間の類似度でしたら考えやすくなります。カーネル関数のメリットといえます。

例えば式 (3.39) のガウシアンカーネルでは、2 つのサンプル $\mathbf{x}^{(i)}, \mathbf{x}^{(j)}$ におけるカーネル関数の値 $K\left(\mathbf{x}^{(i)}, \mathbf{x}^{(j)}\right)$ は、2 つの間のユークリッド距離の 2 乗に $-\gamma$ を掛けてから exp() で変換すると計算できます。あるデータセットにおいて $K\left(\mathbf{x}^{(i)}, \mathbf{x}^{(j)}\right)$ を (i, j) 成分にもつ行列のことを**グラム行列**と呼びます。グラム行列の縦と横の長さはそれぞれ n (n はサンプル数）で、$n\times n$ の行列です。

ガウシアンカーネルを用いた SVR において、ハイパーパラメータは C, ε, γ の 3 つあります。それぞれにおける値の候補の例を以下に示します。

- C : $2^{-5}, 2^{-4}, \cdots, 2^{9}, 2^{10}$ (16 通り）
- ε : $2^{-10}, 2^{-9}, \cdots, 2^{-1}, 2^{0}$ (11 通り）
- γ : $2^{-20}, 2^{-19}, \cdots, 2^{9}, 2^{10}$ (31 通り）

クロスバリデーション（3.6 節参照）により C, ε, γ を最適化する際、単純に考えると C, ε, γ のすべての組み合わせにおいてクロスバリデーションを行い、その際のYの推定値を用いて計算された r^2 が最も大きい C, ε, γ の組み合わせを選択します。しかし、C, ε, γ のすべての組み合わせは 16 × 11 × 31 = 5,456 にもなり、5,456 回もクロスバリデーションをする必要があるため、とても時間がかかってしまいます。

本書では C, ε, γ を高速に最適化する手法 [27] を用います。まずトレーニングデータのグラム行列における全体の分散が最大になるように、γ を 31 通りから 1 つ選びます。Y は標準化（オートスケーリング）（3.4 節参照）されている前提のもと、$C = 3$ として、ε だけクロスバリデーションで最適化します。ε を変えて 11 回クロスバリデーションを行い、その中で最もクロスバリデーション後の r^2 が大きくなる ε を選ぶわけです。これを ε の最適値とします。

次に、ε を上の最適値、γ をグラム行列の分散が最大になるように選んだ値で固定して、C だけクロスバリデーションで最適化します。C を変えて 16 回クロスバリデーションを行い、その中で最もクロスバリデーション後の r^2 が大きくなる C を選ぶわけです。これを C の最適値とします。

最後に、γ をクロスバリデーションで最適化します。γ の最適値を先ほどのグラム行列の分散が最大になるように選んだ値としてもよいのですが、クロスバリデーションで最適化したい場合は、C, ε を上の最適値で固定して、γ だけクロスバリデーションで最適化します。γ を変えて 31 回 CV を行い、その中で最もクロスバリデーション後の r^2 が大きくなる γ を選ぶわけです。これを γ の最適値とします。

この方法により、クロスバリデーションの回数を 5,456 回 から 58 回（= 11 + 16 + 31）に減らせます。

ガウシアンカーネルを用いた SVR のサンプルプログラム `sample_program_03_10_svr_gaussian.py` を実行してみましょう。ここでも仮想的な樹脂材料のデータセット `resin.csv` を用います。プログラムの流れは `sample_program_03_08_external_validation.py` と基本的に同様ですが、C, ε, γ を高速に最適化する手法により最適化しています。設定として、fold_number でクロスバリデーションの fold 数を決め、`nonlinear_svr_cs`, `nonlinear_svr_epsilons`, `nonlinear_svr_gammasmax_depths` でそれぞれ C, ε, γ の候補を決めます。初期設定では、`fold_number = 10` と `10-fold` クロスバリデーションであり、C, ε, γ の候補は上の例と同様になっています。IPython コンソール（8.4 節参照）に、最適化された C, ε, γ の数が表示されます（図 3.42）。その後、SVR で回帰モデルの構築および外部バリデーションを行います。

サンプルプログラムでは `number_of_test_samples` でテストデータのサンプル数を設定する必要があります。初期設定では 5（`number_of_test_samples = 5`）となっています。なおテストデータの数を 0 にすると（`number_of_test_samples = 0`）、本プログラムではデータセットのすべてのサンプルをトレーニングデータにするとともに、それと同じデータをテストデータにするような仕様になっています。

トレーニングデータで回帰モデルを構築し、トレーニングデータやテストデータを用いて、回帰モデルによる推定結果を評価しています。トレーニングデータにおける Y の実測値 vs. 推定値プロット（図 3.43）、テストデータにおける Y の実測値 vs. 推定値プロット（図 3.44）の順にプロットが表示されます。それぞれ、対角線に近いサンプルほど、実測値と推定値との誤差が小さく、良好に Y の値を推定できたといえます。実測値 vs. 推定値プロットにより、対角線から外れた Y の誤差の大きいサンプルや Y の値によって誤差の偏り（バイアス）があることなどを確認できます。今回のデータセットにおいては、ガウシアンカーネルを用いた SVR では適切なモデルが構築できませんでした。この要因として、図 3.42 にあるように C, ε, γ の値はそれぞれ設定値の下限値になっており、適切なハイパーパラメータの値を探索できなかったことが考えられます。現状でも上限値を十分に大きい値に、下限値を十分に小さい値にしていますが、さらに C, ε, γ の設定値の下限値を小さくしたり、クロスバリデーションの分割数を変更したりして実行しても、結果が変わらないことを確認しており、今回のデータセットでは良好な SVR モデルを構築するためのハイパーパラメータの値を探索することは難しいと考えられます。


```
最適化された C : 0.03125 (log(C)=-5.0)
最適化された ε : 0.0009765625 (log(ε)=-10.0)
最適化された γ : 9.5367431640625e-07 (log(γ)=-20.0)
```

図 3.42　最適化された C, ε, γ の値

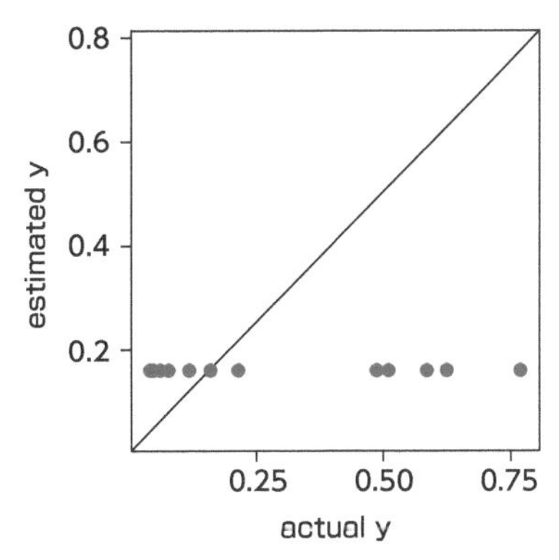

図 3.43　ガウシアンカーネルを用いた SVR による回帰分析を行った際の、トレーニングデータにおける実測値 (actual y) vs. 推定値 (estimated y) プロット

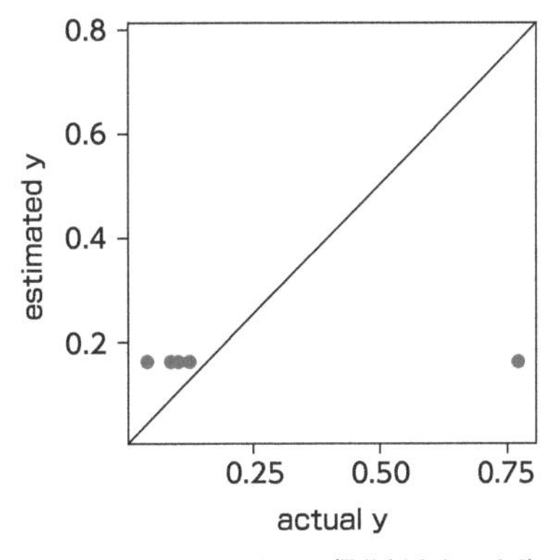

図 3.44　ガウシアンカーネルを用いた SVR による回帰分析を行った際の、テストデータにおける実測値 (actual y) vs. 推定値 (estimated y) プロット

IPython コンソール（8.4 節参照）に、トレーニングデータにおける r^2, RMSE, MAE（図 3.45)、テストデータにおける r^2, RMSE, MAE（図 3.46）の順に表示されます。

```
r^2 for training data : -0.3054392993261634
RMSE for training data : 0.30982641856870097
MAE for training data : 0.23039962538578126
```

図 3.45　ガウシアンカーネルを用いた SVR による回帰分析を行った際の、トレーニングデータにおける r^2, RMSE, MAE

```
r^2 for test data : -0.05284247597133085
RMSE for test data : 0.2829883378577753
MAE for test data : 0.181399842206114
```

図 3.46　ガウシアンカーネルを用いた SVR による回帰分析を行った際の、テストデータにおける r^2, RMSE, MAE

トレーニングデータにおけるサンプルごとの Y の実測値・推定値・誤差が estimated_y_train_in_detail_svr_gaussian.csv に、テストデータにおけるサンプルごとの Y の実測値・推定値・誤差が estimated_y_test_in_detail_svr_gaussian.csv に保存されます。同じ名前のファイルがあるときは上書きされますので注意しましょう。

なお線形カーネルを用いた SVR のサンプルプログラム sample_program_03_10_svr_linear.py もあります。基本的な流れはガウシアンカーネルを用いた SVR のサンプルプログラムと同様です。実行すると、図 3.47 から図 3.51 に対応する結果が表示され、標準回帰係数が standard_regression_coefficients_svr_linear.csv に、トレーニングデータにおけるサンプルごとのYの実測値・推定値・誤差が estimated_y_train_in_detail_svr_linear.csv に、テストデータにおけるサンプルごとのYの実測値・推定値・誤差が estimated_y_test_in_detail_svr_linear.csv に保存されます。結果を見ると、今回のデータセットではガウシアンカーネルを用いた SVR と同様にして、良好なモデルは構築できなかったことがわかります。この要因として、図 3.47 にあるように C と ε の値はそれぞれ設定値の下限値になっており、適切なハイパーパラメータの値を探索できなかったことが考えられます。現状でも上限値を十分に大きい値に、下限値を十分に小さい値にしていますが、さらに C と ε の設定値の下限値を小さくしたり、クロスバリデーションの分割数を変更したりして実行しても、結果が変わらないことを確認しており、今回のデータセットでは良好な SVR モデルを構築するためのハイパーパラメータの値を探索することは難しいと考えられます。

```
最適化された C : 0.0009765625 (log(C)=-10.0)
最適化された ε : 0.0009765625 (log(ε)=-10.0)
```

図 3.47　最適化された C と ε の値

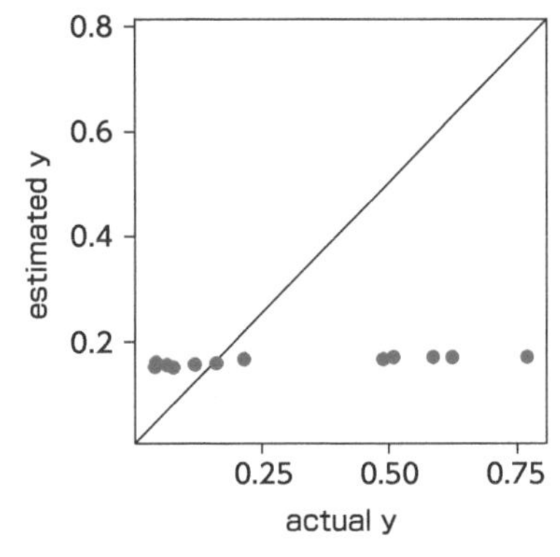

図 3.48 線形カーネルを用いた SVR による回帰分析を行った際の、トレーニングデータにおける実測値（actual y）vs. 推定値（estimated y）プロット

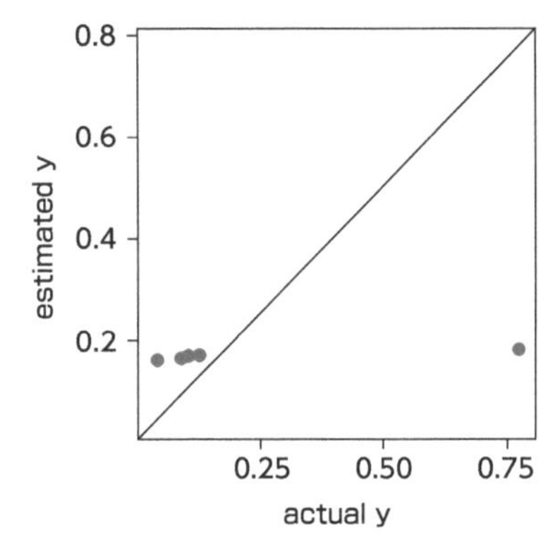

図 3.49 線形カーネルを用いた SVR による回帰分析を行った際の、テストデータにおける実測値（actual y）vs. 推定値（estimated y）プロット

```
r^2 for training data : -0.2489232725620818
RMSE for training data : 0.3030456013382633
MAE for training data : 0.22426191764065326
```

図 3.50 線形カーネルを用いた SVR による回帰分析を行った際の、トレーニングデータにおける r^2, RMSE, MAE

```
r^2 for test data : -0.010164288594276094
RMSE for test data : 0.27719337418112644
MAE for test data : 0.1788115486733949
```

図 3.51 線形カーネルを用いた SVR による回帰分析を行った際の、テストデータにおける r^2, RMSE, MAE

3.11 ガウス過程回帰

ガウス過程回帰（Gaussian Process Regression, GPR）は線形の回帰分析手法であり、前節の SVR と同様にして、カーネルトリックにより非線形の回帰モデルに拡張できます。GPR の大きな特徴の一つは、GPR により目的変数 Y の推定値だけでなく、推定値の分散も計算できることです。この分散により推定値の信頼性を議論できます。また DT や SVR ではクロスバリデーション（3.6 節

参照）によりハイパーパラメータを最適化するため、モデル構築と予測を繰り返す必要がありますが、GPR では別の方法でハイパーパラメータを最適化でき、クロスバリデーションが必要ありません。

最初に GPR でできることを具体的に認識するため、デモンストレーションをします。まず表 3.2 の 3 サンプルをトレーニングデータとして、説明変数 X と Y の間で GPR モデルを構築します。予測用サンプルとして、X の値を － 2, － 1.99, － 1.98, …, 1.98, 1.99, 2 として GPR モデルに入力し、Y の値を推定します。また同時に推定値の分散も計算します。図 3.52 に GPR による Y の予測結果を示します。 ○ は表 3.2 のトレーニングデータのサンプル、実線は GPR による Y の予測値、破線は予測値 + 標準偏差（分散の平方根）と予測値 − 標準偏差です。GPR では標準偏差を予測値の信頼性と考えることができます。図 3.52 において、○ のサンプル付近では標準偏差が比較的小さく、○ のサンプルから遠いところでは標準偏差が比較的大きいことがわかります。既存のデータセット付近は予測値の信頼性が高いことを意味します。

表 3.2　仮想的なデータセット

	Y	X
サンプル 1	－ 1	－ 0.5
サンプル 2	0	－ 0.1
サンプル 3	1	0.6

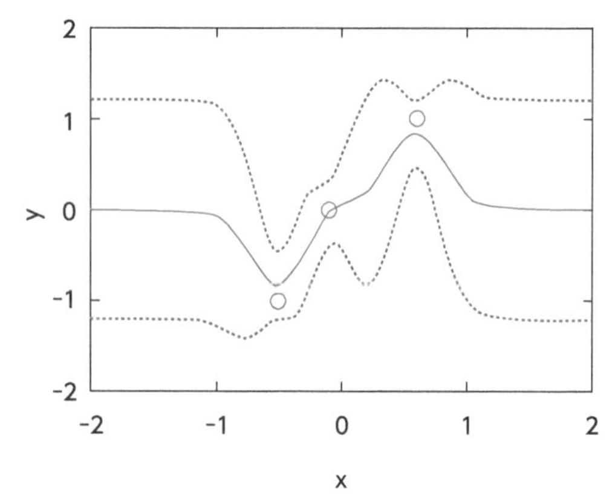

図 3.52　GPR による Y の予測結果。○ はトレーニングデータのサンプル、
実線は GPR の予測値、破線は予測値 + 標準偏差と予測値 − 標準偏差

続いて GPR モデルを導出します。GPR の前提として、トレーニングデータのサンプルの数を n として、$n+1$ 個目のサンプルにおける Y の値を推定するとき、n 個のサンプルについては Y の値と X の値があり、$n+1$ 個目のサンプルについては X の値のみがあるとします。この前提のもと、以下の流れで GPR を説明します。

GPRの流れ

① 線形のモデルを仮定する。つまりY＝X b（b：回帰係数）［線形モデルの仮定］
② サンプル間のYの関係は、サンプル間のXの関係によって決まることを示す［サンプル間のYの関係とXの関係］
③ Yにはノイズ（測定誤差など）が含まれていることから、そのノイズの大きさを仮定して、再び②の関係を求める［Yのノイズの仮定］
④ カーネルトリックにより非線形モデルに拡張する［非線形モデルへの拡張］
⑤ n個のサンプルのXと$n+1$個目のサンプルのXとの間の関係、およびn個のYの値を用いて、$n+1$個目のYの値を推定する［Yの推定］

3.5節のOLSや3.10節のSVRでは、サンプルごとのYや特徴量ごとの回帰係数bは、それぞれ1つの値でしたが、GPRではそれぞれ1つの値ではなく「分布」として与えられます。「分布」は、具体的には、正規分布（ガウス分布）です（正規分布については8.2節参照）。これが「ガウス」過程回帰の名前の由来です。なおXについては、サンプルごと、特徴量ごとに1つの値でOKです。Yやbについては分布で与えられるため、まずは分布や分布からのサンプリングを理解する必要があります。順に説明します。

① 線形モデルを仮定

まずは簡単のため、Xの特徴量の数を1とします。回帰係数をbとして線形モデルY＝Xbを仮定します。なお3.5節と同様に、YもXも標準化（オートスケーリング）（3.4節参照）をすることで定数項が0になっています。i番目のサンプルにおけるY, Xの値をそれぞれ$y^{(i)}, x^{(i)}$とすると、以下の式で表されます。

$$y^{(i)} - x^{(i)} b \tag{3.41}$$

n個のサンプルをすべて表すと以下の式になります。

$$\begin{pmatrix} y^{(1)} \\ \vdots \\ y^{(i)} \\ \vdots \\ \vdots \\ y^{(n)} \end{pmatrix} = \begin{pmatrix} x^{(1)} \\ \vdots \\ x^{(i)} \\ \vdots \\ \vdots \\ x^{(n)} \end{pmatrix} b \tag{3.42}$$

bの分布を正規分布（8.2節参照）と仮定します。平均を0、分散（母分散）を${\sigma_{\mathrm{b}}}^2$とします。例として、$\sigma_{\mathrm{b}} = 1$ のときの b の分布を図 3.53 に示します。b が分布であるということは、平たく言えば、b は 0.1 かもしれないし、－ 0.4 かもしれないし、いろいろな可能性がある、ということです。

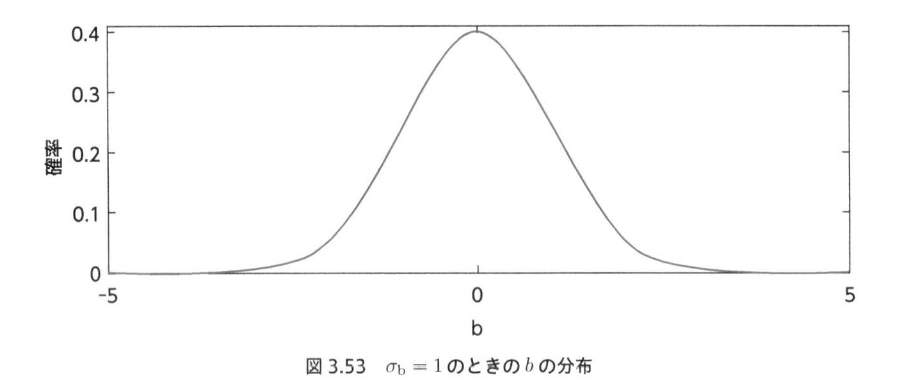

図 3.53　$\sigma_{\mathrm{b}} = 1$ のときの b の分布

② サンプル間の Y の関係と X の関係

b は 1 つの値ではなく、正規分布として与えられました。式 (3.41) において $x^{(i)}$ が 1 つの値で与えられたとき、$y^{(i)}$ は（値）×（正規分布）で計算されるため、$y^{(i)}$ も正規分布になります。n 個のサンプルがありますので $(i = 1, 2, \cdots, n)$、n 個の正規分布です。注意することは、Y が正規分布で与えられるということではなく、図 3.54 のように Y の各サンプルが正規分布で与えられるということです。

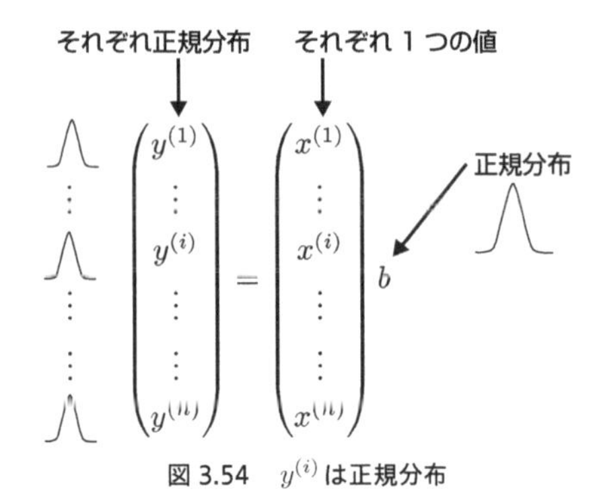

図 3.54　$y^{(i)}$ は正規分布

正規分布であるため、Y の n 個の正規分布それぞれの平均と分散を求めれば OK、と思うかもしれませんが、それだけでは不十分です。正規分布の間の関係、例えば $y^{(3)}$ の正規分布と $y^{(8)}$ の正規分布はどれくらい似ているのかも求める必要があります。そもそも、GPR をはじめとする回帰分析をするときに念頭にあることは、X の値が似ている（近い）サンプル同士は、Y の値も似ている（近い）だろう、ということです。このとおりであれば、サンプル間における Y の値の関係は、X の値の関係から計算できると考えられます。実際 SVR では、新しいサンプルにおける X の値とトレーニングデータの X の値との間の類似度（カーネル関数）の値から Y の値が推定されます (3.10 節参照)。

GPR でも同様にして、サンプル間における Y の正規分布の関係は、X の値の関係から計算できるだろうという考えのもと、正規分布同士の関係、具体的には共分散を、平均および分散と一緒に求めてみます。

Y における n 個のサンプルの正規分布について、$y^{(i)}$ の正規分布の平均を μ_i、分散を ${\sigma_{\mathrm{y}i}}^2$ とします。また、$y^{(i)}$ の正規分布と $y^{(j)}$ の正規分布との間の共分散を $\sigma_{\mathrm{y}i,j}^2$ とします。なお ${\sigma_{\mathrm{y}i,i}}^2$ は ${\sigma_{\mathrm{y}i}}^2$ と同じ意味になります。

まず $y^{(i)}$ の平均 μ_i について考えます。$\mathrm{E}[a]$ を a の平均を表す記号とするとき、

$$\mu_i = \mathrm{E}\left[y^{(i)}\right] \tag{3.43}$$

となります。式 (3.41) を式 (3.43) に代入すると、

$$\mu_i = \mathrm{E}\left[x^{(i)}b\right] \tag{3.44}$$

となります。$x^{(i)}$ はある値であることから、ある特徴量について、すべてのサンプルに定数を掛けた平均は、掛ける前の特徴量の平均にその定数を掛けたものと同じであり、$x^{(i)}$ は E[ ] の外に出せます (式 (3.1) の平均の式からも同じことがいえます)。

$$\mu_i = x^{(i)}\mathrm{E}\left[b\right] \tag{3.45}$$

b の平均は 0 のため $\mathrm{E}[b] = 0$ であり、式 (3.45) より

$$\mu_i = 0 \tag{3.46}$$

となります。

次に、$y^{(i)}$ と $y^{(j)}$ との間の共分散 $\sigma_{\mathrm{y}i,j}^2$ を考えます。$\mathrm{cov}[a, b]$ を a と b との間の共分散を表す記号とするとき、

$${\sigma_{\mathrm{y}i,j}}^2 = \mathrm{cov}\left[y^{(i)}, y^{(j)}\right] \tag{3.47}$$

となります。式 (3.41) を式 (3.47) に代入すると、

$${\sigma_{\mathrm{y}i,j}}^2 = \mathrm{cov}\left[x^{(i)}b, x^{(j)}b\right] \tag{3.48}$$

となります。$x^{(i)}, x^{(j)}$ はそれぞれある値であることから、ある 2 つの特徴量について、それぞれすべてのサンプルに定数 (特徴量ごとに異なる定数でもよい) を掛けた後の共分散は、掛ける前の特徴量

間の共分散にそれら 2 つの定数を掛けたものと同じであり、$x^{(i)}x^{(j)}$ の形で cov[ ] の外に出ます（式 (3.6) の共分散の式からも同じことがいえます）。

$$
{\sigma_{\mathrm{y}i,j}}^2 = x^{(i)}x^{(j)}\mathrm{cov}\left[b, b\right] \tag{3.49}
$$

$\mathrm{cov}[b, b]$ は b と b の間の共分散、つまり b の分散です。b の分散は ${\sigma_{\mathrm{b}}}^2$ であるため、

$$
{\sigma_{\mathrm{y}i,j}}^2 = x^{(i)}x^{(j)}{\sigma_{\mathrm{b}}}^2 \tag{3.50}
$$

となります。

まとめると、$y^{(i)}$ の正規分布の平均は 0、$y^{(i)}$ の正規分布と $y^{(j)}$ の正規分布との間の共分散は $x^{(i)}x^{(j)}{\sigma_{\mathrm{b}}}^2$ と計算されました。なお $y^{(i)}$ の分散は $j = i$ のときの共分散、つまり $x^{(i)2}{\sigma_{\mathrm{b}}}^2$ です。これらのこと、特に $y^{(i)}$ と $y^{(j)}$ との間の共分散が $x^{(i)}x^{(j)}{\sigma_{\mathrm{b}}}^2$ ということは、Y のサンプル間の分布の関係を X のサンプル間の関係で表せた、ということです。回帰係数の分散 ${\sigma_{\mathrm{b}}}^2$ が与えられ、2 つのサンプルの X の値 $x^{(i)}, x^{(j)}$ が与えられると、その 2 つのサンプルにおける Y の正規分布が求まります。具体的には、平均が両方とも 0、分散がそれぞれ $x^{(i)2}{\sigma_{\mathrm{b}}}^2, x^{(j)2}{\sigma_{\mathrm{b}}}^2$、共分散が $x^{(i)}x^{(j)}{\sigma_{\mathrm{b}}}^2$ です（正規分布が 1 つのときは平均と分散が決まると正規分布が 1 つに決まり、正規分布が複数あるときはそれぞれの平均と分散に加えてすべての正規分布の共分散が決まるとすべての正規分布が一つに決まります）。例えば、${\sigma_{\mathrm{b}}}^2 = 1$ であり $x^{(1)} = 3$、$x^{(2)} = -2$ のとき、サンプル 1, 2 の Y の正規分布は、平均が両方とも 0、分散がそれぞれ 9, 4、2 つの間の共分散が −6 の正規分布になります。なお、サンプル 1, 2 の Y はそれぞれ正規分布であり、Y の値が 1 つに決まるわけではありません。

以上より、前述した“GPR をはじめとする回帰分析をするときに念頭にあること”を確認でき、「② **サンプル間の Y の関係は、サンプル間の X の関係によって決まることを示す**」を達成しました。

これまで X の数を 1 つとしてきましたが、ここで X の数を m 個と一般化します。i 番目のサンプル $\mathbf{x}^{(i)}$ は以下の横ベクトルで表されます。

$$
\mathbf{x}^{(i)} = \begin{pmatrix} x_1^{(i)} & x_2^{(i)} & \cdots & x_j^{(i)} & \cdots & x_m^{(i)} \end{pmatrix} \tag{3.51}
$$

ここで $x_j^{(i)}$ は i 番目のサンプルにおける j 番目の X の値を表します。回帰係数の数も m 個になり、j 番目の X に対応する回帰係数を b_j として、回帰係数全体を以下の縦ベクトルで表します。

$$
\mathbf{b} = \begin{pmatrix} b_1 & b_2 & \cdots & b_j & \cdots & b_m \end{pmatrix}^{\mathrm{T}} \tag{3.52}
$$

b_j はそれぞれ正規分布であり、$\mathbf{b}$ は m 個の正規分布になります。m 個すべての正規分布において、平均は 0、分散は ${\sigma_{\mathrm{b}}}^2$ とします。また、$\mathbf{b}$ における正規分布の間の共分散はすべて 0 とします。これは、b_j 同士は独立しているということを意味します。式 (3.51)、(3.52) より、i 番目のサンプルにおける Y の値 $y^{(i)}$ は以下の式で表されます（ベクトルの掛け算については 8.1 節参照）。

$$y^{(i)} = \mathbf{x}^{(i)}\mathbf{b} \tag{3.53}$$

n 個のサンプルをすべて表すと以下の式になります。

$$\begin{pmatrix} y^{(1)} \\ y^{(2)} \\ \vdots \\ y^{(i)} \\ \vdots \\ y^{(n)} \end{pmatrix} = \begin{pmatrix} x_1^{(1)} & x_2^{(1)} & \cdots & x_j^{(1)} & \cdots & x_m^{(1)} \\ x_1^{(2)} & x_2^{(2)} & \cdots & x_j^{(2)} & \cdots & x_m^{(2)} \\ \vdots & \vdots & \ddots & \vdots & & \vdots \\ x_1^{(i)} & x_2^{(i)} & \cdots & x_j^{(i)} & \cdots & x_m^{(i)} \\ \vdots & \vdots & & \vdots & \ddots & \vdots \\ x_1^{(n)} & x_2^{(n)} & \cdots & x_j^{(n)} & \cdots & x_m^{(n)} \end{pmatrix} \mathbf{b} \tag{3.54}$$

Y における n 個のサンプルの正規分布について、$y^{(i)}$ の正規分布の平均 μ_i と、$y^{(i)}$ の正規分布と $y^{(j)}$ の正規分布との間の共分散 $\sigma_{\mathrm{y}i,j}^2$ を考えます。まず $y^{(i)}$ の平均 μ_i について、式 (3.53) を式 (3.43) に代入すると、

$$\mu_i = \mathrm{E}\left[y^{(i)}\right] = \mathrm{E}\left[\mathbf{x}^{(i)}\mathbf{b}\right] \tag{3.55}$$

となります。$\mathbf{x}^{(i)}$ はある値を要素にもつベクトルであり、平均の式 (3.1) より式 (3.45) と同様にして $\mathbf{x}^{(i)}$ は E[ ] の外に出せます。

$$\mu_i = \mathbf{x}^{(i)}\mathrm{E}\left[\mathbf{b}\right] \tag{3.56}$$

$\mathbf{b}$ の各要素 b_j の平均は 0 のため、E[$\mathbf{b}$] はすべての要素が 0 の縦ベクトルとなり、

$$\mu_i = 0 \tag{3.57}$$

となります。

次に、$y^{(i)}$ と $y^{(j)}$ との間の共分散 $\sigma_{\mathrm{y}i,j}^2$ を考えます。式 (3.53) を式 (3.47) に代入すると、

$${\sigma_{\mathrm{y}i,j}}^2 = \mathrm{cov}\left[y^{(i)}, y^{(j)}\right] = \mathrm{cov}\left[\mathbf{x}^{(i)}\mathbf{b}, \mathbf{x}^{(j)}\mathbf{b}\right] \tag{3.58}$$

となります。$y^{(i)}, y^{(j)}$ の平均は両方とも 0 であるため、3.3 節の式 (3.9) より共分散は 2 つの掛け算の平均です。ベクトルの掛け算は内積 (8.1 節参照) であることから、

$${\sigma_{\mathrm{y}i,j}}^2 = \mathrm{E}\left[\mathbf{x}^{(i)}\mathbf{b}\left(\mathbf{x}^{(j)}\mathbf{b}\right)^{\mathrm{T}}\right] \tag{3.59}$$

となります。8.1 節のベクトル同士の内積より、

$$\left(\mathbf{x}^{(j)}\mathbf{b}\right)^{\mathrm{T}} = \mathbf{b}^{\mathrm{T}}\mathbf{x}^{(j)\mathrm{T}} \tag{3.60}$$

であることがわかります。式 (3.59) と式 (3.60) より、

$$\sigma_{\mathrm{y}i,j}{}^{2} = \mathrm{E}\left[\mathbf{x}^{(i)}\mathbf{b}\mathbf{b}^{\mathrm{T}}\mathbf{x}^{(j)\mathrm{T}}\right] \tag{3.61}$$

となります。$\mathbf{x}^{(i)}$ と $\mathbf{x}^{(j)\mathrm{T}}$ はある値を要素にもつベクトルであるため、平均の式 (3.1) より式 (3.45) と同様にして $\mathbf{x}^{(i)}$ と $\mathbf{x}^{(j)\mathrm{T}}$ は E[ ] の外に出せます。

$$\sigma_{\mathrm{y}i,j}{}^{2} = \mathbf{x}^{(i)}\mathrm{E}\left[\mathbf{b}\mathbf{b}^{\mathrm{T}}\right]\mathbf{x}^{(j)\mathrm{T}} \tag{3.62}$$

式 (3.52) より式 (3.62) は以下のように変形できます。

$$\begin{aligned}
\sigma_{\mathrm{y}i,j}{}^{2} &= \mathbf{x}^{(i)}\mathrm{E}\left[\begin{pmatrix} b_1 \\ b_2 \\ \vdots \\ b_j \\ \vdots \\ b_m \end{pmatrix}\begin{pmatrix} b_1 & b_2 & \cdots & b_j & \cdots & b_m \end{pmatrix}\right]\mathbf{x}^{(j)\mathrm{T}} \\
&= \mathbf{x}^{(i)}\mathrm{E}\left[\begin{pmatrix} b_1^2 & b_2 b_1 & \cdots & b_j b_1 & \cdots & b_m b_1 \\ b_1 b_2 & b_2^2 & \cdots & b_j b_2 & \cdots & b_m b_2 \\ \vdots & \vdots & \ddots & \vdots & & \vdots \\ b_1 b_j & b_2 b_j & \cdots & b_j^2 & \cdots & b_m b_j \\ \vdots & \vdots & & \vdots & \ddots & \vdots \\ b_1 b_m & b_2 b_m & \cdots & b_j b_m & \cdots & b_m^2 \end{pmatrix}\right]\mathbf{x}^{(j)\mathrm{T}}
\end{aligned} \tag{3.63}$$

式 (3.63) における E[行列] について、行列の要素ごとに確認します。まず対角成分である $\mathrm{E}[b_j^2]$ です。b_j の平均は 0 であることから、式 (3.5) の分散の式と式 (3.1) の平均の式より、b_j の分散と b_j^2 の平均、つまり $\mathrm{E}[b_j^2]$ は等しいことがわかります。よって $\mathrm{E}[b_j^2] = \sigma_{\mathrm{b}}{}^2$ です。次に対角成分以外の $\mathrm{E}[b_i b_j]$ です。b_j の平均は 0 であることから、式 (3.9) の共分散の式と (3.1) の平均の式より、b_i と b_j の共分散と $b_i b_j$ の平均、つまり $\mathrm{E}[b_i b_j]$ は等しいことがわかります。よって $\mathrm{E}[b_i b_j] = 0$ です。$\mathrm{E}[b_j^2] = \sigma_{\mathrm{b}}{}^2, \mathrm{E}[b_i b_j] = 0$ より、式 (3.63) は以下のように変形できます。

$$
\begin{aligned}
{\sigma_{\mathrm{y}i,j}}^2 &= \mathbf{x}^{(i)} \begin{pmatrix} \sigma_\mathrm{b}^2 & 0 & \cdots & 0 & \cdots & 0 \\ 0 & \sigma_\mathrm{b}^2 & \cdots & 0 & \cdots & 0 \\ \vdots & \vdots & \ddots & \vdots & & \vdots \\ 0 & 0 & \cdots & \sigma_\mathrm{b}^2 & \cdots & 0 \\ \vdots & \vdots & & \vdots & \ddots & \vdots \\ 0 & 0 & \cdots & 0 & \cdots & \sigma_\mathrm{b}^2 \end{pmatrix} \mathbf{x}^{(j)\mathrm{T}} \\
&= \mathbf{x}^{(i)} \sigma_\mathrm{b}^2 \begin{pmatrix} 1 & 0 & \cdots & 0 & \cdots & 0 \\ 0 & 1 & \cdots & 0 & \cdots & 0 \\ \vdots & \vdots & \ddots & \vdots & & \vdots \\ 0 & 0 & \cdots & 1 & \cdots & 0 \\ \vdots & \vdots & & \vdots & \ddots & \vdots \\ 0 & 0 & \cdots & 0 & \cdots & 1 \end{pmatrix} \mathbf{x}^{(j)\mathrm{T}} \\
&= \sigma_\mathrm{b}^2 \mathbf{x}^{(i)} \begin{pmatrix} 1 & 0 & \cdots & 0 & \cdots & 0 \\ 0 & 1 & \cdots & 0 & \cdots & 0 \\ \vdots & \vdots & \ddots & \vdots & & \vdots \\ 0 & 0 & \cdots & 1 & \cdots & 0 \\ \vdots & \vdots & & \vdots & \ddots & \vdots \\ 0 & 0 & \cdots & 0 & \cdots & 1 \end{pmatrix} \mathbf{x}^{(j)\mathrm{T}} \\
&= \sigma_\mathrm{b}^2 \mathbf{x}^{(i)} \mathbf{x}^{(i)\mathrm{T}}
\end{aligned}
\tag{3.64}
$$

まとめると、$y^{(i)}$ の正規分布の平均は 0、$y^{(i)}$ の正規分布と $y^{(j)}$ の正規分布との間の共分散は ${\sigma_\mathrm{b}}^2\mathbf{x}^{(i)}\mathbf{x}^{(j)\mathrm{T}}$ と計算されました。なお $y^{(i)}$ の分散は $j=i$ のときの共分散、つまり ${\sigma_\mathrm{b}}^2\mathbf{x}^{(i)}\mathbf{x}^{(i)\mathrm{T}}$ です。これらのこと、特に $y^{(i)}$ と $y^{(j)}$ との間の共分散が ${\sigma_\mathrm{b}}^2\mathbf{x}^{(i)}\mathbf{x}^{(j)\mathrm{T}}$ ということは、Y のサンプル間の分布の関係を X のサンプル間の関係で表せた、ということです。回帰係数の分散 ${\sigma_\mathrm{b}}^2$ が与えられ、2 つのサンプルの X の値 $\mathbf{x}^{(i)}, \mathbf{x}^{(j)}$ が与えられると、その 2 つのサンプルにおける Y の正規分布が求まります。具体的には、平均が両方とも 0、分散がそれぞれ ${\sigma_\mathrm{b}}^2\mathbf{x}^{(i)}\mathbf{x}^{(i)\mathrm{T}}, {\sigma_\mathrm{b}}^2\mathbf{x}^{(j)}\mathbf{x}^{(j)\mathrm{T}}$、共分散が ${\sigma_\mathrm{b}}^2\mathbf{x}^{(i)}\mathbf{x}^{(j)\mathrm{T}}$ です。なお、各サンプルにおける Y は正規分布であり、Y の値が一つに決まるわけではありません。

③ Y のノイズの仮定

Y には測定誤差があることが多いです。その測定誤差は平均が 0、分散が ${\sigma_\mathrm{e}}^2$ の正規分布に従うと仮定します。またサンプルごとに測定誤差の正規分布は独立している（サンプル間の測定誤差の共分散は 0）ことも仮定します。i 番目のサンプルにおける測定誤差の正規分布を $e^{(i)}$ とすると、測定される ${y_\mathrm{obs}}^{(i)}$ は以下の式で表されます。

$$
{y_\mathrm{obs}}^{(i)} = y^{(i)} + e^{(i)} \tag{3.65}
$$

まず、${y_{\mathrm{obs}}}^{(i)}$ の平均 $\mu_{\mathrm{obs},i}$ について考えます。②において、$y^{(i)}$ の平均は 0 であることを示しました。また $e^{(i)}$ の平均は 0 です。よって、式 (3.65) の、$y^{(i)}$ と $e^{(i)}$ を足し合わせた ${y_{\mathrm{obs}}}^{(i)}$ の平均は 0 です。つまり、

$$\mu_{\mathrm{obs},i} = 0 \tag{3.66}$$

です。

次に、${y_{\mathrm{obs}}}^{(i)}$ と ${y_{\mathrm{obs}}}^{(j)}$ との間の共分散について考えます。②において、$y^{(i)}$ と $y^{(j)}$ との間の共分散は ${\sigma_{\mathrm{b}}}^2\mathbf{x}^{(i)}\mathbf{x}^{(j)\mathrm{T}}$ であることを示しました。測定誤差はサンプルごとに独立であるため、サンプル間の共分散は 0 です。すなわち $e^{(i)}$ と $e^{(j)}$ との間の共分散は 0 です。ただ、$i=j$ のとき、すなわち $e^{(i)}$ の分散は、${\sigma_{\mathrm{e}}}^2$ です。これらをまとめて、$i=j$ のときを含む $e^{(i)}$ と $e^{(j)}$ との間の共分散を以下の式で表します。

$$\delta_{i,j}\sigma_{\mathrm{e}} \tag{3.67}$$

ここで、$\delta_{i,j}$ はクロネッカーのデルタと呼ばれており、$i=j$ のとき $\delta_{i,j}=1$、$i \neq j$ のとき $\delta_{i,j}=0$ となる記号です。ここで、$y^{(i)}$ と $e^{(i)}$ は互いに独立している（Y の真の値と測定誤差は無関係である）ことから、${y_{\mathrm{obs}}}^{(i)}$ と ${y_{\mathrm{obs}}}^{(j)}$ との間の共分散もしくは分散 ${\sigma_{\mathrm{yobs}\ i,j}}^2$ は、以下の式で表されます。

$${\sigma_{\mathrm{yobs}\ i,j}}^2 = \sigma_{\mathrm{b}}^2\mathbf{x}^{(i)}{\mathbf{x}^{(j)}}^{\mathrm{T}} + \delta_{i,j}{\sigma_{\mathrm{e}}}^2 \tag{3.68}$$

まとめると、${y_{\mathrm{obs}}}^{(i)}$ の正規分布の平均は 0、${y_{\mathrm{obs}}}^{(i)}$ の正規分布と ${y_{\mathrm{obs}}}^{(j)}$ の正規分布との間の共分散は式 (3.68) と計算されました。なお ${y_{\mathrm{obs}}}^{(i)}$ の分散は $j=i$ のときの共分散、つまり ${\sigma_{\mathrm{b}}}^2\mathbf{x}^{(i)}\mathbf{x}^{(i)\mathrm{T}} + {\sigma_{\mathrm{e}}}^2$ です。Y における測定誤差を考えることで、Y の各サンプルの分散が、測定誤差の分散 ${\sigma_{\mathrm{e}}}^2$ だけ大きくなったことが確認できます。

④ 非線形モデルへの拡張

${y_{\mathrm{obs}}}^{(i)}$ の平均は 0、${y_{\mathrm{obs}}}^{(i)}$ と ${y_{\mathrm{obs}}}^{(j)}$ の共分散（もしくは ${y_{\mathrm{obs}}}^{(i)}$ の分散）は式 (3.68) です。これらのことより、${\sigma_{\mathrm{b}}}^2$, ${\sigma_{\mathrm{e}}}^2$ をそれぞれある定数とすると、Y のサンプルの正規分布は、X のサンプルごとの内積 $\mathbf{x}^{(i)}\mathbf{x}^{(j)\mathrm{T}}$ のみに依存することがわかります。SVR（3.10 節参照）における状況と似ています。SVR と同様にして、X をある非線形関数 g で変換したとき、$\mathbf{x}^{(i)}$ と $\mathbf{x}^{(j)}$ はそれぞれ $g\left(\mathbf{x}^{(i)}\right)$ と $g\left(\mathbf{x}^{(j)}\right)$ となります。そのため式 (3.68) は以下の式になります。

$${\sigma_{\mathrm{yobs}\ i,j}}^2 = \sigma_{\mathrm{b}}^2 g\left(\mathbf{x}^{(i)}\right) g\left(\mathbf{x}^{(j)}\right)^{\mathrm{T}} + \delta_{i,j}{\sigma_{\mathrm{e}}}^2 \tag{3.69}$$

式 (3.69) より、非線形関数 g 自体を考える必要はなく、非線形変換した 2 つのサンプル

$g\left(\mathbf{x}^{(i)}\right), g\left(\mathbf{x}^{(j)}\right)$ の内積のみを考えればよいことがわかります。ただ GPR では SVR と異なり、$\sigma_{\mathrm{yobs}\ i,j}{}^2$ には $g\left(\mathbf{x}^{(i)}\right), g\left(\mathbf{x}^{(j)}\right)$ の内積だけでなく $\sigma_{\mathrm{b}}{}^2, \sigma_{\mathrm{e}}{}^2$ があります。そこで GPR におけるカーネル関数 K_{GPR} を以下のようにおきます。

$$K_{\mathrm{GPR}}\left(\mathbf{x}^{(i)}, \mathbf{x}^{(j)}\right) = \sigma_{\mathrm{b}}^2 g\left(\mathbf{x}^{(i)}\right) g\left(\mathbf{x}^{(j)}\right)^{\mathrm{T}} + \delta_{i,j}\sigma_{\mathrm{e}}{}^2 \tag{3.70}$$

式 (3.38), (3.39), (3.40) の SVR のカーネル関数と比べて、$\sigma_{\mathrm{b}}{}^2, \sigma_{\mathrm{e}}{}^2$ の項が増えていることがわかります。カーネル関数を用いると、式 (3.69) は以下のようになります。

$$\sigma_{\mathrm{yobs}\ i,j}{}^2 = K_{\mathrm{GPR}}\left(\mathbf{x}^{(i)}, \mathbf{x}^{(j)}\right) \tag{3.71}$$

GPR におけるカーネル関数には、SVR のカーネル関数と異なり $\sigma_{\mathrm{b}}{}^2, \sigma_{\mathrm{e}}{}^2$ の項が含まれるため、式 (3.38), (3.39), (3.40) とは別のカーネル関数が使われます。GPR においてよく用いられるカーネル関数には以下のものがあります。

$$K_{\mathrm{GPR}}\left(\mathbf{x}^{(i)}, \mathbf{x}^{(j)}\right) = \theta_0 \mathbf{x}^{(i)} \mathbf{x}^{(j)\mathrm{T}} + \theta_1 \tag{3.72}$$

$$K_{\mathrm{GPR}}\left(\mathbf{x}^{(i)}, \mathbf{x}^{(j)}\right) = \theta_0 \exp\left\{-\frac{\theta_1}{2}\left\|\mathbf{x}^{(i)} - \mathbf{x}^{(j)}\right\|^2\right\} + \theta_2 \tag{3.73}$$

$$K_{\mathrm{GPR}}\left(\mathbf{x}^{(i)}, \mathbf{x}^{(j)}\right) = \theta_0 \exp\left\{-\frac{\theta_1}{2}\left\|\mathbf{x}^{(i)} - \mathbf{x}^{(j)}\right\|^2\right\} + \theta_2 + \theta_3 \sum_{k=1}^{m} \mathbf{x}^{(i)} \mathbf{x}^{(j)\mathrm{T}} \tag{3.74}$$

$$K_{\mathrm{GPR}}\left(\mathbf{x}^{(i)}, \mathbf{x}^{(j)}\right) = \theta_0 \exp\left\{-\frac{1}{2}\sum_{k=1}^{m} \theta_{1,k}\left(x_k{}^{(i)} - x_k{}^{(j)}\right)^2\right\} + \theta_2 \tag{3.75}$$

$$K_{\mathrm{GPR}}\left(\mathbf{x}^{(i)}, \mathbf{x}^{(j)}\right) = \theta_0 \exp\left\{-\frac{1}{2}\sum_{k=1}^{m} \theta_{2,k}\left(x_k{}^{(i)} - x_k{}^{(j)}\right)^2\right\} + \theta_2 + \theta_3 \mathbf{x}^{(i)} \mathbf{x}^{(j)\mathrm{T}} \tag{3.76}$$

$$K_{\mathrm{GPR}}\left(\mathbf{x}^{(i)}, \mathbf{x}^{(j)}\right) = \theta_0 \left(1 + \frac{\sqrt{3}d_{i,j}}{\theta_1}\right) \exp\left(-\frac{\sqrt{3}d_{i,j}}{\theta_1}\right) + \theta_2 \tag{3.77}$$

$$K_{\mathrm{GPR}}\left(\mathbf{x}^{(i)}, \mathbf{x}^{(j)}\right) = \theta_0 \left(1 + \frac{\sqrt{3}d_{i,j}}{\theta_1}\right) \exp\left(-\frac{\sqrt{3}d_{i,j}}{\theta_1}\right) + \theta_2 + \theta_3 \mathbf{x}^{(i)} \mathbf{x}^{(j)\mathrm{T}} \tag{3.78}$$

$$K_{\mathrm{GPR}}\left(\mathbf{x}^{(i)}, \mathbf{x}^{(j)}\right) = \theta_0 \exp\left(-\frac{d_{i,j}}{\theta_1}\right) + \theta_2 \tag{3.79}$$

$$K_{\mathrm{GPR}}\left(\mathbf{x}^{(i)}, \mathbf{x}^{(j)}\right) = \theta_0 \exp\left(-\frac{d_{i,j}}{\theta_1}\right) + \theta_2 + \theta_3 \mathbf{x}^{(i)} \mathbf{x}^{(j)\mathrm{T}} \tag{3.80}$$

$$K_{\mathrm{GPR}}\left(\mathbf{x}^{(i)}, \mathbf{x}^{(j)}\right) = \theta_0 \left(1 + \frac{\sqrt{5} d_{i,j}}{\theta_1} + \frac{5 {d_{i,j}}^2}{3 {\theta_1}^2}\right) \exp\left(-\frac{\sqrt{5} d_{i,j}}{\theta_1}\right) + \theta_2 \tag{3.81}$$

$$K_{\mathrm{GPR}}\left(\mathbf{x}^{(i)}, \mathbf{x}^{(j)}\right) = \theta_0 \left(1 + \frac{\sqrt{5} d_{i,j}}{\theta_1} + \frac{5 {d_{i,j}}^2}{3 {\theta_1}^2}\right) \exp\left(-\frac{\sqrt{5} d_{i,j}}{\theta_1}\right) + \theta_2 + \theta_3 \mathbf{x}^{(i)} \mathbf{x}^{(j)\mathrm{T}} \tag{3.82}$$

ここで $\theta_0, \theta_1, \theta_2, \theta_3, \theta_{1,k}, \theta_{2,k}$ はハイパーパラメータ（3.8 節参照）であり、$d_{i,j}$ は以下の式で計算されます。

$$d_{i,j} = \sqrt{\sum_{k=1}^{m} \left({x_k}^{(i)} - {x_k}^{(j)}\right)^2} \tag{3.83}$$

式 (3.72) から式 (3.83) より、それぞれのカーネル関数において、${\sigma_{\mathrm{b}}}^2, \delta_{i,j}{\sigma_{\mathrm{e}}}^2$ に関する項が含まれていることが確認できます。例えば式 (3.73) では、θ_0 が ${\sigma_{\mathrm{b}}}^2$ に、θ_2 が $\delta_{i,j}{\sigma_{\mathrm{e}}}^2$ に対応します。カーネル関数を用いることで、Y と X の間の非線形関係を考慮できます。

式 (3.72) から式 (3.83) を見ると、SVR のカーネル関数である、例えばガウシアンカーネルのハイパーパラメータの数と比べて、ハイパーパラメータの数が多いことがわかります。ただ後で説明するように、このことは問題にはなりませんのでご安心ください。

⑤ Y の推定

以上の、サンプル間の Y の関係はサンプル間の X の関係によって決まることを用いて、Y のトレーニングデータのサンプル数を n として $n+1$ 個目のサンプルにおける Y の値、すなわち ${y_{\mathrm{obs}}}^{(n+1)}$ を推定します。これは、これまで扱ってきた（確率）分布で考えると、Y の n 個の要素をもつベクトル $\mathbf{y}_{\mathrm{obs}}$ が与えられたときの、${y_{\mathrm{obs}}}^{(n+1)}$の条件付き確率分布 $p\left({y_{\mathrm{obs}}}^{(n+1)} | \mathbf{y}_{\mathrm{obs}}\right)$（条件付き確率分布については 8.3 節参照）を求めることに相当します。$p\left({y_{\mathrm{obs}}}^{(n+1)} | \mathbf{y}_{\mathrm{obs}}\right)$ の p は probability（確率）の意味です。${y_{\mathrm{obs}}}^{(n+1)}$は 1 つの正規分布ですので、平均と分散を求めることになります。ちなみに、④までに行ってきた、$\mu_{\mathrm{obs},i}$ と ${\sigma_{\mathrm{yobs}\ i,j}}^2$ を求めていることは、すべての ${y_{\mathrm{obs}}}^{(i)}$ の間の確率分布、すなわち $\mathbf{y}_{\mathrm{obs}}$ の同時確率分布（同時確率分布については 8.3 節参照）を求めることでした。

$p\left({y_{\mathrm{obs}}}^{(n+1)} | \mathbf{y}_{\mathrm{obs}}\right)$を求めます。確率の乗法定理 (8.3 節参照）より、以下の式が成り立ちます。

$$p\left({y_{\mathrm{obs}}}^{(n+1)} | \mathbf{y}_{\mathrm{obs}}\right) = \frac{p\left(\mathbf{y}_{\mathrm{obs}}, {y_{\mathrm{obs}}}^{(n+1)}\right)}{p\left(\mathbf{y}_{\mathrm{obs}}\right)} \tag{3.84}$$

$p\left(\mathbf{y}_{\mathrm{obs}}, {y_{\mathrm{obs}}}^{(n+1)}\right)$ は $\mathbf{y}_{\mathrm{obs}}$ と ${y_{\mathrm{obs}}}^{(n+1)}$の同時確率分布です。先ほど述べたように、④までに行ったことは、$\mathbf{y}_{\mathrm{obs}}$ (Y の n 個の要素をもつベクトル）の同時確率分布でしたので、それを Y の $(n+1)$

個の要素をもつベクトルに拡張すれば、$\mathbf{y}_{\mathrm{obs}}$ と ${y_{\mathrm{obs}}}^{(n+1)}$の同時確率分布になります。式 (3.66) の i に $n+1$ を代入すれば ${y_{\mathrm{obs}}}^{(n+1)}$の平均になりますし、式 (3.71) の i に $n+1$ を代入すれば ${y_{\mathrm{obs}}}^{(n+1)}$と j 番目のサンプルの間の共分散になります。${y_{\mathrm{obs}}}^{(n+1)}$についての情報はありませんが、サンプル間の Y の関係はサンプル間の X の関係によって決まりますので、X の情報 ($\mathbf{x}^{(n+1)}$) があれば、$\mathbf{y}_{\mathrm{obs}}$ と ${y_{\mathrm{obs}}}^{(n+1)}$の同時確率分布を計算できるわけです。

ここで同時確率分布と条件付き確率分布とがそれぞれ正規分布で与えられるときに、式 (3.84) に基づいてそれらの確率分布を結びつける公式を使用します。公式の詳しい導出については、こちらの本[28]やウェブ上の pdf ファイル[29]にあります。また、同時確率分布 $p\left(\mathbf{y}_{\mathrm{obs}}, {y_{\mathrm{obs}}}^{(n+1)}\right)$ の平均ベクトル（縦ベクトル）を以下のように表します。

$$\begin{pmatrix} \mu_{\mathrm{obs},1} \\ \mu_{\mathrm{obs},2} \\ \vdots \\ \mu_{\mathrm{obs},i} \\ \vdots \\ \mu_{\mathrm{obs},n} \\ \mu_{\mathrm{obs},n+1} \end{pmatrix} = \begin{pmatrix} \boldsymbol{\mu} \\ \mu_{\mathrm{obs},n+1} \end{pmatrix} \tag{3.85}$$

同じく $p\left(\mathbf{y}_{\mathrm{obs}}, {y_{\mathrm{obs}}}^{(n+1)}\right)$ の分散と共分散をまとめた行列（分散共分散行列）を以下のように表します。

$$\begin{pmatrix} {\sigma_{\mathrm{yobs}\ 1,1}}^2 & {\sigma_{\mathrm{yobs}\ 1,2}}^2 & \cdots & {\sigma_{\mathrm{yobs}\ 1,j}}^2 & \cdots & {\sigma_{\mathrm{yobs}\ 1,n}}^2 & {\sigma_{\mathrm{yobs}\ 1,n+1}}^2 \\ {\sigma_{\mathrm{yobs}\ 2,1}}^2 & {\sigma_{\mathrm{yobs}\ 2,2}}^2 & \cdots & {\sigma_{\mathrm{yobs}\ 2,j}}^2 & \cdots & {\sigma_{\mathrm{yobs}\ 2,n}}^2 & {\sigma_{\mathrm{yobs}\ 2,n+1}}^2 \\ \vdots & \vdots & \ddots & \vdots & & \vdots & \vdots \\ {\sigma_{\mathrm{yobs}\ i,1}}^2 & {\sigma_{\mathrm{yobs}\ i,2}}^2 & \cdots & {\sigma_{\mathrm{yobs}\ i,j}}^2 & \cdots & {\sigma_{\mathrm{yobs}\ i,n}}^2 & {\sigma_{\mathrm{yobs}\ i,n+1}}^2 \\ \vdots & \vdots & & \vdots & \ddots & \vdots & \vdots \\ {\sigma_{\mathrm{yobs}\ n,1}}^2 & {\sigma_{\mathrm{yobs}\ n,2}}^2 & \cdots & {\sigma_{\mathrm{yobs}\ n,j}}^2 & \cdots & {\sigma_{\mathrm{yobs}\ n,n}}^2 & {\sigma_{\mathrm{yobs}\ n,n+1}}^2 \\ {\sigma_{\mathrm{yobs}\ n+1,1}}^2 & {\sigma_{\mathrm{yobs}\ n+1,2}}^2 & \cdots & {\sigma_{\mathrm{yobs}\ n+1,j}}^2 & \cdots & {\sigma_{\mathrm{yobs}\ n+1,n}}^2 & {\sigma_{\mathrm{yobs}\ n+1,n+1}}^2 \end{pmatrix} = \begin{pmatrix} \boldsymbol{\Sigma} & \boldsymbol{\sigma} \\ \boldsymbol{\sigma}^{\mathrm{T}} & {\sigma_{\mathrm{yobs}\ n+1,n+1}}^2 \end{pmatrix} \tag{3.86}$$

このとき式 (3.84) で求めたい、$p\left({y_{\mathrm{obs}}}^{(n+1)} | \mathbf{y}_{\mathrm{obs}}\right)$ の平均を $\mu\left(\mathbf{x}^{(n+1)}\right)$、分散を $\sigma^2\left(\mathbf{x}^{(n+1)}\right)$ としたとき、公式より $\mu\left(\mathbf{x}^{(n+1)}\right)$、$\sigma^2\left(\mathbf{x}^{(n+1)}\right)$ は $p\left(\mathbf{y}_{\mathrm{obs}}, {y_{\mathrm{obs}}}^{(n+1)}\right)$、すなわち式 (3.85) と式 (3.86) の記号や $\mathbf{y}_{\mathrm{obs}}$ (n 個のサンプルにおける Y の実測値）を用いて以下のように表されます。

$$\mu\left(\mathbf{x}^{(n+1)}\right)=\mu_{\mathrm{obs},n+1}+\boldsymbol{\sigma}^{\mathrm{T}}\boldsymbol{\Sigma}^{-1}\left(\mathbf{y}_{\mathrm{obs}}-\boldsymbol{\mu}\right) \tag{3.87}$$

$$\sigma^2\left(\mathbf{x}^{(n+1)}\right)=\sigma_{\mathrm{yobs}\ n+1,n+1}{}^2-\boldsymbol{\sigma}^{\mathrm{T}}\boldsymbol{\Sigma}^{-1}\boldsymbol{\sigma} \tag{3.88}$$

式 (3.66), (3.71) より、式 (3.87), (3.88) は以下のようになります。

$$\mu\left(\mathbf{x}^{(n+1)}\right)
=\begin{pmatrix} K_{\mathrm{GPR}}\left(\mathbf{x}^{(1)},\mathbf{x}^{(n+1)}\right)\\ K_{\mathrm{GPR}}\left(\mathbf{x}^{(2)},\mathbf{x}^{(n+1)}\right)\\ \vdots\\ K_{\mathrm{GPR}}\left(\mathbf{x}^{(i)},\mathbf{x}^{(n+1)}\right)\\ \vdots\\ K_{\mathrm{GPR}}\left(\mathbf{x}^{(n)},\mathbf{x}^{(n+1)}\right)\end{pmatrix}^{\mathrm{T}}
\begin{pmatrix}
K_{\mathrm{GPR}}\left(\mathbf{x}^{(1)},\mathbf{x}^{(1)}\right) & K_{\mathrm{GPR}}\left(\mathbf{x}^{(1)},\mathbf{x}^{(2)}\right) & \cdots & K_{\mathrm{GPR}}\left(\mathbf{x}^{(1)},\mathbf{x}^{(j)}\right) & \cdots & K_{\mathrm{GPR}}\left(\mathbf{x}^{(1)},\mathbf{x}^{(n)}\right)\\
K_{\mathrm{GPR}}\left(\mathbf{x}^{(2)},\mathbf{x}^{(1)}\right) & K_{\mathrm{GPR}}\left(\mathbf{x}^{(2)},\mathbf{x}^{(2)}\right) & \cdots & K_{\mathrm{GPR}}\left(\mathbf{x}^{(2)},\mathbf{x}^{(j)}\right) & \cdots & K_{\mathrm{GPR}}\left(\mathbf{x}^{(2)},\mathbf{x}^{(n)}\right)\\
\vdots & \vdots & \ddots & \vdots & & \vdots\\
K_{\mathrm{GPR}}\left(\mathbf{x}^{(i)},\mathbf{x}^{(1)}\right) & K_{\mathrm{GPR}}\left(\mathbf{x}^{(i)},\mathbf{x}^{(2)}\right) & \cdots & K_{\mathrm{GPR}}\left(\mathbf{x}^{(i)},\mathbf{x}^{(j)}\right) & \cdots & K_{\mathrm{GPR}}\left(\mathbf{x}^{(i)},\mathbf{x}^{(n)}\right)\\
\vdots & \vdots & & \vdots & \ddots & \vdots\\
K_{\mathrm{GPR}}\left(\mathbf{x}^{(n)},\mathbf{x}^{(1)}\right) & K_{\mathrm{GPR}}\left(\mathbf{x}^{(n)},\mathbf{x}^{(2)}\right) & \cdots & K_{\mathrm{GPR}}\left(\mathbf{x}^{(n)},\mathbf{x}^{(j)}\right) & \cdots & K_{\mathrm{GPR}}\left(\mathbf{x}^{(n)},\mathbf{x}^{(n)}\right)
\end{pmatrix}^{-1}\mathbf{y}_{\mathrm{obs}} \tag{3.89}$$

$$\sigma^2\left(\mathbf{x}^{(n+1)}\right)=K_{\mathrm{GPR}}\left(\mathbf{x}^{(n+1)},\mathbf{x}^{(n+1)}\right)
-\begin{pmatrix} K_{\mathrm{GPR}}\left(\mathbf{x}^{(1)},\mathbf{x}^{(n+1)}\right)\\ K_{\mathrm{GPR}}\left(\mathbf{x}^{(2)},\mathbf{x}^{(n+1)}\right)\\ \vdots\\ K_{\mathrm{GPR}}\left(\mathbf{x}^{(i)},\mathbf{x}^{(n+1)}\right)\\ \vdots\\ K_{\mathrm{GPR}}\left(\mathbf{x}^{(n)},\mathbf{x}^{(n+1)}\right)\end{pmatrix}^{\mathrm{T}}
\begin{pmatrix}
K_{\mathrm{GPR}}\left(\mathbf{x}^{(1)},\mathbf{x}^{(1)}\right) & K_{\mathrm{GPR}}\left(\mathbf{x}^{(1)},\mathbf{x}^{(2)}\right) & \cdots & K_{\mathrm{GPR}}\left(\mathbf{x}^{(1)},\mathbf{x}^{(j)}\right) & \cdots & K_{\mathrm{GPR}}\left(\mathbf{x}^{(1)},\mathbf{x}^{(n)}\right)\\
K_{\mathrm{GPR}}\left(\mathbf{x}^{(2)},\mathbf{x}^{(1)}\right) & K_{\mathrm{GPR}}\left(\mathbf{x}^{(2)},\mathbf{x}^{(2)}\right) & \cdots & K_{\mathrm{GPR}}\left(\mathbf{x}^{(2)},\mathbf{x}^{(j)}\right) & \cdots & K_{\mathrm{GPR}}\left(\mathbf{x}^{(2)},\mathbf{x}^{(n)}\right)\\
\vdots & \vdots & \ddots & \vdots & & \vdots\\
K_{\mathrm{GPR}}\left(\mathbf{x}^{(i)},\mathbf{x}^{(1)}\right) & K_{\mathrm{GPR}}\left(\mathbf{x}^{(i)},\mathbf{x}^{(2)}\right) & \cdots & K_{\mathrm{GPR}}\left(\mathbf{x}^{(i)},\mathbf{x}^{(j)}\right) & \cdots & K_{\mathrm{GPR}}\left(\mathbf{x}^{(i)},\mathbf{x}^{(n)}\right)\\
\vdots & \vdots & & \vdots & \ddots & \vdots\\
K_{\mathrm{GPR}}\left(\mathbf{x}^{(n)},\mathbf{x}^{(1)}\right) & K_{\mathrm{GPR}}\left(\mathbf{x}^{(n)},\mathbf{x}^{(2)}\right) & \cdots & K_{\mathrm{GPR}}\left(\mathbf{x}^{(n)},\mathbf{x}^{(j)}\right) & \cdots & K_{\mathrm{GPR}}\left(\mathbf{x}^{(n)},\mathbf{x}^{(n)}\right)
\end{pmatrix}
\begin{pmatrix} K_{\mathrm{GPR}}\left(\mathbf{x}^{(1)},\mathbf{x}^{(n+1)}\right)\\ K_{\mathrm{GPR}}\left(\mathbf{x}^{(2)},\mathbf{x}^{(n+1)}\right)\\ \vdots\\ K_{\mathrm{GPR}}\left(\mathbf{x}^{(i)},\mathbf{x}^{(n+1)}\right)\\ \vdots\\ K_{\mathrm{GPR}}\left(\mathbf{x}^{(n)},\mathbf{x}^{(n+1)}\right)\end{pmatrix} \tag{3.90}$$

式 (3.89), (3.90) より､n 個のサンプルにおける Y の実測値 ($\mathbf{y}_{\mathrm{obs}}$) および式 (3.72) から式 (3.82) のいずれかで計算されるカーネル関数の値があれば､$n+1$ 個目のサンプルにおける Y の予測値 $\mu\left(\mathbf{x}^{(n+1)}\right)$ およびその分散 $\sigma^2\left(\mathbf{x}^{(n+1)}\right)$ を計算できます。

式 (3.72) から式 (3.83) より、カーネル関数の値を計算するためには、ハイパーパラメータを与える必要があります。例えば式 (3.74) におけるハイパーパラメータは $\theta_0, \theta_1, \theta_2, \theta_3$ です。SVR をはじめとして多くの手法では、各ハイパーパラメータに対して（複数の）候補を準備し、候補ごとにクロスバリデーション (3.6 節参照) を行い､その結果が最良となる (例えば r^2 が最大となる) ハイパーパラメータの候補を選択しました。ハイパーパラメータの種類 ($\theta_0, \theta_1, \theta_2, \cdots$) が多くなると、すべてのハイパーパラメータの候補の組み合わせでクロスバリデーションをする場合に、合計で (θ_0 の候補の数）× (θ_1 の候補の数）× (θ_2 の候補の数）× … だけクロスバリデーションを繰り返す必要があり、非常に時間がかかってしまいます。一方で GPR では、予測値が正規分布で表されるため、最尤推定法 (8.2 節参照）を用いることができます。クロスバリデーションをする必要がないわけです。GPR では以下の対数尤度関数が最大になるようにハイパーパラメータ ($\theta_0, \theta_1, \theta_2, \cdots$) を計算します。

$$\ln p\left(\mathbf{y}_{\mathrm{obs}}|\boldsymbol{\theta}\right)=-\frac{1}{2}\ln|\boldsymbol{\Sigma}|-\frac{1}{2}\mathbf{y}_{\mathrm{obs}}{}^{\mathrm{T}}\boldsymbol{\Sigma}^{-1}\mathbf{y}_{\mathrm{obs}}-\frac{n}{2}\ln(2\pi) \tag{3.91}$$

ここで $\boldsymbol{\theta}$ は $\theta_0, \theta_1, \theta_2, \cdots$ を要素にもつベクトルです。式 (3.91) は微分可能であるため、例えば共役勾配法 [30] で式 (3.91) が最大となる $\boldsymbol{\theta}$ を計算します。

ハイパーパラメータを求めたら X の値から Y を推定できます。Y を予測したいサンプルの X である $\mathbf{x}^{(n+1)}$ が得られたとき、Y の予測値が式 (3.89) の $\mu\left(\mathbf{x}^{(n+1)}\right)$ で、予測値の標準偏差が式 (3.90) の $\sigma\left(\mathbf{x}^{(n+1)}\right)$ で計算できます。予測値が正規分布に従うと仮定すれば、正規分布の性質より、

- Y の実測値が $\mu\left(\mathbf{x}^{(n+1)}\right)-\sigma\left(\mathbf{x}^{(n+1)}\right) \sim \mu\left(\mathbf{x}^{(n+1)}\right)+\sigma\left(\mathbf{x}^{(n+1)}\right)$ の範囲に入る確率は 68.27 %
- Y の実測値が $\mu\left(\mathbf{x}^{(n+1)}\right)-2\times\sigma\left(\mathbf{x}^{(n+1)}\right) \sim \mu\left(\mathbf{x}^{(n+1)}\right)+2\times\sigma\left(\mathbf{x}^{(n+1)}\right)$ の範囲に入る確率は 95.45 %
- Y の実測値が $\mu\left(\mathbf{x}^{(n+1)}\right)-3\times\sigma\left(\mathbf{x}^{(n+1)}\right) \sim \mu\left(\mathbf{x}^{(n+1)}\right)+3\times\sigma\left(\mathbf{x}^{(n+1)}\right)$ の範囲に入る確率は 99.73 %

と推定できます。

カーネル関数の選び方としては、外部バリデーションによる方法とクロスバリデーションによる方法があります。それぞれ Python のサンプルプログラムと一緒に説明します。

カーネル関数を 1 つ選んで GPR 解析をするサンプルプログラム `sample_program_03_11_gpr_one_kenrnel.py` を実行してみましょう。ここでも仮想的な樹脂材料のデータセット `resin.csv` を用います。プログラムの流れは `sample_program_03_08_external_validation.py` と基本的に同様です。設定として、`kernel_number` でカーネル関数の番号を決めます。カーネル関数の番号は、式 (3.72) のカーネル関数を 0 番目として、順に 1, 2, …, 9, 10 番目になります。初期設定では、`kernel_number = 2` と式 (3.74) のカーネル関数が選択されています。選択されたカーネル関数を用いて、GPR で回帰モデルの構築および外部バリデーションを行います。

サンプルプログラムでは `number_of_test_samples` でテストデータのサンプル数を設定する必要があります。初期設定では 5 (`number_of_test_samples = 5`) となっています。なおテストデータのサンプル数を 0 にすると (`number_of_test_samples = 0`)、本プログラムではデータセットのすべてのサンプルをトレーニングデータにするとともに、それと同じデータをテストデータにするような仕様になっています。

トレーニングデータで回帰モデルを構築し、トレーニングデータやテストデータを用いて、回帰モデルによる推定結果を評価しています。トレーニングデータにおける Y の実測値 vs. 推定値プロット（図 3.55)、テストデータにおける Y の実測値 vs. 推定値プロット（図 3.56）の順にプロットが表示されます。それぞれ、対角線に近いサンプルほど、実測値と推定値との誤差が小さく、良好に Y の値を推定できたといえます。

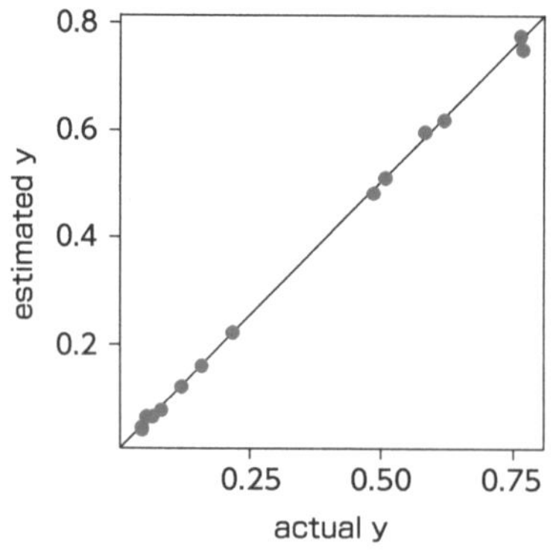

図 3.55　GPR による回帰分析を行った際の、トレーニングデータにおける
実測値（actual y）vs. 推定値（estimated y）プロット

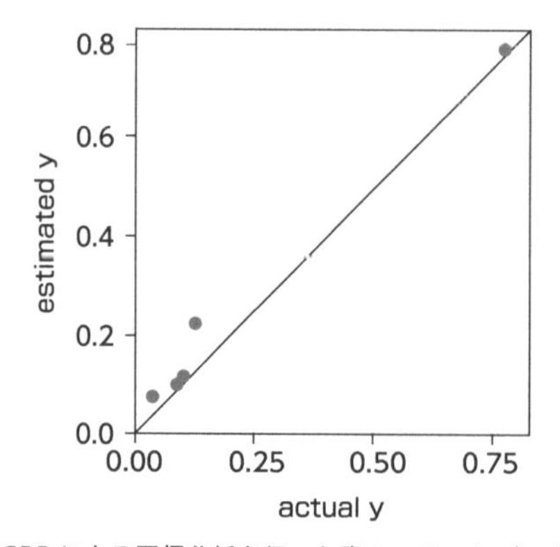

図 3.56　GPR による回帰分析を行った際の、テストデータにおける
実測値（actual y）vs. 推定値（estimated y）プロット

IPython コンソール（8.4 節参照）に、トレーニングデータにおける r^2, RMSE, MAE（図 3.57）、テストデータにおける r^2, RMSE, MAE（図 3.58）の順に表示されます。

```
r^2 for training data : 0.9999999986071615
RMSE for training data : 1.0120232454862574e-05
MAE for training data : 8.852452091061743e-06
```

図 3.57　GPR による回帰分析を行った際の、トレーニングデータにおける r^2, RMSE, MAE

```
r^2 for test data : 0.9658867750970935
RMSE for test data : 0.05093874350942288
MAE for test data : 0.03919522139247537
```

図 3.58　GPR による回帰分析を行った際の、テストデータにおける r^2, RMSE, MAE

トレーニングデータにおけるサンプルごとの Y の実測値・推定値・誤差が estimated_y_train_in_detail_gpr_one_kernel.csv に、テストデータにおけるサンプルごとの Y の実測値・推定値・誤差が

estimated_y_test_in_detail_gpr_one_kernel.csv に保存されます。同じ名前のファイルがあるときは上書きされますので注意しましょう。

kernel_number でカーネル関数を変えながら sample_program_03_11_gpr_one_kenrnel.py を実行し、カーネル関数ごとのテストデータの推定結果を確認し、最も良好な結果であったカーネル関数を選択するのが、外部バリデーションによるカーネル関数の選び方です。テストデータを最もよく推定できるカーネル関数を選択できます。

一方で、クロスバリデーションによりカーネル関数を決めてから GPR モデルを構築するサンプルプログラムが sample_program_03_11_gpr_kernels.py です。基本的なプログラムの流れは sample_program_03_11_gpr_one_kernel.py と同様ですが、11 個のカーネル関数の中からクロスバリデーションにおける推定結果の r^2 が最大となるカーネル関数を選択しています（図 3.59）。設定として、fold_number でクロスバリデーションの fold 数を決めます。初期設定では、fold_number = 10 と 10-fold クロスバリデーションです。IPython コンソール（8.4 節参照）に、最適化されたカーネル関数の番号とカーネル関数が表示されます。その後、GPR で回帰モデルの構築および外部バリデーションを行います。

実行すると、図 3.59 から図 3.63 の結果が表示され、トレーニングデータにおけるサンプルごとの Y の実測値・推定値・誤差が estimated_y_train_in_detail_gpr_kernels.csv に、テストデータにおけるサンプルごとの Y の実測値・推定値・誤差が estimated_y_test_in_detail_gpr_kernels.csv に保存されます。

```
1 / 11
2 / 11
3 / 11
4 / 11
5 / 11
6 / 11
7 / 11
8 / 11
9 / 11
10 / 11
11 / 11
クロスバリデーションで選択されたカーネル関数の番号 : 4
クロスバリデーションで選択されたカーネル関数 : 1**2 * RBF(length_scale=[1, 1, 1, 1, 1]) + WhiteKernel(noise_level=1) +
DotProduct(sigma_0=1)
```

図 3.59 クロスバリデーションによるカーネル関数の選択

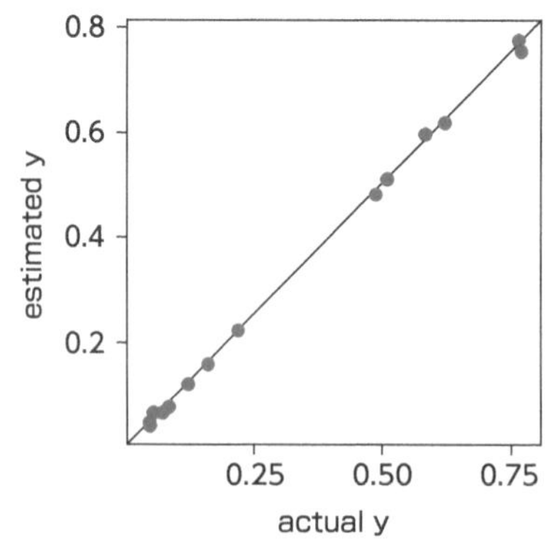

図 3.60　クロスバリデーションによりカーネル関数が選択された GPR による回帰分析を行った際の、トレーニングデータにおける実測値 (actual y) vs. 推定値 (estimated y) プロット

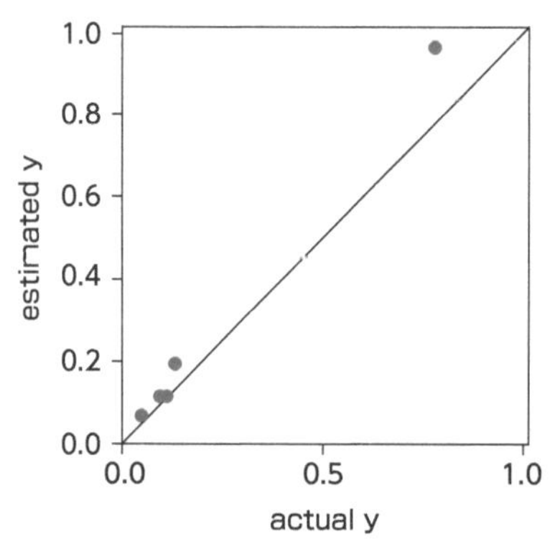

図 3.61　クロスバリデーションによりカーネル関数が選択された GPR による回帰分析を行った際の、テストデータにおける実測値 (actual y) vs. 推定値 (estimated y) プロット

```
r^2 for training data : 0.9993888422260792
RMSE for training data : 0.006703734034509145
MAE for training data : 0.005209713743102934
```

図 3.62　クロスバリデーションによりカーネル関数が選択された GPR による回帰分析を行った際の、トレーニングデータにおける r^2, RMSE, MAE

```
r^2 for test data : 0.8896399224541944
RMSE for test data : 0.09162053805108172
MAE for test data : 0.06425206903185965
```

図 3.63　クロスバリデーションによりカーネル関数が選択された GPR による回帰分析を行った際の、テストデータにおける r^2, RMSE, MAE

第4章 モデルの適用範囲

第3章を整理すると、回帰分析においては一般的に、以下の流れでデータ解析をします。

① データセットを準備する
② データセットをトレーニングデータとテストデータに分ける
③ 特徴量の標準化（オートスケーリング）をする
④ ハイパーパラメータがあれば、トレーニングデータを用いてクロスバリデーションでハイパーパラメータの値を決める（GPRでは最尤推定法でハイパーパラメータを推定可能。ただし、用いるカーネル関数をクロスバリデーションで決めることはある）
⑤ トレーニングデータでモデルを構築する
⑥ テストデータでモデルの推定性能を検証する

例えば回帰分析において、OLSモデル（3.5節）、二乗項や交差項を追加したOLSモデル（3.7節）、DTモデル（3.8節）、RFモデル（3.9節）、SVRモデル（3.10節）、GPRモデル（3.11節）を比較して、最良な結果を示すモデルを選びます。ここで1つのモデル、例えばSVRモデルが選ばれたとします。このSVRモデルが最終的なモデルではありません。トレーニングデータとテストデータを合わせて、つまりデータセットのすべてのサンプルを用いて、クロスバリデーションに基づいてC、ε、γを決め、それらを用いてSVRモデルを構築します。このモデルが最終的なモデルです。目的変数Yの値が未知のサンプルにおいて、説明変数Xの値をモデルに入力して、Yの値を推定します。

どのようなサンプルでもXの値があれば、それをモデルに入力することでYの値を推定できます。しかし、その推定値を信頼できるかどうかは別の話です。

そこで本章では、Xの値ごとの回帰モデルの信頼性を議論するため、モデルの適用範囲について考えます。

4.1 モデルの適用範囲とは

回帰モデルが本来の推定性能、つまりモデルを構築する際に用いたデータセットに対して示す性能を発揮できるXのデータ領域のことを**モデルの適用範囲（Applicability Domain, AD）**と呼びます。新しいサンプルにおけるXの値がモデルに入力されたとき、AD内であれば推定結果を信頼でき、AD外であれば推定結果を信頼できないと考えられます。

AD 内・AD 外と、いわゆるモデルの内挿・外挿とは異なる概念であることに注意しましょう。モデルについて議論するとき、モデルは内挿しか予測できない、外挿は予測できない、といった話や、その予測結果は内挿か外挿か、といった話があると思います。ここで一度それぞれの用語の定義について考えましょう。

内挿の定義より、各 X の最小値から最大値までが内挿となります。図 4.1 でいえば破線の四角形の中が内挿です。図では X が x_1、x_2 の 2 つ場合に、x_1、x_2 ともに最小値と最大値の中に入る範囲を示しています。どんな X も、最小値を下回ったり、最大値を上回ったりすることはありません。x_1 と x_2 とで独立して範囲が決められています。いずれかの X が、最小値を下回ったり、最大値を上回ったりすれば、それは外挿となります。そのため、「モデルは外挿を予測できない」ということは、（それが正しいかどうかはさておき）1 つの X でも、その最小値を下回ったり、最大値を上回ったりすると、そのサンプルは予測できない、ということと同じ意味になります。

一方で、図 4.1 ではデータの分布が 3 つに分かれている、つまりサンプルが 3 つの集団に分かれているように見えます。それらの集団の間にある、サンプルのない空白地帯は、内挿になっています。「モデルは内挿しか予測できない」ということは、すべての X で最小値を下回ったり、最大値を上回ったりすることがなければ、仮にトレーニングデータのない空白地帯にあるサンプルでも、そのサンプルは予測できる、ということと同じ意味になりますが、本当にこのような空白地帯のサンプルも予測できるかどうかは、確かではありません。

AD の設定方法について、最初に説明するように図 4.1 のような各 X の上限値と下限値を設定する方法もありますが、後で説明するように、トレーニングデータの中心からの距離、データ密度、アンサンブル学習といったいろいろな AD の設定方法があります。一般的によく用いられている、データ密度によって AD を設定する方法であれば、図 4.2 のように空白地帯も考慮して AD を設定できます（詳細は次節で説明します）。一方で、外挿でも AD 内となる領域はあります。朗報としては、あるサンプルが外挿でも、AD 内であればトレーニングデータと同様の予測精度でそのサンプルを予測できます。

構築したモデルを運用するときには、AD を必ず設定し、内挿・外挿ではなく、AD 内・AD 外で議論するのがよいでしょう。

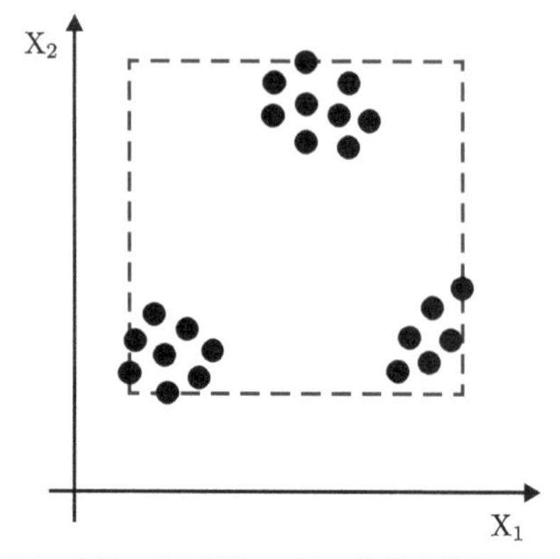

図 4.1　内挿。黒点がサンプル、破線内が内挿を表す

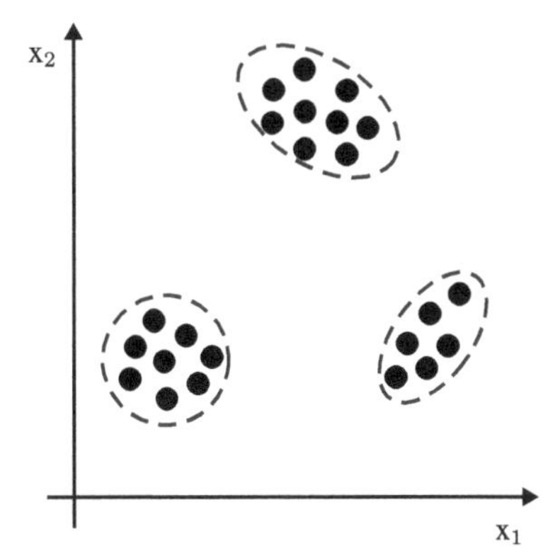

図 4.2　データ密度による AD。黒点がサンプル、破線内が AD 内を表す

AD の設定方法の一つに範囲があります。これはモデルの内挿・外挿と同様の概念です。X ごとに範囲を設定し、すべての X で範囲内であれば AD 内、それ以外を AD 外とします。X ごとの範囲の概念図を図 4.3 に示します。図では X の数が 2 であり、データセットの最小値から最大値までを範囲としています。破線の四角の中のサンプルは AD 内、外のサンプルは AD 外となります。

X ごとの範囲の設定は簡単にできますが、X の数が多くなると、実際には AD 内にもかかわらず AD 外と判定される確率が大きくなるという問題があります。例えば 100 個の X があるとき、誤って AD 外と判定される確率が X ごとに 1 % と小さくても、少なくとも 1 つの X で誤って AD 外と判定される確率は $1 - (1 - 0.01)^{100}$ で計算され、およそ 63 % と大きくなってしまいます。特に X の数が多いときには注意が必要です。

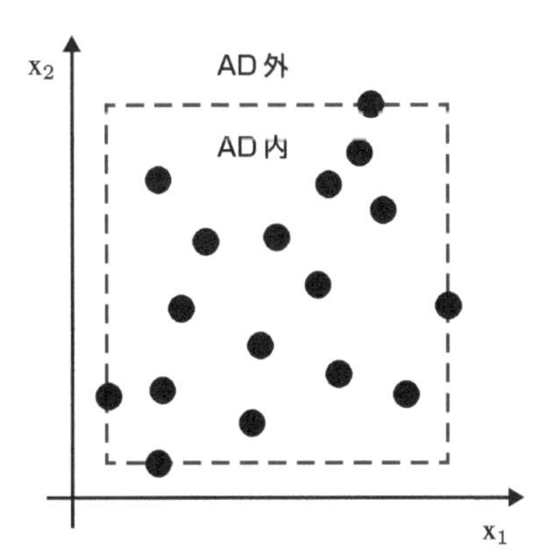

図 4.3　X ごとの範囲による AD。黒点がサンプル、破線内が AD 内を表す

X をまとめて扱い、データセットにおける X の平均からの距離を AD の指標にすれば（図 4.4）、X の数が大きくなるにつれて AD 外と誤判断される確率が上がる現象は起こりません。距離としてはユークリッド距離が一般的です。X の i 番目のサンプル $\mathbf{x}^{(i)}$ と X の平均ベクトル $\mathbf{x}_{\mathrm{mean}}$ の間のユークリッド距離は以下の式で計算されます。

$$\sqrt{\left\| \mathbf{x}^{(i)} - \mathbf{x}_{\mathrm{mean}} \right\|^2} \tag{4.1}$$

基本的には特徴量の標準化（3.4 節）をしてから距離を計算します。X 間に相関関係があるときには、各 X の分散や X 間の共分散を考慮した距離であるマハラノビス距離 [31] を用いるのがよいでしょう。

AD 内か AD 外かを判断する閾値は、データセットにおける距離の最も小さいサンプルの $\alpha \times 100$ % が含まれる距離の最小値とします。例えば 1000 サンプルあり $\alpha = 0.9$ とすると、閾値は 900 番目に距離が小さいサンプルの距離の値になります。

X の数が大きいとき、平均からの距離が最も近いサンプルの距離と最も遠いサンプルの距離との差が小さくなる問題（次元の呪い [32]）があり、AD 内のサンプルと AD 外のサンプルとを分離しにくくなってしまいます。さらに、図 4.5 のようにデータ分布が複数の領域に分かれる状況では、平均からの距離を指標にすると、実際にはデータ分布から離れているサンプルが、AD 内と判定されてしまいます。特にデータ分布が複数に分かれるときには注意が必要であり、この解決策の一つを次節で説明します。

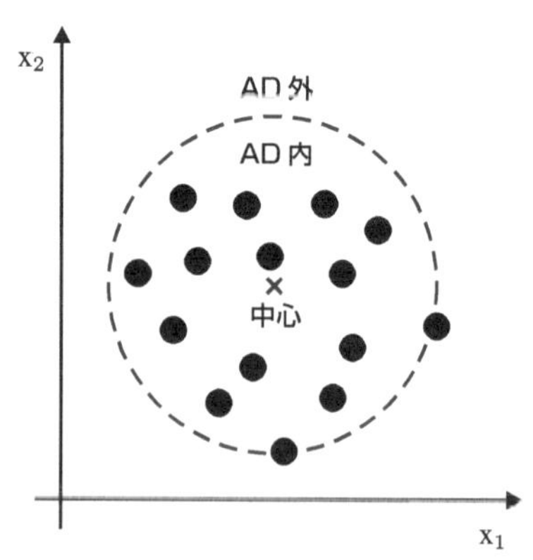

図 4.4　平均からの距離による AD。黒点がサンプル、破線内が AD 内を表す

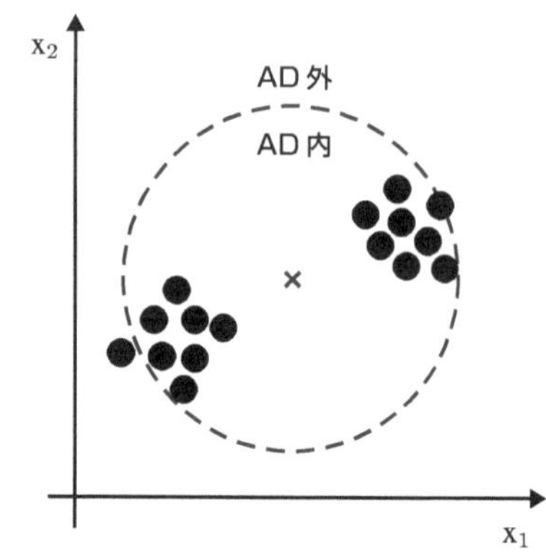

図 4.5　データ分布が複数の領域に分かれる状況における、平均からの距離による AD。
黒点がサンプル、破線内が AD 内を表す

4.2 データ密度

データ分布が複数の領域に分かれている場合でも適切に AD を設定するために、データ密度を AD の指標とする方法があります。データ密度の高い領域を AD 内、低い領域を AD 外とします（図 4.6）。

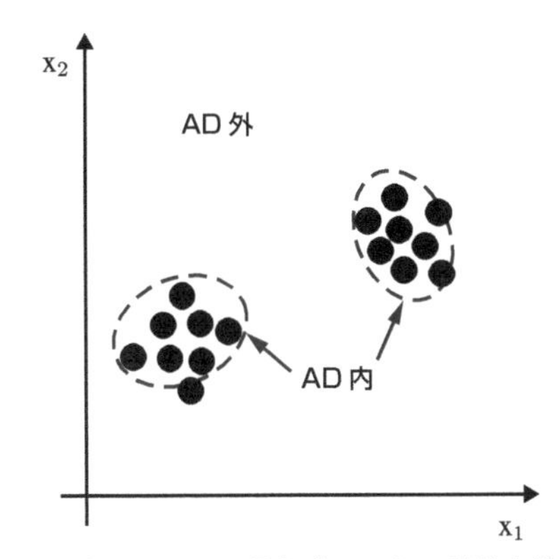

図 4.6　データ密度による AD。黒点がサンプル、破線内が AD 内を表す

4.2.1 k 近傍法

データ密度を計算する一つの方法が **k 近傍法（k-Nearest Neighbor algorithm, k-NN）**です。あるサンプルに対して、データセットの中で最も距離（例えばユークリッド距離）の近い k 個のサンプルを選択し、それらのサンプルとの距離の平均値を計算します。距離の平均値が小さいほどデータ密度が高いと考え、この平均値をデータ密度の指標とします。

指標の閾値の決め方については、平均からの距離と同様です。トレーニングデータにおいて距離の平均値の小さい順にサンプルを並べ替え、全体の $\alpha \times 100$ % が含まれる距離の平均値の最小値とします。α を大きくすると AD が広くなり、より多くのサンプルを推定できます。α を小さくすると AD が狭くなり、推定できるサンプル数が小さくなります。

次元の呪いについては、k-NN ではすべてのサンプル間の距離を計算するため注意が必要です。

サンプルプログラム sample_program_04_02_knn.py で k-NN により AD を設定しましょう。ここでも仮想的な樹脂材料のデータセット resin.csv を用います。さらに、Y の値が不明な予測用のデータセットとして resin_prediction.csv も使用します。サンプルプログラムは以下のとおりです。

```
import pandas as pd
from sklearn.neighbors import NearestNeighbors  # k-NN

k_in_knn = 5  # k-NN における k
rate_of_training_samples_inside_ad = 0.96
# AD 内となるトレーニングデータの割合。AD  のしきい値を決めるときに使用

dataset = pd.read_csv('resin.csv', index_col=0, header=0)
x_prediction = pd.read_csv('resin_prediction.csv', index_col=0, header=0)
```

```
# データ分割
y = dataset.iloc[:, 0]  # 目的変数
x = dataset.iloc[:, 1:]  # 説明変数

# 標準偏差が 0 の特徴量の削除
deleting_variables = x.columns[x.std() == 0]
x = x.drop(deleting_variables, axis=1)
x_prediction = x_prediction.drop(deleting_variables, axis=1)

# オートスケーリング
autoscaled_x = (x - x.mean()) / x.std()
autoscaled_x_prediction = (x_prediction - x.mean()) / x.std()

# k-NN による AD
ad_model = NearestNeighbors(n_neighbors=k_in_knn, metric='euclidean')  # AD モデルの宣言
ad_model.fit(autoscaled_x)  # k-NN による AD では、トレーニングデータの x を model_ad に格納することに対応

# サンプルごとの k 最近傍サンプルとの距離に加えて、k 最近傍サンプルのインデックス番号も一緒に出力されるため、
出力用の変数を 2 つに
# トレーニングデータでは k 最近傍サンプルの中に自分も含まれ、自分との距離の 0 を除いた距離を考える必要がある
ため、k_in_knn + 1 個と設定
knn_distance_train, knn_index_train = ad_model.kneighbors(autoscaled_x, n_neighbors=k_in_knn + 1)
knn_distance_train = pd.DataFrame(knn_distance_train, index=autoscaled_x.index)
# DataFrame型に変換
mean_of_knn_distance_train = pd.DataFrame(knn_distance_train.iloc[:, 1:].
mean(axis=1), columns=['mean_of_knn_distance'])  # 自分以外の k_in_knn 個の距離の平均
mean_of_knn_distance_train.to_csv('mean_of_knn_distance_train.csv')  # csv ファイルに保存

# トレーニングデータのサンプルの rate_of_training_samples_inside_ad * 100 % が含まれるようにしきい値を設定
sorted_mean_of_knn_distance_train = mean_of_knn_distance_train.iloc[:, 0].sort_values(ascending=True)
# 距離の平均の小さい順に並べ替え
ad_threshold = sorted_mean_of_knn_distance_train.iloc[
    round(autoscaled_x.shape[0] * rate_of_training_samples_inside_ad) - 1]

# トレーニングデータに対して、AD の中か外かを判定
inside_ad_flag_train = mean_of_knn_distance_train <= ad_threshold   # AD 内のサンプルのみ TRUE
inside_ad_flag_train.columns=['inside_ad_flag']
inside_ad_flag_train.to_csv('inside_ad_flag_train_knn.csv')  # csv ファイルに保存

# 予測用データに対する k-NN 距離の計算
knn_distance_prediction, knn_index_prediction = ad_model.kneighbors(autoscaled_x_prediction)
knn_distance_prediction = pd.DataFrame(knn_distance_prediction, index=x_prediction.index)
# DataFrame型に変換
mean_of_knn_distance_prediction = pd.DataFrame(knn_distance_prediction.mean(axis=1),
                                               columns=['mean_of_knn_distance'])  # k_in_knn 個の距離の平均
mean_of_knn_distance_prediction.to_csv('mean_of_knn_distance_prediction.csv')  # csv ファイルに保存

# 予測用データに対して、AD の中か外かを判定
inside_ad_flag_prediction = mean_of_knn_distance_prediction <= ad_threshold  # AD 内のサンプルのみ TRUE
inside_ad_flag_prediction.columns=['inside_ad_flag']
inside_ad_flag_prediction.to_csv('inside_ad_flag_prediction_knn.csv')  # csv ファイルに保存
```

設定として、k_in_knn で k-NN における k を、rate_of_training_samples_inside_ad で α を決めます。

初期設定では、k_in_knn = 5 として k-NN における k は 5、rate_of_training_samples_inside_ad = 0.96 として α は 0.96 となっています。rate_of_training_samples_inside_ad の値を小さくすると AD は狭くなり、逆に大きくすると AD は広くなります。サンプルプログラムを実行すると、特徴量の標準化をした後に AD を設定します。具体的には、最もユークリッド距離の近い k 個のサンプルとの間の、距離の平均値に対する閾値を決めます。まずトレーニングデータのサンプルごとに、トレーニングデータで距離の近い対象のサンプル以外の k 個のサンプルとの距離を計算します。次に、これらの距離の平均値を計算してから、その閾値を計算します。テストデータにおいても、トレーニングデータの中で距離の近い k 個のサンプルとの距離の平均値を計算してから、計算された閾値で AD 内 (TRUE) か AD 外 (FALSE) を判定しています。

トレーニングデータにおける、距離の近い対象のサンプル以外の k 個のサンプルとの距離の平均値が mean_of_knn_distance_train.csv に、トレーニングデータの AD の判定結果 (AD 内 : TRUE, AD 外 : FALSE) が inside_ad_flag_train_knn.csv に、予測用のデータセットにおけるトレーニングデータの距離の近い k 個のサンプルとの距離の平均値が mean_of_knn_distance_prediction.csv に、予測用のデータセットの AD の判定結果 (AD 内 : TRUE, AD 外 : FALSE) が inside_ad_flag_prediction_knn.csv に保存されます。

4.2.2 One-Class Support Vector Machine (OCSVM)

データ密度を計算する方法の一つに、**One-Class Support Vector Machine (OCSVM)** があります。OCSVM では結果的に、トレーニングデータの一部のサンプル（サポートベクター）との距離のみ計算されるため、4.2.1 項の k-NN における次元の呪いの影響が軽減されます。

OCSVM は、3.10 節の SVR と同様に SVM を応用した手法です。例えば図 4.7 のように X が $\mathrm{x}_1, \mathrm{x}_2$ の 2 つの場合、OCSVM では関数 f を、

$$
\begin{aligned}
f(\mathbf{x}^{(i)}) &= \mathbf{x}^{(i)}\mathbf{a}_{\mathrm{OCSVM}} - u \\
&= x_1^{(i)} a_{\mathrm{OCSVM},1} + x_2^{(i)} a_{\mathrm{OCSVM},2} - u
\end{aligned}
\tag{4.2}
$$

と設定して、直線 $a_{\mathrm{OCSVM},1}\mathrm{x}_1 + a_{\mathrm{OCSVM},2}\mathrm{x}_2 - u = 0$（図 4.7 の黒線）より原点側にあるサンプル、つまり $f\left(\mathbf{x}^{(i)}\right) < 0$ となるサンプル $\mathbf{x}^{(i)}$ を、他のサンプルから大きく外れたサンプルである外れサンプルとします。ただし $u > 0$ です。このままでは、原点に近いサンプルが外れサンプルとなる場合にしか対応できませんが、SVR と同様にして、$\mathbf{x}^{(i)}$ に非線形の変換をして、周辺に他のサンプルがないほど（外れサンプルほど）原点の近くになるようにすれば問題ありません。後に詳しく説明しますが、SVR と同様にカーネル関数を利用でき、ガウシアンカーネルを用いれば OK です。またこの非線形変換により、$f\left(\mathbf{x}^{(i)}\right)$ が小さいほど $\mathbf{x}^{(i)}$ 周辺のデータ密度が低く（外れサンプルらしく）、$f\left(\mathbf{x}^{(i)}\right)$ が大きいほど $\mathbf{x}^{(i)}$ 周辺のデータ密度が高くなります。$f\left(\mathbf{x}^{(i)}\right)$ によってデータ密度を計算できるわけです。

とりあえず非線形変換の関数を g として、$\mathbf{x}^{(i)} \rightarrow g\left(\mathbf{x}^{(i)}\right)$ とします。それにともない、重みも以下のような $\mathbf{a}_{\mathrm{NOCSVM}}$ とします (N は Nonlinear の N)。

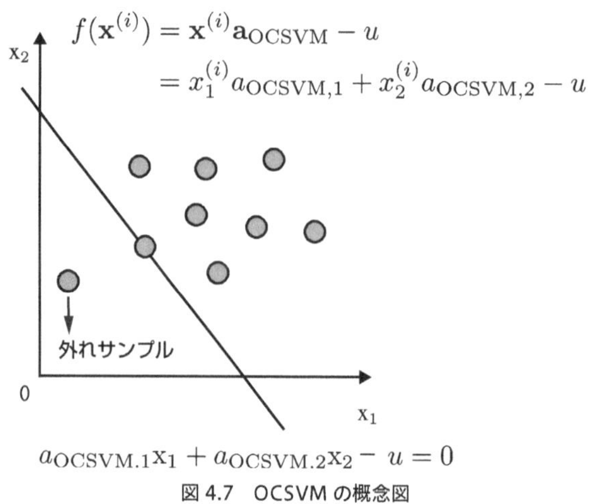

図 4.7　OCSVM の概念図

$$\mathbf{a}_{\mathrm{NOCSVM}} = \begin{pmatrix} a_{\mathrm{NOCSVM},1} & a_{\mathrm{NOCSVM},2} & \cdots & a_{\mathrm{NOCSVM},k} \end{pmatrix}^{\mathrm{T}} \tag{4.3}$$

k は $g\left(\mathbf{x}^{(i)}\right)$ の特徴量の数ですが、SVR のときと同様にして $\mathbf{a}_{\mathrm{NOCSVM}}$ も k も とりあえずこのように設定しておくだけで、後に考えなくてもよくなりますので、無視して問題ありません。$\mathbf{x}^{(i)} \rightarrow g\left(\mathbf{x}^{(i)}\right)$ により式 (4.2) は以下のようになります。

$$f\left(\mathbf{x}^{(i)}\right) = g\left(\mathbf{x}^{(i)}\right)\mathbf{a}_{\mathrm{NOCSVM}} - u \tag{4.4}$$

OCSVM では、サンプルが存在している領域のみが $f\left(\mathbf{x}^{(i)}\right) \geq 0$ となり、かつ外れサンプルになるサンプル数を小さく（最小化）するように、重み $\mathbf{a}_{\mathrm{NOCSVM}}$ を最適化します。前者は原点と $g(\mathbf{x}^{(i)})\mathbf{a}_{\mathrm{NOCSVM}} - u = 0$ との距離を最大化することに対応します。原点と $g\left(\mathbf{x}^{(i)}\right)\mathbf{a}_{\mathrm{NOCSVM}} - u = 0$ との距離は、点と直線との距離の式より、

$$\frac{|-u|}{\|\mathbf{a}_{\mathrm{NOCSVM}}\|} = \frac{u}{\|\mathbf{a}_{\mathrm{NOCSVM}}\|} \tag{4.5}$$

と計算できます。式 (4.5) を大きくすることは、u を大きくし、$\|\mathbf{a}_{\mathrm{NOCSVM}}\|$ を小さくすることに対応します。よって式 (4.5) を最大化することを、外れサンプルになるサンプル数の「最小化」と合わせるため、式 (4.5) を以下の式に変換します。

$$\frac{1}{2}\|\mathbf{a}_{\mathrm{NOCSVM}}\|^2 - u \tag{4.6}$$

式 (4.6) より、u が大きく $\|\mathbf{a}_{\mathrm{NOCSVM}}\|$ が小さくなるほど式 (4.6) の値が小さくなることが分かります。よって、式 (4.6) を最小化します。

次に、外れサンプルになるサンプル数についてです。SVR と同様にスラック変数 $\xi^{(i)}$ を導入

します。$\xi^{(i)}$ はサンプルごとに与えられます。図 4.8 のように、$f\left(\mathbf{x}^{(i)}\right)=0$ の上のサンプルや、$f\left(\mathbf{x}^{(i)}\right)=0$ に対して原点と反対側にあるサンプルにおいては $\xi^{(i)}=0$ ですが、それ以外のサンプル（$f\left(\mathbf{x}^{(i)}\right)=0$ に対して原点と同じ側にあるサンプル）では、$\xi^{(i)}=-f\left(\mathbf{x}^{(i)}\right)$ と定義されます。$\xi^{(i)}$ を用いると、$\xi^{(i)}, f\left(\mathbf{x}^{(i)}\right)$ の関係は以下の式のようになります。

$$f(\mathbf{x}^{(i)}) \geq -\xi^{(i)} \tag{4.7}$$

式 (4.4) より、

$$g\left(\mathbf{x}^{(i)}\right)\mathbf{a}_{\mathrm{NOCSVM}} - u + \xi^{(i)} \geq 0 \tag{4.8}$$

となります。ただし、

$$\xi^{(i)} \geq 0 \tag{4.9}$$

です。トレーニングデータにおけるスラック変数の和である

$$\sum_{i=1}^{n} \xi^{(i)} \tag{4.10}$$

を小さくします。ただし n はトレーニングデータのサンプル数です。

式 (4.6) の最小化と、式 (4.10) のスラック変数の和の最小化を同時に考えます。OCSVM では以下の G を最小化します。

$$G = \frac{1}{2}\left\|\mathbf{a}_{\mathrm{NOCSVM}}\right\|^2 - u + \frac{1}{\nu n}\sum_{i=1}^{n}\xi^{(i)} \tag{4.11}$$

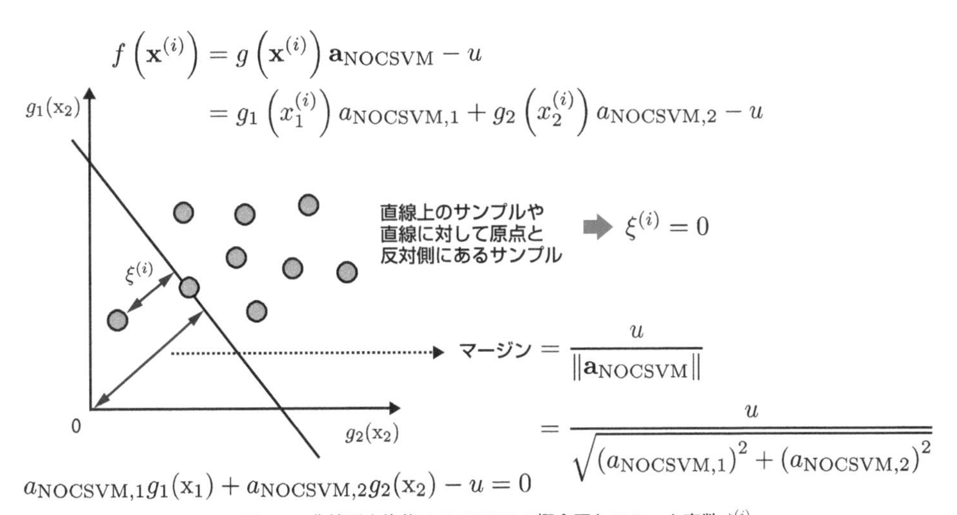

図 4.8　非線形変換後の OCSVM の概念図とスラック変数 $\xi^{(i)}$

ここで ν はハイパーパラメータ（3.8 節参照）であり、式 (4.6) の項に対する式 (4.10) の項の重み $1/\nu n$ に関係します（n はサンプル数）。ν が大きいと $1/\nu n$ が小さくなるため、式 (4.6) が小さく、つまり $f\left(\mathbf{x}^{(i)}\right) \geq 0$ となる領域が小さくなるように $\mathbf{a}_{\mathrm{NOCSVM}}$ が最適化されます。ν が小さいと $1/\nu n$ が大きくなるため、式 (4.10) が小さくスラック変数の和が小さく外れサンプルが少なくなるように $\mathbf{a}_{\mathrm{NOCSVM}}$ が最適化されます。このことと、ν は νn のようにサンプル数に掛けられて式 (4.11) にあることから、ν はトレーニングデータにおける外れサンプルの割合に関係するハイパーパラメータ（3.8 節参照）とお考えください。$0 < \nu \leqq 1$ であり（なぜ 1 以下かについては筆者の別書 [26] を参照）、ν を大きくすると外れサンプル、つまり $f\left(\mathbf{x}^{(i)}\right) < 0$ となるサンプルの数が増えます。

ここまでの議論は、X が 2 つの場合だけでなく、一般化して X の数が m のときも可能です。

式 (4.11) の G を最小化することで、以下の式が得られます。

$$
\begin{aligned}
f\left(\mathbf{x}^{(i)}\right) &= \sum_{j=1}^{n} \alpha^{(j)} g\left(\mathbf{x}^{(j)}\right) g\left(\mathbf{x}^{(i)}\right)^{\mathrm{T}} - u \\
&= \sum_{j=1}^{n} \alpha^{(j)} K\left(\mathbf{x}^{(i)}, \mathbf{x}^{(j)}\right) - u
\end{aligned}
\tag{4.12}
$$

$\alpha^{(j)}$ は G の最小化によって求められるパラメータであり、u はその後 $f\left(\mathbf{x}^{(i)}\right) = 0$ の上のサンプル（サポートベクター）によって計算されます。$\alpha^{(j)}$, u の導出過程やサポートベクターの詳細については、筆者の別書 [26] をご覧ください。

OCSVM では基本的には式 (3.39) のガウシアンカーネルが用いられます。OCSVM モデルは式 (3.39), (4.12) より、

$$
f\left(\mathbf{x}^{(i)}\right) = \sum_{j=1}^{m} \alpha^{(j)} \exp\left(-\gamma \left\|\mathbf{x}^{(i)} - \mathbf{x}^{(j)}\right\|^{2}\right) - u \tag{4.13}
$$

となります。あるサンプル $\mathbf{x}^{(i)}$ に対して、トレーニングデータのサンプルごとに、ユークリッド距離の 2 乗を計算し $-\gamma$ を掛けてから exp() で変換し $\alpha^{(j)}$ を掛けたものを、足し合わせます。$\mathbf{x}^{(i)}$ と各トレーニングデータとのユークリッド距離が大きい、つまり近くにサンプルがないほど、$\exp\left(-\gamma\|\mathbf{x}^{(i)} - \mathbf{x}^{(j)}\|^2\right)$ は 0 に近づき、それらを足し合わせたものも 0 に近づき、$f\left(\mathbf{x}^{(i)}\right)$ は $-u$ に近づきます。このように、$\mathbf{x}^{(i)}$ のデータ密度が低いことと $f\left(\mathbf{x}^{(i)}\right)$ の値が小さいことが対応します。

トレーニングデータを用いて OCSVM モデルを構築する前に、すなわち式 (4.13) の $\alpha^{(j)}$ と u を計算する前に、ハイパーパラメータである ν と γ を決める必要があります。3.10 節の SVR では、Y という正解がありましたので、クロスバリデーションによりハイパーパラメータを最適化できましたが、OCSVM では Y がありませんので、クロスバリデーションを利用できません。ただし γ に関しては、SVR で最適化したのと同様に、トレーニングデータのグラム行列における全体の分散が最大になるように、γ を 31 通りから 1 つ選ぶことができます。ちなみに γ の 31 通りは

- $\gamma : 2^{-20}, 2^{-19}, \cdots, 2^{9}, 2^{10}$ (31 通り)

です。

ν の決め方について説明します。ν はトレーニングデータにおけるサンプル数に対する、サポートベクター ($f\left(\mathbf{x}^{(j)}\right)=0$ の上のサンプルもしくは外れサンプル) の数の下限の割合を意味します。外れサンプルの割合は、ν 以上にはなりません。そこで外れサンプルの割合の目安を決めることを考えます。ある変数が正規分布に従うとき、平均値から標準偏差の何倍かの範囲内にサンプルがある確率は決まっています。1 からその確率を引くと、外れサンプルになる確率になりますので、標準偏差の倍数ごとに以下のように ν を見積もれます。

(平均値 ± 標準偏差) 内にサンプルがある確率 : およそ 68.3 % $\rightarrow \nu = 1 - 0.683 = 0.317$
(平均値 ± 2 ×標準偏差) 内にサンプルがある確率 : およそ 95.5 % $\rightarrow \nu = 1 - 0.955 = 0.045$
(平均値 ± 3 ×標準偏差) 内にサンプルがある確率 : およそ 99.7% $\rightarrow \nu = 1 - 0.997 = 0.003$

ν はサポートベクターの割合であり、OCSVM モデルを構築したときに、実際の外れサンプルの割合とは異なるため注意しましょう。

ν を小さくすると AD は広がり多くのサンプルを推定できる一方で、AD 内のサンプルにおける誤差の絶対値の平均は大きくなる傾向があります。また ν を大きくすると AD は狭くなり多くのサンプルは推定できませんが、AD 内のサンプルにおける誤差の絶対値の平均は小さくなる傾向があります。AD の広さ (推定できるサンプル数) と AD 内での推定性能の間にはトレードオフの関係があるわけです。ν の値ごとに OCSVM モデルを構築し、それぞれの AD 内の推定性能を評価しておくこともよいでしょう。新しいサンプル $\mathbf{x}^{(i)}$ に対して、$f\left(\mathbf{x}^{(j)}\right) \geq 0$ となる OCSVM モデルがわかりますので、その AD 内の推定性能から、$\mathbf{x}^{(i)}$ の誤差を見積もることができます。大きい ν の OCSVM モデルで (AD は狭いですが)、$f\left(\mathbf{x}^{(j)}\right) \geq 0$ となれば、推定値の誤差が小さいことを期待できるわけです。

サンプルプログラム sample_program_04_02_ocsvm.py で OCSVM により AD を設定しましょう。ここでも仮想的な樹脂材料のデータセット resin.csv を用います。さらに、Y の値が不明な予測用のデータセットとして resin_prediction.csv も使用します。サンプルプログラムは以下のとおりです。

```
import pandas as pd
from sklearn.svm import OneClassSVM

ocsvm_nu = 0.04  # OCSVM における ν。トレーニングデータにおけるサンプル数に対する、サポートベクターの数の下限の割合
ocsvm_gamma = 0.1  # OCSVM における γ

dataset = pd.read_csv('resin.csv', index_col=0, header=0)
x_prediction = pd.read_csv('resin_prediction.csv', index_col=0, header=0)

# データ分割
y = dataset.iloc[:, 0]  # 目的変数
x = dataset.iloc[:, 1:]  # 説明変数
```

```
# 標準偏差が 0 の特徴量の削除
deleting_variables = x.columns[x.std() == 0]
x = x.drop(deleting_variables, axis=1)
x_prediction = x_prediction.drop(deleting_variables, axis=1)

# オートスケーリング
autoscaled_x = (x - x.mean()) / x.std()
autoscaled_x_prediction = (x_prediction - x.mean()) / x.std()

# OCSVM による AD
ad_model = OneClassSVM(kernel='rbf', gamma=ocsvm_gamma, nu=ocsvm_nu)  # AD モデルの宣言
ad_model.fit(autoscaled_x)  # モデル構築

# トレーニングデータのデータ密度 (f(x) の値)
data_density_train = ad_model.decision_function(autoscaled_x)
number_of_support_vectors = len(ad_model.support_)
number_of_outliers_in_training_data = sum(data_density_train < 0)
print('\nトレーニングデータにおけるサポートベクター数 :', number_of_support_vectors)
print('トレーニングデータにおけるサポートベクターの割合 :', number_of_support_vectors / x.shape[0])
print('\nトレーニングデータにおける外れサンプル数 :', number_of_outliers_in_training_data)
print('トレーニングデータにおける外れサンプルの割合 :', number_of_outliers_in_training_data / x.shape[0])
data_density_train = pd.DataFrame(data_density_train, index=x.index, columns=['ocsvm_data_density'])
data_density_train.to_csv('ocsvm_data_density_train.csv')  # csv ファイルに保存

# トレーニングデータに対して、AD の中か外かを判定
inside_ad_flag_train = data_density_train >= 0
inside_ad_flag_train.columns = ['inside_ad_flag']
inside_ad_flag_train.to_csv('inside_ad_flag_train_ocsvm.csv')  # csv ファイルに保存

# 予測用データセットのデータ密度 (f(x) の値)
data_density_prediction = ad_model.decision_function(autoscaled_x_prediction)
number_of_outliers_in_prediction_data = sum(data_density_prediction < 0)
print('\n予測用データセットにおける外れサンプル数 :', number_of_outliers_in_prediction_data)
print('予測用データセットにおける外れサンプルの割合 :', number_of_outliers_in_prediction_data / x_prediction.
shape[0])
data_density_prediction = pd.DataFrame(data_density_prediction, index=x_prediction.index, columns=['ocsvm_
data_density'])
data_density_prediction.to_csv('ocsvm_data_density_prediction.csv')  # csv ファイルに保存

# 予測用データセットに対して、AD の中か外かを判定
inside_ad_flag_prediction = data_density_prediction >= 0
inside_ad_flag_prediction.columns = ['inside_ad_flag']
inside_ad_flag_prediction.to_csv('inside_ad_flag_prediction_ocsvm.csv')  # csv ファイルに保存
```

設定として、ocsvm_nu で OCSVM における ν を、ocsvm_gamma で OCSVM における γ を決めます。初期設定では、ocsvm_nu = 0.04 として ν は 0.04、ocsvm_gamma = 0.1 として γ は 0.1 となっています。ocsvm_nu の値を小さくすると AD は広くなり、逆に大きくすると AD は狭くなる傾向があります。サンプルプログラムを実行すると、特徴量の標準化をした後に OCSVM モデルを構築します。OCSVM モデルの出力値が 0 以上のとき AD 内 (TRUE)、0 より小さいとき AD 外 (FALSE) とします。IPython コンソール (8.4 節参照) に以下の結果が表示されます (図 4.9)。

- トレーニングデータにおけるサポートベクター数
- トレーニングデータにおけるサポートベクターの割合
- トレーニングデータにおける外れサンプル数
- トレーニングデータにおける外れサンプルの割合
- 予測用データセットにおける外れサンプル数
- 予測用データセットにおける外れサンプルの割合

この結果を確認して、例えばトレーニングデータにおける外れサンプル数が適切な値になるように、試行錯誤により ocsvm_nu, ocsvm_gamma の値を決めます。

トレーニングデータにおける OCSVM モデルの出力値が ocsvm_data_density_train.csv に、トレーニングデータの AD の判定結果 (AD 内 : TRUE, AD 外 : FALSE) が inside_ad_flag_train_ocsvm.csv に、予測用のデータセットにおける OCSVM モデルの出力値が ocsvm_data_density_prediction.csv に、予測用のデータセットの AD の判定結果 (AD 内 : TRUE, AD 外 : FALSE) が inside_ad_flag_prediction_ocsvm.csv に保存されます。

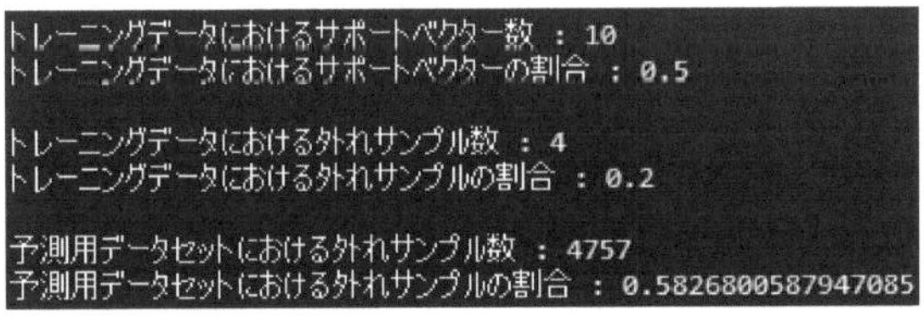

```
トレーニングデータにおけるサポートベクター数 : 10
トレーニングデータにおけるサポートベクターの割合 : 0.5

トレーニングデータにおける外れサンプル数 : 4
トレーニングデータにおける外れサンプルの割合 : 0.2

予測用データセットにおける外れサンプル数 : 4757
予測用データセットにおける外れサンプルの割合 : 0.5826800587947085
```

図 4.9 OCSVM における、トレーニングデータを用いた AD の設定結果および予測用データセットを用いた AD の判定結果

なお SVR と同様にして γ を最適化する OCSVM のサンプルプログラム sample_program_04_02_ocsvm_gamma_optimization.py もあります。γ の最適化後は、sample_program_04_02_ocsvm.py と同様です。実行すると、OCSVM における γ の候補である ocsvm_gammas = 2 ** np.arange(-20, 11, dtype=float) の中から、トレーニングデータのグラム行列における全体の分散が最大になるように、γ を最適化します。図 4.10 のような結果が表示され、トレーニングデータにおける OCSVM モデルの出力値が ocsvm_gamma_optimization_data_density_train.csv に、トレーニングデータの AD の判定結果 (AD 内 : TRUE, AD 外 : FALSE) が inside_ad_flag_train_ocsvm_gamma_optimization.csv

に、予測用のデータセットにおける OCSVM モデルの出力値が ocsvm_gamma_optimization_data_density_prediction.csv に、予測用のデータセットの AD の判定結果（AD 内：TRUE, AD 外：FALSE）が inside_ad_flag_prediction_ocsvm_gamma_optimization.csv に保存されます。

```
最適化された gamma : 0.25

トレーニングデータにおけるサポートベクター数 : 14
トレーニングデータにおけるサポートベクターの割合 : 0.7

トレーニングデータにおける外れサンプル数 : 6
トレーニングデータにおける外れサンプルの割合 : 0.3

予測用データセットにおける外れサンプル数 : 6252
予測用データセットにおける外れサンプルの割合 : 0.7658010779029887
```

図 4.10　OCSVM における、γ を最適化した後の、トレーニングデータを用いた AD の設定結果および予測用データセットを用いた AD の判定結果

4.3　アンサンブル学習

アンサンブル学習法とは「三人寄れば文殊の知恵」のように、回帰分析やクラス分類のときに多くのモデルを用いて、推定性能を向上させることを目的とした方法です。複数のモデルを構築し、サンプルの Y の値を推定するときは複数のモデルの推定結果を統合して最終的な推定結果とします。図 4.11 のようにデータセットから X やサンプルをランダムに選択して複数のサブデータセットを準備し、それぞれでモデル構築することで複数のモデルを準備します。推定結果を統合するときは、回帰分析では平均値を計算し、クラス分類では多数決を取ります。そして、複数のモデルで推定したときの、推定結果のばらつきを AD の指標とします。回帰分析の場合は推定値の標準偏差、クラス分類の場合は推定されたクラスの割合です。推定値の標準偏差が小さいほど推定誤差は小さく、推定されたクラスの割合が大きいほど正解する確率は高くなると考えられます。

推定値の標準偏差は、3.11 節の GPR でも計算できるため、回帰分析ではアンサンブル学習法の代わりに GPR を用いることもできます。

クラス分類のときは、アンサンブル学習法では AD が広くなりすぎてしまうため注意が必要です。これは、例えば k 近傍法を用いてクラス分類を行うとき、トレーニングデータから離れており推定結果を信頼できないと考えられるサンプルでも、トレーニングデータにおける最も近い k 個のサンプルが選択され、どれかのクラスに分類されることに由来します。そのとき複数のクラス分類モデルを構築しても、多くのモデルで同じクラスと推定される可能性があります。この問題を回避するためにデータ密度と組み合わせる方法 [33] があります。

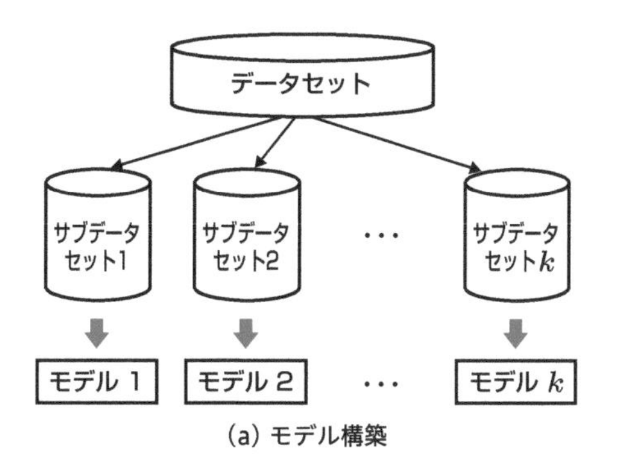

(a) モデル構築

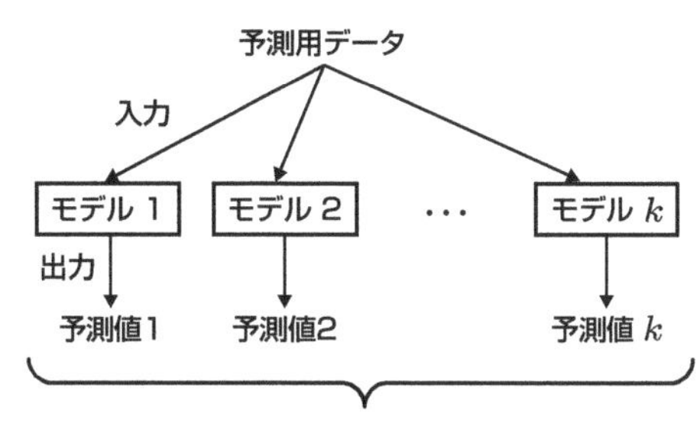

(b) 予測（回帰分析）

図 4.11　アンサンブル学習法の概要

サンプルプログラム sample_program_04_03_ensemble_svr.py で SVR によりアンサンブル学習して予測用データセットの Y の予測値およびその標準偏差を計算しましょう。ここでも仮想的な樹脂材料のデータセット resin.csv を用います。さらに、Y の値が不明な予測用のデータセットとして resin_prediction.csv も使用します。サンプルプログラムは以下のとおりです。

```
import numpy as np
import pandas as pd
from sklearn.svm import SVR
from sklearn.model_selection import GridSearchCV

number_of_sub_datasets = 30  # サブデータセットの数
rate_of_selected_x_variables = 0.75  # 各サブデータセットで選択される説明変数の数の割合。0 より大きく 1 未満
fold_number = 10  # N-fold CV の N

svr_cs = 2 ** np.arange(-5, 11, dtype=float)  # C の候補
svr_epsilons = 2 ** np.arange(-10, 1, dtype=float)  # ε の候補
svr_gammas = 2 ** np.arange(-20, 11, dtype=float)  # γ の候補

dataset = pd.read_csv('resin.csv', index_col=0, header=0)
x_prediction = pd.read_csv('resin_prediction.csv', index_col=0, header=0)

# データ分割
y = dataset.iloc[:, 0]  # 目的変数
```

```
x = dataset.iloc[:, 1:]  # 説明変数

# 標準偏差が 0 の特徴量の削除
deleting_variables = x.columns[x.std() == 0]
x = x.drop(deleting_variables, axis=1)
x_prediction = x_prediction.drop(deleting_variables, axis=1)

# オートスケーリング
autoscaled_x = (x - x.mean()) / x.std()
autoscaled_x_prediction = (x_prediction - x.mean()) / x.std()
autoscaled_y = (y - y.mean()) / y.std(ddof=1)

number_of_x_variables = int(np.ceil(x.shape[1] * rate_of_selected_x_variables))
print('各サブデータセットにおける説明変数の数 :', number_of_x_variables)
estimated_y_train_all = pd.DataFrame()
# 空の DataFrame 型の変数を作成し、ここにサブデータセットごとの y の推定結果を追加
selected_x_variable_numbers = []  # 空の list の変数を作成し、ここに各サブデータセットの説明変数の番号を追加
submodels = []  # 空の list の変数を作成し、ここに構築済みの各サブモデルを追加
for submodel_number in range(number_of_sub_datasets):
    print(submodel_number + 1, '/', number_of_sub_datasets)  # 進捗状況の表示
    # 説明変数の選択
    # 0 から 1 までの間に一様に分布する乱数を説明変数の数だけ生成して、その乱数値が小さい順に説明変数を選択
    random_x_variables = np.random.rand(x.shape[1])
    selected_x_variable_numbers_tmp = random_x_variables.argsort()[:number_of_x_variables]
    selected_autoscaled_x = autoscaled_x.iloc[:, selected_x_variable_numbers_tmp]
    selected_x_variable_numbers.append(selected_x_variable_numbers_tmp)

    # ハイパーパラメータの最適化
    # 分散最大化によるガウシアンカーネルのγの最適化
    variance_of_gram_matrix = []
    selected_autoscaled_x_array = np.array(selected_autoscaled_x)
    for nonlinear_svr_gamma in svr_gammas:
        gram_matrix = np.exp(- nonlinear_svr_gamma * ((selected_autoscaled_x_array[:, np.newaxis] - selected_
autoscaled_x_array) ** 2).sum(axis=2))
        variance_of_gram_matrix.append(gram_matrix.var(ddof=1))
    optimal_svr_gamma = svr_gammas[np.where(variance_of_gram_matrix==np.max(variance_of_gram_matrix))[0][0]]
    # CV による ε の最適化
    model_in_cv = GridSearchCV(SVR(kernel='rbf', C=3, gamma=optimal_svr_gamma), {'epsilon': svr_epsilons},
                               cv=fold_number)
    model_in_cv.fit(selected_autoscaled_x, autoscaled_y)
    optimal_svr_epsilon = model_in_cv.best_params_['epsilon']
    # CV による C の最適化
    model_in_cv = GridSearchCV(SVR(kernel='rbf', epsilon=optimal_svr_epsilon, gamma=optimal_svr_gamma),
                               {'C': svr_cs}, cv=fold_number)
    model_in_cv.fit(selected_autoscaled_x, autoscaled_y)
    optimal_svr_c = model_in_cv.best_params_['C']
    # CV による γ の最適化
    model_in_cv = GridSearchCV(SVR(kernel='rbf', epsilon=optimal_svr_epsilon, C=optimal_svr_c),
                               {'gamma': svr_gammas}, cv=fold_number)
    model_in_cv.fit(selected_autoscaled_x, autoscaled_y)
    optimal_svr_gamma = model_in_cv.best_params_['gamma']

    # SVR
    submodel = SVR(kernel='rbf', C=optimal_svr_c, epsilon=optimal_svr_epsilon, gamma=optimal_svr_gamma)  # モ
デルの宣言
    submodel.fit(selected_autoscaled_x, autoscaled_y)  # モデルの構築
```

```
    submodels.append(submodel)

# サブデータセットの説明変数の種類やサブデータセットを用いて構築されたモデルを保存
pd.to_pickle(selected_x_variable_numbers, 'selected_x_variable_numbers.bin')
pd.to_pickle(submodels, 'submodels.bin')

# サブデータセットの説明変数の種類やサブデータセットを用いて構築されたモデルを読み込み
# 今回は、保存した後にすぐ読み込んでいるため、あまり意味はありませんが、サブデータセットの説明変数の種類や
# 構築されたモデルを保存しておくことで、後で新しいサンプルを予測したいときにモデル構築の過程を省略できます
selected_x_variable_numbers = pd.read_pickle('selected_x_variable_numbers.bin')
submodels = pd.read_pickle('submodels.bin')

# 予測用データセットの y の推定
estimated_y_prediction_all = pd.DataFrame()
# 空の DataFrame 型を作成し、ここにサブモデルごとの予測用データセットの y の推定結果を追加
for submodel_number in range(number_of_sub_datasets):
    # 説明変数の選択
    selected_autoscaled_x_prediction = autoscaled_x_prediction.iloc[:, selected_x_variable_numbers[submodel_
number]]
    # 予測用データセットの y の推定
    estimated_y_prediction = pd.DataFrame(
        submodels[submodel_number].predict(selected_autoscaled_x_prediction)) # 予測用データセットの y の値
を推定し、Pandas の DataFrame 型に変換
    estimated_y_prediction = estimated_y_prediction * y.std() + y.mean() # スケールをもとに戻します
    estimated_y_prediction_all = pd.concat([estimated_y_prediction_all, estimated
_y_prediction], axis=1)

# 予測用データセットの推定値の平均値
estimated_y_prediction = pd.DataFrame(estimated_y_prediction_all.mean(axis=1)) # Series 型のため、行名と列名
の設定は別に
estimated_y_prediction.index = x_prediction.index
estimated_y_prediction.columns = ['estimated_y']
estimated_y_prediction.to_csv('estimated_y_prediction_ensemble_svr.csv') # 推定値を csv ファイルに保存

# 予測用データセットの推定値の標準偏差
std_of_estimated_y_prediction = pd.DataFrame(estimated_y_prediction_all.std(axis=1)) # Series 型のため、行名
と列名の設定は別に
std_of_estimated_y_prediction.index = x_prediction.index
std_of_estimated_y_prediction.columns = ['std_of_estimated_y']
std_of_estimated_y_prediction.to_csv('std_of_estimated_y_prediction_ensemble_
svr.csv') # 推定値の標準偏差を csv ファイルに保存
```

設定として、number_of_sub_datasets でサブデータセットの数を、rate_of_selected_x_variables でサブデータセットにおいて選択される X の数の割合を、fold_number でクロスバリデーションの fold 数を決めます。初期設定では、number_of_sub_datasets = 30 としてサブデータセットの数は 30、rate_of_selected_x_variables = 0.75 としてサブデータセットにおいて選択される X の数の割合は 0.75、fold_number = 10 としてクロスバリデーションの fold 数は 10 となっています。サンプルプログラムを実行すると、特徴量の標準化をした後に、X を rate_of_selected_x_variables の割合だけランダムに選択することで、number_of_sub_datasets だけサブデータセットを作成します。実際に選択された X の数が、図 4.12 のように IPython コンソール（8.4 節参照）に表示されます。sample_program_03_10_svr_gaussian.py と同様にして SVR におけるハイパーパラメータの最適化と

SVR モデルの構築を行います（最適化された C, ε, γ の値が、それぞれ設定した値の上限値や下限値となることもありますが、現状でも十分に大きい値や小さい値としているため特に気にしなくて構いません。気になる方は上限値を大きくしたり下限値を小さくしたりしましょう）。図 4.12 のように、何番目のサブデータセットでモデル構築をしているかの進捗状況を確認できます。サブデータセットの数が大きいほど、すべてのモデルを構築するまでに時間がかかるため、すべてのサブデータセットにおける選択された X の番号を selected_x_variable_numbers_svr_gaussian.bin というファイルに、SVR モデルを submodels_svr_gaussian.bin というファイルに保存しています。このサンプルプログラムでは、ファイルを保存した後にすぐ読み込んでいるため、意味はありませんが、ファイルとして保存しておくことで、あとで新しいサンプルを予測したいときにモデル構築の過程を省略できます。

予測用のデータセットにおける Y の推定値が estimated_y_prediction_ensemble_svr_gaussian.csv に、予測用のデータセットにおける Y の推定値の標準偏差が std_of_estimated_y_prediction_ensemble_svr_gaussian.csv に保存されます。

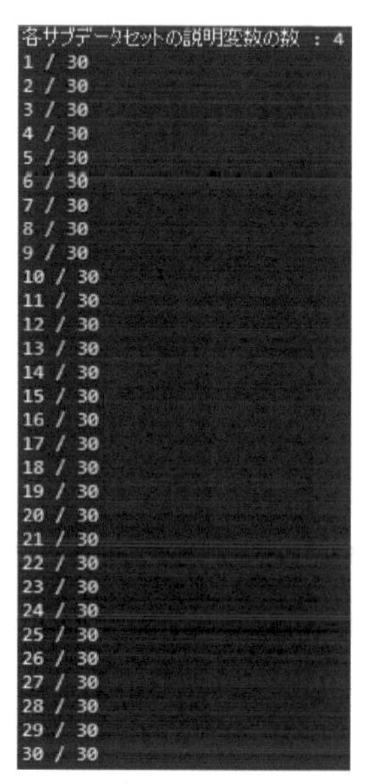

図 4.12　SVR によりアンサンブル学習した場合の、各サブデータセットにおける X の数およびサブデータセットを用いたモデル構築の進捗状況

第5章 実験計画法・適応的実験計画法の実践

本章では、第２章、第３章、第４章で学んだことを活用して、具体的に最初の実験候補を選択したり、その実験結果に基づいて構築された回帰モデルを用いて次の実験候補を選択したりします。さらに、次の実験候補を選択する際の**ベイズ最適化（Bayesian optimization）**を行います。最後にサンプルとして化学構造を扱うときの方法について説明します。

5.1 実験候補の生成

実験条件やコンピュータシミュレーションのパラメータといった説明変数 X におけるサンプル候補を多数準備します。X のサンプル候補を多数準備するとき、乱数に基づいてサンプルを生成します。本書では、X の特徴量ごとに上限値と下限値を設定し、その間で一様乱数によりサンプルを生成します。例えば、温度の上限が 100 ℃、下限が 50 ℃であり、時間の上限が 600 分、下限が 60 分 であるとき、温度が 50 ℃ から 100 ℃ までの間で値が散らばり、かつ時間が 60 分から 600 分までの間で値が散らばるサンプルが生成されます。ただ、特徴量ごとに制約があったり、特徴量の間で制約があったりするため、それらの制約も考慮して生成します。例えば、特徴量によっては強制的に値を 0 にするものがあったり、何らかの組成比のように、サンプルごとにいくつかの特徴量の合計が 1（もしくは 100）という制約があったりします。そのような制約を満たすように、生成したサンプルを変換します。

サンプルプログラム sample_program_05_01_sample_generation.py で乱数に基づいて多数の実験候補サンプルを生成しましょう。ここではサンプル生成の条件を記載した setting_of_generation.csv が必要です（setting_of_generation.csv の詳細については後ほど説明します）。サンプルプログラムは以下のとおりです。

```
import pandas as pd
import numpy as np
from numpy import matlib

number_of_generating_samples = 10000  # 生成するサンプル数
desired_sum_of_components = 1 # 合計を指定する特徴量がある場合の、合計の値。例えば、この値を 100 にすれば、
合計を 100 にできます

setting_of_generation = pd.read_csv('setting_of_generation.csv', index_col=0, header=0)
```

```
# 0 から 1 の間の一様乱数でサンプル生成
x_generated = np.random.rand(number_of_generating_samples, setting_of_generation.shape[1])

# 上限・下限の設定
x_upper = setting_of_generation.iloc[0, :]  # 上限値
x_lower = setting_of_generation.iloc[1, :]  # 下限値
x_generated = x_generated * (x_upper.values - x_lower.values) + x_lower.values
# 上限値から下限値までの間に変換

# 合計を 1 にする特徴量がある場合
if setting_of_generation.iloc[2, :].sum() != 0:
    for group_number in range(1, int(setting_of_generation.iloc[2, :].max()) + 1):
        variable_numbers = np.where(setting_of_generation.iloc[2, :] == group_number)[0]
        actual_sum_of_components = x_generated[:, variable_numbers].sum(axis=1)
        actual_sum_of_components_converted = np.matlib.repmat(np.reshape(actual_sum_of_components, (x_
generated.shape[0], 1)) , 1, len(variable_numbers))
        x_generated[:, variable_numbers] = x_generated[:, variable_numbers] / actual_sum_of_components_
converted * desired_sum_of_components
        deleting_sample_numbers, _ = np.where(x_generated > x_upper.values)
        x_generated = np.delete(x_generated, deleting_sample_numbers, axis=0)
        deleting_sample_numbers, _ = np.where(x_generated < x_lower.values)
        x_generated = np.delete(x_generated, deleting_sample_numbers, axis=0)

# 数値の丸め込みをする場合
if setting_of_generation.shape[0] >= 4:
    for variable_number in range(x_generated.shape[1]):
        x_generated[:, variable_number] = np.round(x_generated[:, variable_number], int(setting_of_
generation.iloc[3, variable_number]))

# 保存
x_generated = pd.DataFrame(x_generated, columns=setting_of_generation.columns)
x_generated.to_csv('generated_samples.csv')  # 生成したサンプルをcsv ファイルに保存
```

設定として、number_of_generating_samples で生成するサンプル数を決めます。初期設定では、number_of_generating_samples = 10000 と 10000 サンプルを生成することになっています。

サンプル生成の条件を記載した setting_of_generation.csv の内容について、まず 1 行目の 1 列目（B 列）以降である X の名前の部分は、生成したいサンプルの X の名前にしてください（setting_of_generation.csv には Y はありません）。2 行目の upper には X ごとの上限値を、3 行目の lower には X ごとの下限値を設定してください。例えばサンプルデータセットの setting_of_generation.csv における特徴量 temperature では上限値が 110、下限値が 40 であるため、40 から 110 の間で値が生成されることになります。

4 行目の group with a total of desired_sum_of_components には、特徴量の合計がある値になってほしい特徴量のグループに、1 から順に同じ番号を入れます。ある値は、サンプルプログラムにおける desired_sum_of_components で設定できます。初期設定では、desired_sum_of_components = 1 と合計は 1 と設定しています。setting_of_generation.csv において、特に特徴量の合計に制約のない特徴量には、group with a total of desired_sum_of_components は 0 としてください。サンプルデータセットの setting_of_generation.csv においては、raw_material_1, raw_material_2, raw_

material_3 の 3 つの特徴量の和が 1 になるようにサンプルが生成されます。なお、他にも合計を desired_sum_of_components にしたい特徴量の組み合わせがあれば、それらの特徴量は 2 としてください。他にも、3, 4, … と、任意の数のグループを作ることができます。なお、特徴量の合計を調整する過程で、上限値を超えたり下限値を下回ったりしたサンプルは削除されるため、number_of_generating_samples で設定した数より小さくなる可能性があります。

有効数字を設定したい場合は、setting_of_generation.csv の 5 行目の rounding で設定します。不要な場合は、4 行目までだけを設定し、5 行目ごと（rounding も含めて）削除してください。有効数字の桁数の指定の仕方として、小数点 m 桁目まで残したい（$(m+1)$ 桁目を四捨五入したい）場合は m、10 の n 乗の位まで残したい（10 の $(n-1)$ 乗の位で四捨五入したい）場合は $-n$ とします。例えばサンプルデータセットの setting_of_generation.csv では、raw material 1, raw material 2, raw material 3 は小数点 2 桁目まで残し、temperature は 10 の 0 乗の位（一の位）まで残し、time は 10 の 1 乗の位まで残します。

生成されたサンプルが generated_samples.csv に保存されます。

5.2 実験候補の選択

5.1 節で実験条件やコンピュータシミュレーションのパラメータといった X におけるサンプル候補を多数準備した後、その中から実際に実験やシミュレーションをするサンプルのセットを選択します。選択するサンプル数を決めた後、基本的にはランダムにサンプルのセットを選択しますが、選択されたセットの中に、偶然に似たようなサンプルが存在してしまうかもしれません。そこで図 5.1 のように、ランダムにサンプルのセットを選択し、選択されたセットに対して、2.2 節における D 最適基準（$\mathbf{X}^{\mathrm{T}}\mathbf{X}$ の行列式）を計算することを繰り返し、D 最適基準が最大となる結果を選びます。

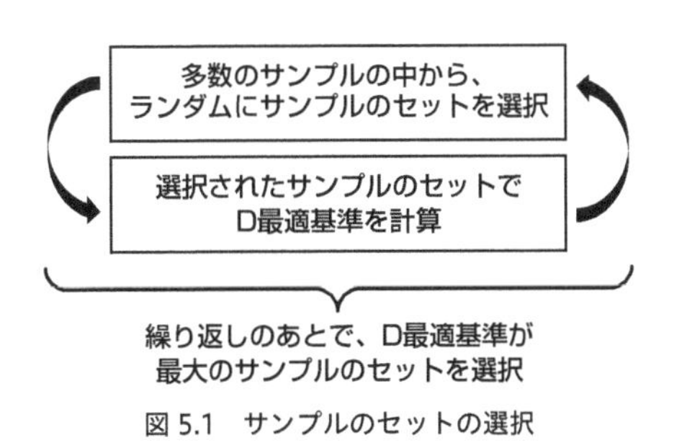

図 5.1　サンプルのセットの選択

サンプルプログラム sample_program_05_02_sample_selection.py で、5.1 節で生成したサンプルの中から D 最適基準に基づいてサンプル選択を生成しましょう。ここでは sample_program_05_01_sample_generation.py で生成した generated_samples.csv が必要です。サンプルプログラムは以下のとおりです。

```
import pandas as pd
import numpy as np

number_of_selecting_samples = 30  # 選択するサンプル数
number_of_random_searches = 1000  # ランダムにサンプルを選択して D 最適基準を計算する繰り返し回数

x_generated = pd.read_csv('generated_samples.csv', index_col=0, header=0)
autoscaled_x_generated = (x_generated - x_generated.mean()) / x_generated.std()

# 実験条件の候補のインデックスの作成
all_indexes = list(range(x_generated.shape[0]))

# D 最適基準に基づくサンプル選択
np.random.seed(11) # 乱数を生成するためのシードを固定
for random_search_number in range(number_of_random_searches):
    # 1. ランダムに候補を選択
    new_selected_indexes = np.random.choice(all_indexes, number_of_selecting_samples)
    new_selected_samples = x_generated.iloc[new_selected_indexes, :]
    # 2. D 最適基準を計算
    xt_x = np.dot(new_selected_samples.T, new_selected_samples)
    d_optimal_value = np.linalg.det(xt_x)
    # 3. D 最適基準が前回までの最大値を上回ったら、選択された候補を更新
    if random_search_number == 0:
        best_d_optimal_value = d_optimal_value.copy()
        selected_sample_indexes = new_selected_indexes.copy()
    else:
        if best_d_optimal_value < d_optimal_value:
            best_d_optimal_value = d_optimal_value.copy()
            selected_sample_indexes = new_selected_indexes.copy()
selected_sample_indexes = list(selected_sample_indexes) # リスト型に変換

# 選択されたサンプル、選択されなかったサンプル
selected_samples = x_generated.iloc[selected_sample_indexes, :]  # 選択されたサンプル
remaining_indexes = np.delete(all_indexes, selected_sample_indexes)  # 選択されなかったサンプルのインデックス
remaining_samples = x_generated.iloc[remaining_indexes, :]  # 選択されなかったサンプル

# 保存
selected_samples.to_csv('selected_samples.csv')  # 選択されたサンプルを csv ファイルに保存
remaining_samples.to_csv('remaining_samples.csv')  # 選択されなかったサンプルを csv ファイルに保存

print(selected_samples.corr()) # 相関行列の確認
```

設定として、number_of_selecting_samples で選択するサンプル数を、number_of_random_searches でランダムにサンプルを選択して D 最適基準を計算する繰り返し回数を決めます。初期設定では、number_of_selecting_samples = 30 と 30 サンプルを選択し、number_of_random_searches = 1000 と 1000 回繰り返すことになっています。

サンプルプログラムを実行すると、選択されたサンプルが selected_samples.csv に、選択されなかったサンプルが remaining_samples.csv に保存されます。

サンプルプログラムでは最後に、選択されたサンプルにおける、特徴量の間の相関行列を確認しています。図 5.2 のように IPython コンソール（8.4 節参照）に相関行列が表示されます。raw material 2 と raw material 3 では、raw material 1, 2, 3 の合計が 1 という制約があることから相

関係数の絶対値はある程度大きくなっていますが、temperature と time のように特徴量の間に制約がない特徴量間の相関係数の絶対値は小さいことが確認できます。特徴量間が無相関な、特徴量間に情報の重複のないサンプルを選択できたことを確認できます。

	raw material 1	raw material 2	...	temperature	time
raw material 1	1.000000	-0.361738	...	-0.151460	-0.061954
raw material 2	-0.361738	1.000000	...	0.112296	0.027905
raw material 3	-0.709041	-0.399700	...	0.069775	0.034846
temperature	-0.151460	0.112296	...	1.000000	0.076362
time	-0.061954	0.027905	...	0.076362	1.000000

図 5.2　選択されたサンプルにおける特徴量の間の相関行列

5.3 次の実験候補の選択

5.2 節で選択されたサンプルのセットに基づいて、実際に実験したりシミュレーションしたりして、Y の値を獲得します。そのデータセットを用いて、Y と X の間で、3.5 節から 3.11 節までの回帰分析手法を用いて、回帰モデルを構築します。構築された回帰モデルに、5.1 節で生成したサンプル候補からすでに実験したりシミュレーションしたりしたサンプルを除いたすべてを入力することで、Y の値を推定します。さらに、第 4 章の AD により各推定値の信頼性も検討します。AD 内（いわゆる内挿ではありません。AD 内と内挿の違いについては 4.1 節）のサンプルの中から、推定値が良好な値をもつサンプルを選択し、次の実験条件もしくはシミュレーションの設定値とします。

再度実験やシミュレーションを行うことで Y の値が得られたら、それを追加したデータセットを用いて、再度回帰モデルを構築します。図 5.3 における適応的実験計画法の流れのように、回帰モデルの（再）構築、次の実験条件の選択、実験を繰り返すことで、材料の物性・活性・特性が目標値になるような実験条件を設計します。シミュレーションであれば、回帰モデルの（再）構築、次のシミュレーションの設定値の選択、シミュレーションを繰り返すことで、計算結果が目標値になるようなシミュレーションの設定値を設計します。

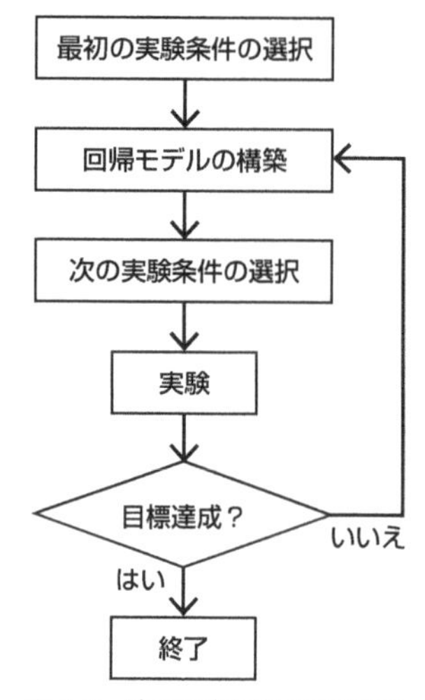

図 5.3　適応的実験計画法の流れ

サンプルプログラム sample_program_05_03_next_sample_selection.py で、回帰モデルによる Y の予測結果と AD に基づいて次の実験候補やコンピュータシミュレーション候補のサンプルを選択しましょう。ここでは sample_program_05_02_sample_selection.py で選択した selected_samples.csv に実験結果や結果を追加したファイル（サンプルプログラムでは resin.csv としています）、および sample_program_05_02_sample_selection.py で選択されなかったサンプル remaining_samples.csv が必要です。本書では、selected_samples.csv に実験結果やコンピュータ計算結果を追加したファイルが、樹脂材料のデータセット resin.csv であるとしたサンプルプログラムとなっています。ご自身のデータセットを用いてサンプルプログラムを実行する際は、resin.csv を対象の csv ファイルの名前に変更してください。また、サンプルプログラムでは Y の値が大きければ大きいほどサンプルとして望ましいことを仮定しています。Y の値が小さければ小さいほどサンプルとして望ましい場合は、あらかじめ Y に －１を掛けて、Y の値が大きければ大きいほどサンプルとして望ましいデータセットにしましょう。

サンプルプログラムは以下のとおりです。

```
import matplotlib.pyplot as plt
import pandas as pd
import numpy as np
from sklearn.linear_model import LinearRegression
from sklearn.svm import SVR, OneClassSVM
from sklearn.model_selection import KFold, cross_val_predict, GridSearchCV
from sklearn.gaussian_process import GaussianProcessRegressor
from sklearn.gaussian_process.kernels import WhiteKernel, RBF, ConstantKernel,Matern, DotProduct
from sklearn.metrics import r2_score, mean_squared_error, mean_absolute_error
from sklearn.neighbors import NearestNeighbors

regression_method = 'gpr_one_kernel'  # 回帰分析手法 'ols_linear',
'ols_nonlinear', 'svr_linear', 'svr_gaussian', 'gpr_one_kernel', 'gpr_kernels'
```

```
ad_method = 'ocsvm'  # AD設定手法 'knn', 'ocsvm', 'ocsvm_gamma_optimization'

fold_number = 10  # クロスバリデーションの fold 数
rate_of_training_samples_inside_ad = 0.96
# AD 内となるトレーニングデータの割合。AD  の閾値を決めるときに使用

linear_svr_cs = 2 ** np.arange(-10, 5, dtype=float) # 線形SVR の C の候補
linear_svr_epsilons = 2 ** np.arange(-10, 0, dtype=float) # 線形SVRの ε の候補
nonlinear_svr_cs = 2 ** np.arange(-5, 10, dtype=float) # SVR の C の候補
nonlinear_svr_epsilons = 2 ** np.arange(-10, 0, dtype=float) # SVR の ε の候補
nonlinear_svr_gammas = 2 ** np.arange(-20, 10, dtype=float) # SVR のガウシアンカーネルの γ の候補
kernel_number = 2  # 0, 1, 2, 3, 4, 5, 6, 7, 8, 9, 10
k_in_knn = 5  # k-NN における k
ocsvm_nu = 0.04  # OCSVM における ν。トレーニングデータにおけるサンプル数に対する、サポートベクターの数の下限の割合
ocsvm_gamma = 0.1  # OCSVM における γ
ocsvm_gammas = 2 ** np.arange(-20, 11, dtype=float)  # γ の候補

dataset = pd.read_csv('resin.csv', index_col=0, header=0)
x_prediction = pd.read_csv('remaining_samples.csv', index_col=0, header=0)

# データ分割
y = dataset.iloc[:, 0]  # 目的変数
x = dataset.iloc[:, 1:]  # 説明変数

# 非線形変換
if regression_method == 'ols_nonlinear':
    x_tmp = x.copy()
    x_prediction_tmp = x_prediction.copy()
    x_square = x ** 2  # 二乗項
    x_prediction_square = x_prediction ** 2  # 二乗項
    # 追加
    print('\n二乗項と交差項の追加')
    for i in range(x_tmp.shape[1]):
        print(i + 1, '/', x_tmp.shape[1])
        for j in range(x_tmp.shape[1]):
            if i == j:  # 二乗項
                x = pd.concat([x, x_square.rename(columns={x_square.columns[i]: '{0}^2'.format(x_square.columns[i])}).iloc[:, i]], axis=1)
                x_prediction = pd.concat([x_prediction, x_prediction_square.rename(columns={x_prediction_square.columns[i]: '{0}^2'.format(x_prediction_square.columns[i])}).iloc[:, i]], axis=1)
            elif i < j:  # 交差項
                x_cross = x_tmp.iloc[:, i] * x_tmp.iloc[:, j]
                x_prediction_cross = x_prediction_tmp.iloc[:, i] * x_prediction_tmp.iloc[:, j]
                x_cross.name = '{0}*{1}'.format(x_tmp.columns[i], x_tmp.columns[j])
                x_prediction_cross.name = '{0}*{1}'.format(x_prediction_tmp.columns[i], x_prediction_tmp.columns[j])
                x = pd.concat([x, x_cross], axis=1)
                x_prediction = pd.concat([x_prediction, x_prediction_cross], axis=1)

# 標準偏差が 0 の特徴量の削除
deleting_variables = x.columns[x.std() == 0]
x = x.drop(deleting_variables, axis=1)
x_prediction = x_prediction.drop(deleting_variables, axis=1)

# カーネル 11 種類
```

```
kernels = [DotProduct() + WhiteKernel(),
           ConstantKernel() * RBF() + WhiteKernel(),
           ConstantKernel() * RBF() + WhiteKernel() + DotProduct(),
           ConstantKernel() * RBF(np.ones(x.shape[1])) + WhiteKernel(),
           ConstantKernel() * RBF(np.ones(x.shape[1])) + WhiteKernel() +
DotProduct(),
           ConstantKernel() * Matern(nu=1.5) + WhiteKernel(),
           ConstantKernel() * Matern(nu=1.5) + WhiteKernel() + DotProduct(),
           ConstantKernel() * Matern(nu=0.5) + WhiteKernel(),
           ConstantKernel() * Matern(nu=0.5) + WhiteKernel() + DotProduct(),
           ConstantKernel() * Matern(nu=2.5) + WhiteKernel(),
           ConstantKernel() * Matern(nu=2.5) + WhiteKernel() + DotProduct()]

# オートスケーリング
autoscaled_y = (y - y.mean()) / y.std()
autoscaled_x = (x - x.mean()) / x.std()
autoscaled_x_prediction = (x_prediction - x.mean()) / x.std()

# モデル構築
if regression_method == 'ols_linear' or regression_method == 'ols_nonlinear':
    model = LinearRegression()
elif regression_method == 'svr_linear':
    # クロスバリデーションによる C, ε の最適化
    cross_validation = KFold(n_splits=fold_number, random_state=9, shuffle=True)
# クロスバリデーションの分割の設定
    gs_cv = GridSearchCV(SVR(kernel='linear'), {'C':linear_svr_cs, 'epsilon'
:linear_svr_epsilons}, cv=cross_validation)  # グリッドサーチの設定
    gs_cv.fit(autoscaled_x, autoscaled_y)  # グリッドサーチ + クロスバリデーション実施
    optimal_linear_svr_c = gs_cv.best_params_['C']  # 最適な C
    optimal_linear_svr_epsilon = gs_cv.best_params_['epsilon']  # 最適な ε
    print('最適化された C : {0} (log(C)={1})'.format(optimal_linear_svr_c, np.log2(optimal_linear_svr_c)))
    print('最適化された ε : {0} (log(ε)={1})'.format(optimal_linear_svr_epsilon, np.log2(optimal_linear_
svr_epsilon)))
    model = SVR(kernel='linear', C=optimal_linear_svr_c, epsilon=optimal_linear_svr_epsilon) # SVRモデルの宣
言
elif regression_method == 'svr_gaussian':
    # C, ε, γの最適化
    # 分散最大化によるガウシアンカーネルのγの最適化
    variance_of_gram_matrix = []
    autoscaled_x_array = np.array(autoscaled_x)
    for nonlinear_svr_gamma in nonlinear_svr_gammas:
        gram_matrix = np.exp(- nonlinear_svr_gamma * ((autoscaled_x_array[:, np.newaxis] - autoscaled_x_
array) ** 2).sum(axis=2))
        variance_of_gram_matrix.append(gram_matrix.var(ddof=1))
    optimal_nonlinear_gamma = nonlinear_svr_gammas[np.where(variance_of_gram_matrix==np.max(variance_of_gram_
matrix))[0][0]]

    cross_validation = KFold(n_splits=fold_number, random_state=9, shuffle=True)
# クロスバリデーションの分割の設定
    # CV による ε の最適化
    gs_cv = GridSearchCV(SVR(kernel='rbf', C=3, gamma=optimal_nonlinear_gamma),
                         {'epsilon': nonlinear_svr_epsilons},
                         cv=cross_validation)
    gs_cv.fit(autoscaled_x, autoscaled_y)
    optimal_nonlinear_epsilon = gs_cv.best_params_['epsilon']
    # CV による C の最適化
```

```
    gs_cv = GridSearchCV(SVR(kernel='rbf', epsilon=optimal_nonlinear_epsilon, gamma=optimal_nonlinear_gamma),
                         {'C': nonlinear_svr_cs},
                         cv=cross_validation)
    gs_cv.fit(autoscaled_x, autoscaled_y)
    optimal_nonlinear_c = gs_cv.best_params_['C']
    # CV による γ の最適化
    gs_cv = GridSearchCV(SVR(kernel='rbf', epsilon=optimal_nonlinear_epsilon, C=optimal_nonlinear_c),
                         {'gamma': nonlinear_svr_gammas},
                         cv=cross_validation)
    gs_cv.fit(autoscaled_x, autoscaled_y)
    optimal_nonlinear_gamma = gs_cv.best_params_['gamma']
    # 結果の確認
    print('最適化された C : {0} (log(C)={1})'.format(optimal_nonlinear_c, np.log2(optimal_nonlinear_c)))
    print('最適化された ε : {0} (log(ε)={1})'.format(optimal_nonlinear_epsilon, np.log2(optimal_nonlinear_
epsilon)))
    print('最適化された γ : {0} (log(γ)={1})'.format(optimal_nonlinear_gamma, np.log2(optimal_nonlinear_
gamma)))
    # モデル構築
    model = SVR(kernel='rbf', C=optimal_nonlinear_c, epsilon=optimal_nonlinear_epsilon, gamma=optimal_
nonlinear_gamma)  # SVR モデルの宣言
elif regression_method == 'gpr_one_kernel':
    selected_kernel = kernels[kernel_number]
    model = GaussianProcessRegressor(alpha=0, kernel=selected_kernel)elif regression_method == 'gpr_kernels':
    # クロスバリデーションによるカーネル関数の最適化
    cross_validation = KFold(n_splits=fold_number, random_state=9, shuffle=True) # クロスバリデーションの分割
の設定
    r2cvs = [] # 空の list。主成分の数ごとに、クロスバリデーション後の r2 を入れていきます
    for index, kernel in enumerate(kernels):
        print(index + 1, '/', len(kernels))
        model = GaussianProcessRegressor(alpha=0, kernel=kernel)
        estimated_y_in_cv = np.ndarray.flatten(cross_val_predict(model,
autoscaled_x, autoscaled_y, cv=cross_validation))
        estimated_y_in_cv = estimated_y_in_cv * y.std(ddof=1) + y.mean()
        r2cvs.append(r2_score(y, estimated_y_in_cv))
    optimal_kernel_number = np.where(r2cvs == np.max(r2cvs))[0][0]  # クロスバリデーション後の r2 が最も大き
いカーネル関数の番号
    optimal_kernel = kernels[optimal_kernel_number]  # クロスバリデーション後の r2 が最も大きいカーネル関数
    print('クロスバリデーションで選択されたカーネル関数の番号 :', optimal_kernel_number)
    print('クロスバリデーションで選択されたカーネル関数 :', optimal_kernel)

    # モデル構築
    model = GaussianProcessRegressor(alpha=0, kernel=optimal_kernel) # GPR モデルの宣言

model.fit(autoscaled_x, autoscaled_y)  # モデル構築

# 標準回帰係数
if regression_method == 'ols_linear' or regression_method == 'ols_nonlinear' or
regression_method == 'svr_linear':
    if regression_method == 'svr_linear':
        standard_regression_coefficients = model.coef_.T
    else:
        standard_regression_coefficients = model.coef_
    standard_regression_coefficients = pd.DataFrame(standard_regression_coefficients, index=x.columns,
columns=['standard_regression_coefficients'])
    standard_regression_coefficients.to_csv(
        'standard_regression_coefficients_{0}.csv'.format(regression_method))  # csv ファイルに保存
```

第5章

```
# トレーニングデータの推定
autoscaled_estimated_y = model.predict(autoscaled_x)  # y の推定
estimated_y = autoscaled_estimated_y * y.std() + y.mean()  # スケールをもとに戻す
estimated_y = pd.DataFrame(estimated_y, index=x.index, columns=['estimated_y'])

# トレーニングデータの実測値 vs. 推定値のプロット
plt.rcParams['font.size'] = 18
plt.scatter(y, estimated_y.iloc[:, 0], c='blue')  # 実測値 vs. 推定値プロット
y_max = max(y.max(), estimated_y.iloc[:, 0].max())
# 実測値の最大値と、推定値の最大値の中で、より大きい値を取得
y_min = min(y.min(), estimated_y.iloc[:, 0].min())
# 実測値の最小値と、推定値の最小値の中で、より小さい値を取得
plt.plot([y_min - 0.05 * (y_max - y_min), y_max + 0.05 * (y_max - y_min)],
         [y_min - 0.05 * (y_max - y_min), y_max + 0.05 * (y_max - y_min)], 'k-')  # 取得した最小値-5%から最大
値+5%まで、対角線を作成
plt.ylim(y_min - 0.05 * (y_max - y_min), y_max + 0.05 * (y_max - y_min))  # y 軸の範囲の設定
plt.xlim(y_min - 0.05 * (y_max - y_min), y_max + 0.05 * (y_max - y_min))  # x 軸の範囲の設定
plt.xlabel('actual y')  # x 軸の名前
plt.ylabel('estimated y')  # y 軸の名前
plt.gca().set_aspect('equal', adjustable='box')  # 図の形を正方形に
plt.show()  # 以上の設定で描画

# トレーニングデータのr2, RMSE, MAE
print('r^2 for training data :', r2_score(y, estimated_y))
print('RMSE for training data :', mean_squared_error(y, estimated_y,
squared=False))
print('MAE for training data :', mean_absolute_error(y, estimated_y))

# トレーニングデータの結果の保存
y_for_save = pd.DataFrame(y)
y_for_save.columns = ['actual_y']
y_error_train = y_for_save.iloc[:, 0] - estimated_y.iloc[:, 0]
y_error_train = pd.DataFrame(y_error_train)
y_error_train.columns = ['error_of_y(actual_y-estimated_y)']
results_train = pd.concat([y_for_save, estimated_y, y_error_train], axis=1) # 結合
results_train.to_csv('estimated_y_in_detail_{0}.csv'.format(regression_method))  # 推定値を csv ファイルに保
存

# クロスバリデーションによる y の値の推定
cross_validation = KFold(n_splits=fold_number, random_state=9, shuffle=True) # クロスバリデーションの分割の設
定
autoscaled_estimated_y_in_cv = cross_val_predict(model, autoscaled_x, autoscaled_y)  # y の推定
estimated_y_in_cv = autoscaled_estimated_y_in_cv * y.std() + y.mean()  # スケールをもとに戻す
estimated_y_in_cv = pd.DataFrame(estimated_y_in_cv, index=x.index, columns=['estimated_y'])

# クロスバリデーションにおける実測値 vs. 推定値のプロット
plt.rcParams['font.size'] = 18
plt.scatter(y, estimated_y_in_cv.iloc[:, 0], c='blue')  # 実測値 vs. 推定値プロット
y_max = max(y.max(), estimated_y_in_cv.iloc[:, 0].max())
# 実測値の最大値と、推定値の最大値の中で、より大きい値を取得
y_min = min(y.min(), estimated_y_in_cv.iloc[:, 0].min())
# 実測値の最小値と、推定値の最小値の中で、より小さい値を取得
plt.plot([y_min - 0.05 * (y_max - y_min), y_max + 0.05 * (y_max - y_min)],
         [y_min - 0.05 * (y_max - y_min), y_max + 0.05 * (y_max - y_min)], 'k-')
# 取得した最小値-5%から最大値+5%まで、対角線を作成
```

```
plt.ylim(y_min - 0.05 * (y_max - y_min), y_max + 0.05 * (y_max - y_min)) # y 軸の範囲の設定
plt.xlim(y_min - 0.05 * (y_max - y_min), y_max + 0.05 * (y_max - y_min)) # x 軸の範囲の設定
plt.xlabel('actual y') # x 軸の名前
plt.ylabel('estimated y') # y 軸の名前
plt.gca().set_aspect('equal', adjustable='box') # 図の形を正方形に
plt.show() # 以上の設定で描画

# クロスバリデーションにおけるr2, RMSE, MAE
print('r^2 in cross-validation :', r2_score(y, estimated_y_in_cv))
print('RMSE in cross-validation :', mean_squared_error(y, estimated_y_in_cv,
squared=False))
print('MAE in cross-validation :', mean_absolute_error(y, estimated_y_in_cv))

# クロスバリデーションの結果の保存
y_error_in_cv = y_for_save.iloc[:, 0] - estimated_y_in_cv.iloc[:, 0]
y_error_in_cv = pd.DataFrame(y_error_in_cv)
y_error_in_cv.columns = ['error_of_y(actual_y-estimated_y)']
results_in_cv = pd.concat([y_for_save, estimated_y_in_cv, y_error_in_cv], axis=1) # 結合
results_in_cv.to_csv('estimated_y_in_cv_in_detail_{0}.csv'.format(regression_method)) # 推定値を csv ファイ
ルに保存

# 予測
if regression_method == 'gpr_one_kernel' or regression_method == 'gpr_kernels': # 標準偏差あり
    estimated_y_prediction, estimated_y_prediction_std = model.predict(autoscaled_x_prediction, return_
std=True)
    estimated_y_prediction_std = estimated_y_prediction_std * y.std()
    estimated_y_prediction_std = pd.DataFrame(estimated_y_prediction_std, x_prediction.index, columns=['std_
of_estimated_y'])
    estimated_y_prediction_std.to_csv('estimated_y_prediction_{0}_std.csv'.format(regression_method)) # 予測
値の標準偏差を csv ファイルに保存
else:
    estimated_y_prediction = model.predict(autoscaled_x_prediction)

estimated_y_prediction = estimated_y_prediction * y.std() + y.mean()
estimated_y_prediction = pd.DataFrame(estimated_y_prediction, x_prediction.index, columns=['estimated_y'])
estimated_y_prediction.to_csv('estimated_y_prediction_{0}.csv'.format(regression_method)) # 予測結果を csv
ファイルに保存

# 非線形変換を戻す
if regression_method == 'ols_nonlinear':
    x = x_tmp.copy()
    x_prediction = x_prediction_tmp.copy()
    # 標準偏差が 0 の特徴量の削除
    deleting_variables = x.columns[x.std() == 0]
    x = x.drop(deleting_variables, axis=1)
    x_prediction = x_prediction.drop(deleting_variables, axis=1)
    # オートスケーリング
    autoscaled_x = (x - x.mean()) / x.std()
    autoscaled_x_prediction = (x_prediction - x.mean()) / x.std()

# AD
if ad_method == 'knn':
    ad_model = NearestNeighbors(n_neighbors=k_in_knn, metric='euclidean')
    ad_model.fit(autoscaled_x)

    # サンプルごとの k 最近傍サンプルとの距離に加えて、k 最近傍サンプルのインデックス番号も一緒に出力されるた
```

```
め、出力用の変数を 2 つに
    # トレーニングデータでは k 最近傍サンプルの中に自分も含まれ、自分との距離の 0 を除いた距離を考える必要が
あるため、k_in_knn + 1 個と設定
    knn_distance_train, knn_index_train = ad_model.kneighbors(autoscaled_x, n_neighbors=k_in_knn + 1)
    knn_distance_train = pd.DataFrame(knn_distance_train, index=autoscaled_x.index)  # DataFrame型に変換
    mean_of_knn_distance_train = pd.DataFrame(knn_distance_train.iloc[:, 1:].mean(axis=1),
                                              columns=['mean_of_knn_distance'])  # 自分以外の k_in_knn 個の距
離の平均
    mean_of_knn_distance_train.to_csv('mean_of_knn_distance_train.csv')  # csv ファイルに保存

    # トレーニングデータのサンプルの rate_of_training_samples_inside_ad * 100 % が含まれるように閾値を設定
    sorted_mean_of_knn_distance_train = mean_of_knn_distance_train.iloc[:, 0].sort_values(ascending=True)
# 距離の平均の小さい順に並べ替え
    ad_threshold = sorted_mean_of_knn_distance_train.iloc[
        round(autoscaled_x.shape[0] * rate_of_training_samples_inside_ad) - 1]

    # トレーニングデータに対して、AD の中か外かを判定
    inside_ad_flag_train = mean_of_knn_distance_train <= ad_threshold

    # 予測用データに対する k-NN 距離の計算
    knn_distance_prediction, knn_index_prediction = ad_model.kneighbors(autoscaled_x_prediction)
    knn_distance_prediction = pd.DataFrame(knn_distance_prediction, index=x_prediction.index)  # DataFrame型
に変換
    ad_index_prediction = pd.DataFrame(knn_distance_prediction.mean(axis=1), columns=['mean_of_knn_
distance'])  # k_in_knn 個の距離の平均
    inside_ad_flag_prediction = ad_index_prediction <= ad_threshold

elif ad_method == 'ocsvm':
    if ad_method == 'ocsvm_gamma_optimization':
        # 分散最大化によるガウシアンカーネルのγの最適化
        variance_of_gram_matrix = []
        autoscaled_x_array = np.array(autoscaled_x)
        for nonlinear_svr_gamma in ocsvm_gammas:
            gram_matrix = np.exp(- nonlinear_svr_gamma * ((autoscaled_x_array[:, np.newaxis] - autoscaled_x_
array) ** 2).sum(axis=2))
            variance_of_gram_matrix.append(gram_matrix.var(ddof=1))
        optimal_gamma = ocsvm_gammas[np.where(variance_of_gram_matrix==np.max(variance_of_gram_matrix))[0][0]]
        # 最適化された γ
        print('最適化された gamma :', optimal_gamma)
    else:
        optimal_gamma = ocsvm_gamma

    # OCSVM による AD
    ad_model = OneClassSVM(kernel='rbf', gamma=optimal_gamma, nu=ocsvm_nu)  # AD モデルの宣言
    ad_model.fit(autoscaled_x)  # モデル構築

    # トレーニングデータのデータ密度 (f(x) の値)
    data_density_train = ad_model.decision_function(autoscaled_x)
    number_of_support_vectors = len(ad_model.support_)
    number_of_outliers_in_training_data = sum(data_density_train < 0)
    print('\nトレーニングデータにおけるサポートベクター数 :', number_of_support_vectors)
    print('トレーニングデータにおけるサポートベクターの割合 :', number_of_support_vectors / x.shape[0])
    print('\nトレーニングデータにおける外れサンプル数 :', number_of_outliers_in_
training_data)
    print('トレーニングデータにおける外れサンプルの割合 :', number_of_outliers_in_training_data / x.shape[0])
    data_density_train = pd.DataFrame(data_density_train, index=x.index, columns=['ocsvm_data_density'])
```

```
    data_density_train.to_csv('ocsvm_data_density_train.csv') # csv ファイルに保存
    # トレーニングデータに対して、AD の中か外かを判定
    inside_ad_flag_train = data_density_train >= 0
    # 予測用データのデータ密度 (f(x) の値)
    ad_index_prediction = ad_model.decision_function(autoscaled_x_prediction)
    number_of_outliers_in_prediction_data = sum(ad_index_prediction < 0)
    print('\nテストデータにおける外れサンプル数 :', number_of_outliers_in_prediction_data)
    print('テストデータにおける外れサンプルの割合 :', number_of_outliers_in_prediction_data / x_prediction.
shape[0])
    ad_index_prediction = pd.DataFrame(ad_index_prediction, index=x_prediction.index, columns=['ocsvm_data_
density'])
    ad_index_prediction.to_csv('ocsvm_ad_index_prediction.csv') # csv ファイルに保存
    # 予測用データに対して、AD の中か外かを判定
    inside_ad_flag_prediction = ad_index_prediction >= 0

estimated_y_prediction[np.logical_not(inside_ad_flag_prediction)] = -10 ** 10
# AD 外の候補においては負に非常に大きい値を代入し、次の候補として選ばれないようにします

# 保存
inside_ad_flag_train.columns = ['inside_ad_flag']
inside_ad_flag_train.to_csv('inside_ad_flag_train_{0}.csv'.format(ad_method)) # csv ファイルに保存
inside_ad_flag_prediction.columns = ['inside_ad_flag']
inside_ad_flag_prediction.to_csv('inside_ad_flag_prediction_{0}.csv'.format(ad_method)) # csv ファイルに保存
ad_index_prediction.to_csv('ad_index_prediction_{0}.csv'.format(ad_method)) # csv ファイルに保存
estimated_y_prediction.to_csv('estimated_y_prediction_considering_ad_{0}_{1}.csv'.format(regression_method,
ad_method)) # csv ファイルに保存

# 次のサンプル
next_sample = x_prediction.iloc[estimated_y_prediction.idxmax(), :] # 次のサンプル
next_sample.to_csv('next_sample_{0}_{1}.csv'.format(regression_method, ad_method)) # csv ファイルに保存
```

設定として、regression_method で用いる回帰分析手法、ad_method で AD 設定手法を決めます。用いることのできる回帰分析手法は以下のとおりです。

- ols_linear : 3.5 節の OLS
- ols_nonlinear : 3.7 節の非線形重回帰分析
- svr_linear : 3.10 節の線形カーネルを用いた SVR
- svr_gaussian : 3.10 節のガウシアンカーネルを用いた SVR
- gpr_one_kernel : 3.11 節の GPR（カーネル関数を 1 つ選択）
- gpr_kernels : 3.11 節の GPR（クロスバリデーションによるカーネル関数の最適化あり）

初期設定では、regression_method = 'gpr_one_kernel' と 3.11 節の GPR（カーネル関数を 1 つ選択）になっています。他の手法を用いたい場合は、名前を上記の中から選択して変更してください。手法ごとの設定については、各節を参照してください。なお、手法の中に 3.8 節の決定木や 3.9 節のランダムフォレストが用いられていないのは、例えば Y の値が大きい材料を設計したいとき、Y の予測値がトレーニングデータの Y の最大値を超えることがないためです。適応的実験計画法においては、決定木は構築したモデルを解釈することで X と Y の間の関係性を確認するために、ランダムフォ

レストは X の重要度を検討するために用いるとよいでしょう。

用いることのできる AD 設定手法は以下のとおりです。

- knn：4.2.1 項の k-NN
- ocsvm：4.2.2 項の OCSVM（γ を決める必要あり）
- ocsvm_gamma_optimization：4.2.2 項の OCSVM（γ の最適化あり）

サンプルプログラムを実行すると、まず resin.csv のデータセットで回帰モデルを構築し、remaining_samples.csv のデータセットの Y の値を推定します。次に resin.csv のデータセットで AD を設定し、remaining_samples.csv のデータセットの各サンプルが AD 内か AD 外かを判定します。AD 外のサンプルにおける Y の推定値を -10^{10} と非常に小さい値に変換することで、次の実験候補として選択されないようにしています。最後に、Y の推定値が最大となるサンプルを選択します。

AD を考慮した Y の推定値が estimated_y_prediction_considering_ad_[回帰分析手法]_[AD 設定手法].csv に、Y の推定値が最大となる次の実験条件の候補が next_sample_[回帰分析手法]_[AD 設定手法].csv に保存されます。初期設定では、estimated_y_prediction_considering_ad_gpr_one_kernel_ocsvm.csv と next_sample_gpr_one_kernel_ocsvm.csv となります。その他に保存される csv ファイルは、各節の回帰分析手法、AD 設定手法のサンプルプログラムと同じです。

5.4 ベイズ最適化

5.3 節で説明したような一般的な次の実験条件の選択方法では、1.4 節（図 1.6）で指摘したように、既存のデータセットに近いサンプルが次の実験条件として選ばれ、挑戦的な実験条件が選ばれにくい傾向があります。既存のデータセットにおける Y の最もよい値が、目標値と近ければ問題ないかもしれませんが、目標値が遠いとき、Y の値の大きな向上はあまり期待できません。

このような状況のときにはベイズ最適化を検討するとよいでしょう。ベイズ最適化では、ガウス過程回帰により Y の予測値とその分散を計算した後に、それらを**獲得関数（acquisition function）**に入力して値を計算します。本書では以下の 4 つの獲得関数を扱います。

Probability in Target Range（PTR）

Probability in Target Range（PTR）[34] は、Y の予測結果が、設定した Y の目標範囲に入る確率です。ガウス過程回帰による Y の予測値とその分散が、それぞれ平均と分散となる正規分布（8.2 節参照）を考え、Y の目標の下限値 Y_{LOWER} から上限値 Y_{UPPER} まで正規分布を積分すると PTR になります（図 5.4 の赤色の部分の面積に対応します）。新しいサンプル $\mathbf{x}^{(n+1)}$ における PTR の値を $\mathrm{PTR}\left(\mathbf{x}^{(n+1)}\right)$ とすると、

$$\mathrm{PTR}\left(\mathbf{x}^{(n+1)}\right)=\int_{Y_{\mathrm{LOWER}}}^{Y_{\mathrm{UPPER}}}\frac{1}{\sqrt{2\pi\sigma^2\left(\mathbf{x}^{(n+1)}\right)}}\exp\left\{-\frac{1}{2\sigma^2\left(\mathbf{x}^{(n+1)}\right)}\left(x-\mu\left(\mathbf{x}^{(n+1)}\right)\right)^2\right\}\mathrm{d}x \quad (5.1)$$

と表されます。ここで$\mu\left(\mathbf{x}^{(n+1)}\right)$はガウス過程回帰によるYの推定値、$\sigma^2\left(\mathbf{x}^{(n+1)}\right)$はその分散です。

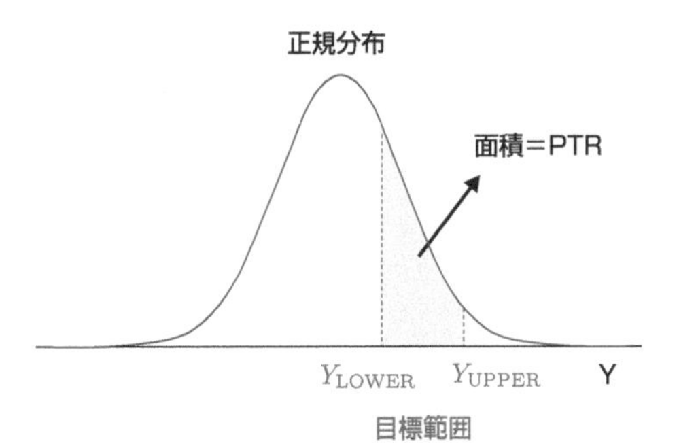

図 5.4 PTR の概念図

上限値がない、すなわちY_{LOWER}以上が目標範囲のとき、PTR は以下の式で表されます。

$$\mathrm{PTR}\left(\mathbf{x}^{(n+1)}\right)=\int_{Y_{\mathrm{LOWER}}}^{\infty}\frac{1}{\sqrt{2\pi\sigma^2\left(\mathbf{x}^{(n+1)}\right)}}\exp\left\{-\frac{1}{2\sigma^2\left(\mathbf{x}^{(n+1)}\right)}\left(x-\mu\left(\mathbf{x}^{(n+1)}\right)\right)^2\right\}\mathrm{d}x \quad (5.2)$$

また下限値がない、すなわちY_{UPPER}以下が目標範囲のとき、PTR は以下の式で表されます。

$$\mathrm{PTR}\left(\mathbf{x}^{(n+1)}\right)=\int_{-\infty}^{Y_{\mathrm{UPPER}}}\frac{1}{\sqrt{2\pi\sigma^2\left(\mathbf{x}^{(n+1)}\right)}}\exp\left\{-\frac{1}{2\sigma^2\left(\mathbf{x}^{(n+1)}\right)}\left(x-\mu\left(\mathbf{x}^{(n+1)}\right)\right)^2\right\}\mathrm{d}x \quad (5.3)$$

Probability of Improvement (PI)

Probability of Improvement（PI）[35] は、Y の予測結果が、既存のサンプルにおける Y の最大値より大きくなる確率です。ガウス過程回帰による Y の予測値とその分数が、それぞれ平均と分散となる正規分布（8.2 節参照）を考え、既存のサンプルにおける Y の最大値Y_{MAX}から無限大まで正規分布を積分すると PI になります（図 5.5 の赤色の部分の面積に対応します）。新しいサンプル$\mathbf{x}^{(n+1)}$における PI の値を$\mathrm{PI}\left(\mathbf{x}^{(n+1)}\right)$とすると、

$$\mathrm{PI}\left(\mathbf{x}^{(n+1)}\right)=\int_{Y_{\mathrm{MAX}}}^{\infty}\frac{1}{\sqrt{2\pi\sigma^2\left(\mathbf{x}^{(n+1)}\right)}}\exp\left\{-\frac{1}{2\sigma^2\left(\mathbf{x}^{(n+1)}\right)}\left(x-\mu\left(\mathbf{x}^{(n+1)}\right)\right)^2\right\}\mathrm{d}x \quad (5.4)$$

と表されます。ここで$\mu\left(\mathbf{x}^{(n+1)}\right)$はガウス過程回帰によるYの推定値、$\sigma^2\left(\mathbf{x}^{(n+1)}\right)$はその分散です。

ただし、Y_{MAX}から無限大まで積分すると、$\mu\left(\mathbf{x}^{(n+1)}\right)=Y_{\mathrm{MAX}}$のとき$\mathrm{PI}\left(\mathbf{x}^{(n+1)}\right)=0.5$となり、これが最大値になり既存のサンプル付近の$\mathbf{x}^{(n+1)}$で PI が最大になる可能性があるため、実際には以下の式のように$Y_{\mathrm{MAX}}+\varepsilon$から無限大まで積分します。

$$\mathrm{PI}\left(\mathbf{x}^{(n+1)}\right)=\int_{Y_{\mathrm{MAX}}+\varepsilon}^{\infty}\frac{1}{\sqrt{2\pi\sigma^2\left(\mathbf{x}^{(n+1)}\right)}}\exp\left\{-\frac{1}{2\sigma^2\left(\mathbf{x}^{(n+1)}\right)}\left(x-\mu\left(\mathbf{x}^{(n+1)}\right)\right)^2\right\}\mathrm{d}x \quad (5.5)$$

例えば$\varepsilon=\mathit{relaxation}\times$（トレーニングデータの Y の標準偏差）として、$\mathit{relaxation}=0.01$とします。

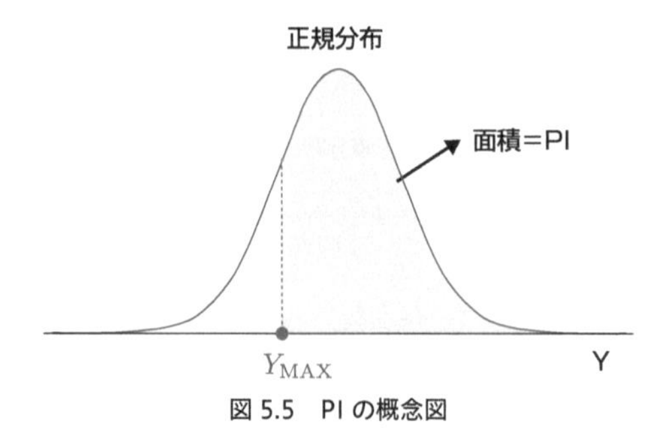

図 5.5　PI の概念図

Expected Improvement (EI)

Expected Improvement (EI) [35] は、既存のサンプルにおける Y の最大値の更新幅の期待値です。新しいサンプル $\mathbf{x}^{(n+1)}$ における EI の値を $\mathrm{EI}\left(\mathbf{x}^{(n+1)}\right)$ とすると、

$$\mathrm{EI}\left(\mathbf{x}^{(n+1)}\right) = \left(\mu\left(\mathbf{x}^{(n+1)}\right) - Y_{\mathrm{MAX}} - \varepsilon\right)\mathrm{PI}\left(\mathbf{x}^{(n+1)}\right) + \sigma\left(\mathbf{x}^{(n+1)}\right)\frac{1}{\sqrt{2\pi\sigma^2\left(\mathbf{x}^{(n+1)}\right)}}\exp\left\{-\frac{1}{2\sigma^2\left(\mathbf{x}^{(n+1)}\right)}\left(Y_{\mathrm{MAX}} + \varepsilon - \mu\left(\mathbf{x}^{(n+1)}\right)\right)^2\right\} \tag{5.6}$$

と表されます。EI でも PI と同様にして ε が用いられています。

Mutual Information (MI)

Mutual Information (MI) [36] は Y の推定値 +「ばらつき」です。そして「ばらつき」を実験ごとに更新します。t 回目の実験条件の候補を選択するときの、新しいサンプル $\mathbf{x}^{(n+1)}$ における MI の値を $\mathrm{MI}\left(\mathbf{x}^{(n+1)}\right)$ とすると、

$$\mathrm{MI}\left(\mathbf{x}^{(n+1)}\right) = \mu\left(\mathbf{x}^{(n+1)}\right) + \phi_t\left(\mathbf{x}^{(n+1)}\right) \tag{5.7}$$

と表されます。ただし、

$$\phi_t\left(\mathbf{x}^{(n+1)}\right) = \sqrt{\log\frac{2}{\delta}}\left(\sqrt{\sigma^2\left(\mathbf{x}^{(n+1)}\right) + \gamma_{t-1}} - \sqrt{\gamma_{t-1}}\right) \tag{5.8}$$

です。文献 [36] では $\delta = 10^{-6}$ となっています。γ_{t-1} は以下の式で更新されます。

$$\gamma_t = \gamma_{t-1} + \sigma^2\left(\mathbf{x}^{(n+1)}\right) \tag{5.9}$$

ただし、

$$\gamma_0 = 0 \tag{5.10}$$

です。

ベイズ最適化では、ガウス過程回帰によりYの予測値の分数もしくは標準偏差でADが考慮されているため、k-NNやOCSVM等でADを設定する必要はありません。

サンプルプログラム sample_program_05_04_bayesian_optimization.py で、ベイズ最適化に基づいて次の実験条件の候補やシミュレーションの候補のサンプルを選択しましょう。ここでは sample_program_05_02_sample_selection.py で選択した selected_samples.csv に実験結果やシミュレーションの結果を追加したファイル（サンプルプログラムでは resin.csv としています）、および sample_program_05_02_sample_selection.py で選択されなかったサンプル remaining_samples.csv が必要です。本書では、selected_samples.csv に実験結果やシミュレーション結果を追加したファイルが、樹脂材料のデータセット resin.csv であるとしたサンプルプログラムとなっています。ご自身のデータセットを用いてサンプルプログラムを実行する際は、resin.csv を対象の csv ファイルの名前に変更してください。また、サンプルプログラムではYの値が大きければ大きいほどサンプルとして望ましいことを仮定しています。Yの値が小さければ小さいほどサンプルとして望ましい場合は、あらかじめYに −1 を掛けて、Yの値が大きければ大きいほどサンプルとして望ましいデータセットにしましょう。

```
import matplotlib.pyplot as plt
import pandas as pd
import numpy as np
from scipy.stats import norm
from sklearn.model_selection import KFold, cross_val_predict
from sklearn.gaussian_process import GaussianProcessRegressor
from sklearn.gaussian_process.kernels import WhiteKernel, RBF, ConstantKernel, Matern, DotProduct
from sklearn.metrics import r2_score, mean_squared_error, mean_absolute_error

regression_method = 'gpr_one_kernel'  # gpr_one_kernel', 'gpr_kernels'
acquisition_function = 'PTR'  # 'PTR', 'PI', 'EI', 'MI'

fold_number = 10  # クロスバリデーションの fold 数
kernel_number = 2  # 0, 1, 2, 3, 4, 5, 6, 7, 8, 9, 10
target_range = [0, 1]  # PTR
relaxation = 0.01  # EI, PI
delta = 10 ** -6  # MI

dataset = pd.read_csv('resin.csv', index_col=0, header=0)
x_prediction = pd.read_csv('remaining_samples.csv', index_col=0, header=0)

# データ分割
y = dataset.iloc[:, 0]  # 目的変数
x = dataset.iloc[:, 1:]  # 説明変数

# 標準偏差が 0 の特徴量の削除
deleting_variables = x.columns[x.std() == 0]
x = x.drop(deleting_variables, axis=1)
```

```
x_prediction = x_prediction.drop(deleting_variables, axis=1)

# カーネル 11 種類
kernels = [DotProduct() + WhiteKernel(),
           ConstantKernel() * RBF() + WhiteKernel(),
           ConstantKernel() * RBF() + WhiteKernel() + DotProduct(),
           ConstantKernel() * RBF(np.ones(x.shape[1])) + WhiteKernel(),
           ConstantKernel() * RBF(np.ones(x.shape[1])) + WhiteKernel() + DotProduct(),
           ConstantKernel() * Matern(nu=1.5) + WhiteKernel(),
           ConstantKernel() * Matern(nu=1.5) + WhiteKernel() + DotProduct(),
           ConstantKernel() * Matern(nu=0.5) + WhiteKernel(),
           ConstantKernel() * Matern(nu=0.5) + WhiteKernel() + DotProduct(),
           ConstantKernel() * Matern(nu=2.5) + WhiteKernel(),
           ConstantKernel() * Matern(nu=2.5) + WhiteKernel() + DotProduct()]

# オートスケーリング
autoscaled_y = (y - y.mean()) / y.std()
autoscaled_x = (x - x.mean()) / x.std()
autoscaled_x_prediction = (x_prediction - x.mean()) / x.std()

# モデル構築
if regression_method == 'gpr_one_kernel':
    selected_kernel = kernels[kernel_number]
    model = GaussianProcessRegressor(alpha=0, kernel=selected_kernel)elif regression_method == 'gpr_kernels':
    # クロスバリデーションによるカーネル関数の最適化
    cross_validation = KFold(n_splits=fold_number, random_state=9, shuffle=True)
# クロスバリデーションの分割の設定
    r2cvs = [] # 空の list。主成分の数ごとに、クロスバリデーション後の r2 を入れていきます
    for index, kernel in enumerate(kernels):
        print(index + 1, '/', len(kernels))
        model = GaussianProcessRegressor(alpha=0, kernel=kernel)
        estimated_y_in_cv = np.ndarray.flatten(cross_val_predict(model, autoscaled_x, autoscaled_y, cv=cross_
validation))
        estimated_y_in_cv = estimated_y_in_cv * y.std(ddof=1) + y.mean()
        r2cvs.append(r2_score(y, estimated_y_in_cv))
    optimal_kernel_number = np.where(r2cvs == np.max(r2cvs))[0][0]  # クロスバリデーション後の r2 が最も大きい
カーネル関数の番号
    optimal_kernel = kernels[optimal_kernel_number]  # クロスバリデーション後の r2 が最も大きいカーネル関数
    print('クロスバリデーションで選択されたカーネル関数の番号 :', optimal_kernel_number)
    print('クロスバリデーションで選択されたカーネル関数 :', optimal_kernel)

    # モデル構築
    model = GaussianProcessRegressor(alpha=0, kernel=optimal_kernel) # GPR モデルの宣言

model.fit(autoscaled_x, autoscaled_y)  # モデル構築

# トレーニングデータの推定
autoscaled_estimated_y, autoscaled_estimated_y_std = model.predict(autoscaled_x, return_std=True)  # y の推定
estimated_y = autoscaled_estimated_y * y.std() + y.mean()  # スケールをもとに戻す
estimated_y_std = autoscaled_estimated_y_std * y.std()  # スケールをもとに戻す
estimated_y = pd.DataFrame(estimated_y, index=x.index, columns=['estimated_y'])
estimated_y_std = pd.DataFrame(estimated_y_std, index=x.index, columns=['std_of_estimated_y'])


# トレーニングデータの実測値 vs. 推定値のプロット
plt.rcParams['font.size'] = 18
```

```
plt.scatter(y, estimated_y.iloc[:, 0], c='blue')  # 実測値 vs. 推定値プロット
y_max = max(y.max(), estimated_y.iloc[:, 0].max())
# 実測値の最大値と、推定値の最大値の中で、より大きい値を取得
y_min = min(y.min(), estimated_y.iloc[:, 0].min())
# 実測値の最小値と、推定値の最小値の中で、より小さい値を取得
plt.plot([y_min - 0.05 * (y_max - y_min), y_max + 0.05 * (y_max - y_min)],
         [y_min - 0.05 * (y_max - y_min), y_max + 0.05 * (y_max - y_min)], 'k-')  # 取得した最小値-5%から最大
値+5%まで、対角線を作成
plt.ylim(y_min - 0.05 * (y_max - y_min), y_max + 0.05 * (y_max - y_min))  # y 軸の範囲の設定
plt.xlim(y_min - 0.05 * (y_max - y_min), y_max + 0.05 * (y_max - y_min))  # x 軸の範囲の設定
plt.xlabel('actual y')  # x 軸の名前
plt.ylabel('estimated y')  # y 軸の名前
plt.gca().set_aspect('equal', adjustable='box')  # 図の形を正方形に
plt.show()  # 以上の設定で描画

# トレーニングデータのr2, RMSE, MAE
print('r^2 for training data :', r2_score(y, estimated_y))
print('RMSE for training data :', mean_squared_error(y, estimated_y, squared=False))
print('MAE for training data :', mean_absolute_error(y, estimated_y))

# トレーニングデータの結果の保存
y_for_save = pd.DataFrame(y)
y_for_save.columns = ['actual_y']
y_error_train = y_for_save.iloc[:, 0] - estimated_y.iloc[:, 0]
y_error_train = pd.DataFrame(y_error_train)
y_error_train.columns = ['error_of_y(actual_y-estimated_y)']
results_train = pd.concat([y_for_save, estimated_y, y_error_train, estimated_y_std], axis=1) # 結合
results_train.to_csv('estimated_y_in_detail_{0}.csv'.format(regression_method))  # 推定値を csv ファイルに保存

# クロスバリデーションによる y の値の推定
cross_validation = KFold(n_splits=fold_number, random_state=9, shuffle=True) # クロスバリデーションの分割の設
定
autoscaled_estimated_y_in_cv = cross_val_predict(model, autoscaled_x, autoscaled_y)  # y の推定
estimated_y_in_cv = autoscaled_estimated_y_in_cv * y.std() + y.mean()  # スケールをもとに戻す
estimated_y_in_cv = pd.DataFrame(estimated_y_in_cv, index=x.index, columns=['estimated_y'])

# クロスバリデーションにおける実測値 vs. 推定値のプロット
plt.rcParams['font.size'] = 18
plt.scatter(y, estimated_y_in_cv.iloc[:, 0], c='blue')  # 実測値 vs. 推定値プロット
y_max = max(y.max(), estimated_y_in_cv.iloc[:, 0].max())
# 実測値の最大値と、推定値の最大値の中で、より大きい値を取得
y_min = min(y.min(), estimated_y_in_cv.iloc[:, 0].min())
# 実測値の最小値と、推定値の最小値の中で、より小さい値を取得
plt.plot([y_min - 0.05 * (y_max - y_min), y_max + 0.05 * (y_max - y_min)],
         [y_min - 0.05 * (y_max - y_min), y_max + 0.05 * (y_max - y_min)], 'k-')  # 取得した最小値-5%から最大
値+5%まで、対角線を作成
plt.ylim(y_min - 0.05 * (y_max - y_min), y_max + 0.05 * (y_max - y_min))  # y 軸の範囲の設定
plt.xlim(y_min - 0.05 * (y_max - y_min), y_max + 0.05 * (y_max - y_min))  # x 軸の範囲の設定
plt.xlabel('actual y')  # x 軸の名前
plt.ylabel('estimated y')  # y 軸の名前
plt.gca().set_aspect('equal', adjustable='box')  # 図の形を正方形に
plt.show()  # 以上の設定で描画

# クロスバリデーションにおけるr2, RMSE, MAE
print('r^2 in cross-validation :', r2_score(y, estimated_y_in_cv))
print('RMSE in cross-validation :', mean_squared_error(y, estimated_y_in_cv, squared=False))
```

```
print('MAE in cross-validation :', mean_absolute_error(y, estimated_y_in_cv))

# クロスバリデーションの結果の保存
y_error_in_cv = y_for_save.iloc[:, 0] - estimated_y_in_cv.iloc[:, 0]
y_error_in_cv = pd.DataFrame(y_error_in_cv)
y_error_in_cv.columns = ['error_of_y(actual_y-estimated_y)']
results_in_cv = pd.concat([y_for_save, estimated_y_in_cv, y_error_in_cv], axis=1) # 結合
results_in_cv.to_csv('estimated_y_in_cv_in_detail_{0}.csv'.format(regression_method))  # 推定値を csv ファイ
ルに保存

# 予測
estimated_y_prediction, estimated_y_prediction_std = model.predict(autoscaled_x_prediction, return_std=True)
estimated_y_prediction = estimated_y_prediction * y.std() + y.mean()
estimated_y_prediction_std = estimated_y_prediction_std * y.std()

# 獲得関数の計算
cumulative_variance = np.zeros(x_prediction.shape[0]) # MI で必要な "ばらつき" を 0 で初期化
if acquisition_function == 'MI':
    acquisition_function_prediction = estimated_y_prediction + np.log(2 / delta) ** 0.5 * (
            (estimated_y_prediction_std ** 2 + cumulative_variance) ** 0.5 - cumulative_variance ** 0.5)
    cumulative_variance = cumulative_variance + estimated_y_prediction_std ** 2
elif acquisition_function == 'EI':
    acquisition_function_prediction = (estimated_y_prediction - max(y) - relaxation * y.std()) * \
                                      norm.cdf((estimated_y_prediction - max(y) - relaxation * y.std()) /
                                               estimated_y_prediction_std) + \
                                      estimated_y_prediction_std * \
                                      norm.pdf((estimated_y_prediction - max(y) - relaxation * y.std()) /
                                               estimated_y_prediction_std)elif acquisition_function == 'PI':
    acquisition_function_prediction = norm.cdf(
            (estimated_y_prediction - max(y) - relaxation * y.std()) / estimated_y_prediction_std)
elif acquisition_function == 'PTR':
    acquisition_function_prediction = norm.cdf(targeg_range[1],
                                               loc=estimated_y_prediction,
                                               scale=estimated_y_prediction_std
                                               ) - norm.cdf(targeg_range[0],
                                                             loc=estimated_y_prediction,
                                                             scale=estimated_y_prediction_std)
acquisition_function_prediction[estimated_y_prediction_std <= 0] = 0

# 保存
estimated_y_prediction = pd.DataFrame(estimated_y_prediction, x_prediction.index, columns=['estimated_y'])
estimated_y_prediction.to_csv('estimated_y_prediction_{0}.csv'.format(regression_method))  # 予測結果を csv
ファイルに保存
estimated_y_prediction_std = pd.DataFrame(estimated_y_prediction_std, x_prediction.index, columns=['std_of_
estimated_y'])
estimated_y_prediction_std.to_csv('estimated_y_prediction_{0}_std.csv'.format(regression_method))  # 予測値の
標準偏差を csv ファイルに保存
acquisition_function_prediction = pd.DataFrame(acquisition_function_prediction, index=x_prediction.index,
columns=['acquisition_function'])
acquisition_function_prediction.to_csv('acquisition_function_prediction_{0}_{1}.csv'.format(regression_
method, acquisition_function))  # 獲得関数を csv ファイルに保存

# 次のサンプル
next_sample = x_prediction.iloc[acquisition_function_prediction.idxmax(), :]  # 次のサンプル
next_sample.to_csv('next_sample_bo_{0}_{1}.csv'.format(regression_method, acquisition_function)) # csv ファイ
ルに保存
```

設定として、regression_method で用いる回帰分析手法を、acquisition_function で 獲得関数を決めます。用いることのできる回帰分析手法は以下のとおりです。

- gpr_one_kernel : 3.11 節の GPR（カーネル関数を 1 つ選択）
- gpr_kernels : 3.11 節の GPR（クロスバリデーションによるカーネル関数の最適化あり）

初期設定では、regression_method = 'gpr_one_kernel' と 3.11 節の GPR（カーネル関数を 1 つ選択）になっています。他の手法を用いたい場合は、名前を上記の中から選択して変更してください。手法ごとの設定については、5.3 節を参照してください。

用いることのできる獲得関数は以下のとおりです。

- PTR : Probability in Target Range (PTR)
- PI : Probability of Improvement (PI)
- EI : Expected Improvement (EI)
- MI : Mutual Information (MI)

設定として、target_range で PTR における Y の目標範囲を、relaxation で PI, EI における *relaxation* を、delta で MI における δ を決めます。初期設定では、target_range = [0, 1] として 0 から 1 の範囲 ($Y_{LOWER} = 0, Y_{UPPER} = 1$)、relaxation = 0.01 として *relaxation* は 0.01、delta = 10 ** −6 として δ は 10^{-6} となっています。

サンプルプログラムを実行すると、まず resin.csv のデータセットで GPR モデルを構築し、remaining_samples.csv のデータセットの Y の推定値およびその標準偏差を計算します。次に、Y の推定値とその標準偏差に基づいて獲得関数の値を計算し、その値が最大となったサンプルを選択します。

獲得関数の値が acquisition_function_prediction_[回帰分析手法]_[獲得関数].csv に、獲得関数の値が最大となる次の実験条件のサンプルが next_sample_bo_[回帰分析手法]_[獲得関数].csv に保存されます。初期設定では、acquisition_function_prediction_gpr_one_kernel_PTR.csv と next_sample_bo_gpr_one_kernel_PTR.csv となります。その他に保存される csv ファイルは、3.11 節の GPR のサンプルプログラムと同じです。

5.4.1 複数のサンプルを選択する場合

サンプルプログラム sample_program_05_04_bayesian_optimization.py では、獲得関数の値が最大となる 1 つのサンプルを選択しました。ただ、一度に複数回の実験ができたり、シミュレーションができたりするときは、その数のサンプルを選択する必要があります。例えば、獲得関数の値の大きい順に X の値の候補を並べ替えて、上から（大きい順に）複数個のサンプルを選択することを考えます。しかし、X の値が似ていると、獲得関数の値も似たものになり、その逆（獲得関数の値が似ていると、X の値も似ている）は必ずしもいえませんが、獲得関数の値が似ていると、X の値も似ている可能性はあります。複数個のサンプルを選択したとき、どのサンプルも似たような実験候補になってしまうことがあります。同じような実験では、実験結果（Y の値）も似たようになる可能性が高く、面白みがありません。有望そうな実験候補の中で、似ていないものを選ぶほうがよいわけです。

本書では、複数のサンプルを選択する手法として、Y の推定値を用いてデータベースにサンプルを追加する方法を扱います。これにより、類似した X のサンプルが選ばれにくくなります。具体的な手順は以下のとおりです。

1. 獲得関数の値が最大となる X のサンプルを 1 つ選択する
2. 選択されたサンプルの Y の推定値を実測値とみなして、データベースにサンプルを追加する（図 5.6）
3. 再度モデルを構築し、1. に戻る

選択したいサンプルの数だけ、1. から 3. を繰り返します。基本的に、既存のデータセットのサンプル中に X の値が類似したサンプルがあるときは、推定値の標準偏差が小さくなり、選択されにくくなるため、異なる X のサンプルが選ばれやすくなります。

選択された複数の候補の実験が終了したら（真の Y の実測値が得られたら）、Y の推定値のサンプルを削除します（図 5.7）。このようにすることで、一度に複数回の実験ができる状況でも、効率的にベイズ最適化を行えます。

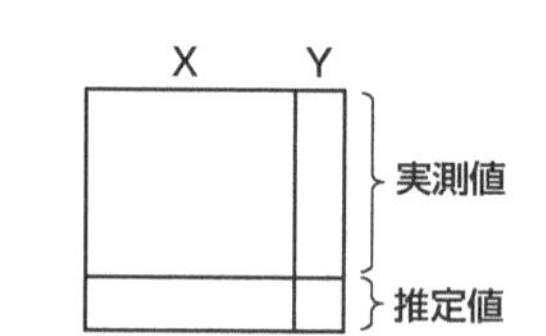

図 5.6　既存のデータセットに Y が推定値のサンプルを追加

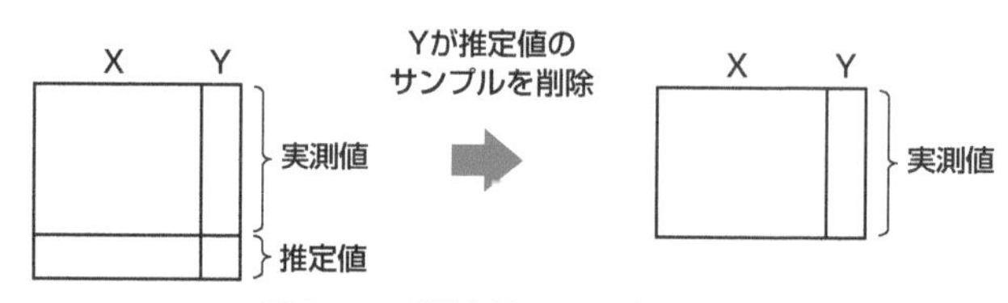

図 5.7　Y が推定値のサンプルを削除

サンプルプログラム sample_program_05_04_bayesian_optimization_multi_sample.py で、複数のサンプルを選択する場合に、ベイズ最適化に基づいて次の実験条件の候補やコンピュータ計算の候補のサンプルを選択しましょう。基本的な設定や流れは sample_program_05_04_bayesian_optimization.py と同様です。

設定として、number_of_selecting_samples で選択するサンプル数を決めます。初期設定では、number_of_selecting_samples = 5 と 5 つになっています。実行すると、次の実験条件のサンプルが

next_samples_bo_[回帰分析手法]_[獲得関数].csv に保存されます。初期設定では、next_samples_bo_gpr_one_kernel_PTR.csv となります。その他に保存される csv ファイルは、前述の sample_program_05_04_bayesian_optimization.py と同じです。

5.4.2　目的変数が複数ある場合

Y が複数ある場合は、基本的にすべての Y が望ましい値となるような X のサンプルを選択することが求められます。本書では、獲得関数の中で PTR と PI に着目し、すべての Y が望ましい値になる確率について考えます。PTR は Y の値がある範囲に入る確率、PI は Y の値が既存のデータセットにおける最大値を超える確率と、どちらも確率です。確率を掛け算すると、それらが同時に起こる確率になるため、Y ごとに PTR もしくは PI を計算し、それらをすべて掛け算したものを Y が複数ある場合の獲得関数とします。実際は、1 未満の値同士を掛け算すると値が小さくなってしまうため、それを対数変換し、例えば $\log(AB) = \log(A) + \log(B)$ のように確率の対数値の和にします。

サンプルプログラム sample_program_05_04_bayesian_optimization_multi_y.py で、Y が複数ある場合に、ベイズ最適化に基づいて次の実験条件の候補やコンピュータ計算の候補のサンプルを選択しましょう。基本的な設定や流れは sample_program_05_04_bayesian_optimization.py と同様です。今回はサンプルデータセットとして training_data_multi_y.csv を使用します。Y の数が 3、X の数が 4、サンプル数が 30 のデータセットです。予測用のデータセットとして、x_for_prediction_multi_y.csv を使用します。こちらは X のみのデータセットです。ご自身の、Y が複数あるデータセットも、今回のデータセットと同様の形式にすれば、今回のサンプルプログラムで同じ解析ができます。なお Y の数は次に説明する settings_in_bayesian_optimization_multi_y.csv で指定します。

設定として、settings_in_bayesian_optimization_multi_y.csv の csv ファイルで Y ごとに PTR と PI のどちらを用いるか（PI の場合には Y の最大化または最小化も選択可能）、そして PTR の場合の目標範囲を決めます。settings_in_bayesian_optimization_multi_y.csv をエクセル等で開いてみましょう。Y の数だけ（最初は Y が 3 つで y1, y2, y3）、maximization(1)_or_minimization(-1)_or_range(0), lower_limit, upper_limit に値が入っていると思います。1 行目は Y ごとの名前です。2 行目の maximization(1)_or_minimization(-1)_or_range(0) の行には、Y ごとに 1 から－1、もしくは 0 を指定しましょう。それぞれの意味は以下のとおりです。

- 1: PI を用いて Y の値を最大化する
- －1: PI を用いて Y の値を最小化する
- 0: PTR を用いて Y を目標範囲内に入れる

Y ごとの目的に応じて適切なものを設定しましょう。PTR を用いる Y には、目標範囲の上限値を 3 行目の lower_limit で，上限値を 4 行目の upper_limit で指定します。PI を用いるときは関係ありません（最初の csv ファイルには、0 が入っていますが、どんな値でも構いません）。

実行すると、次の実験条件のサンプルが next_sample_bo_multi_y_[回帰分析手法].csv に保存されます。初期設定では、next_sample_bo_multi_y_one_kernel_PTR.csv となります。他にも、Y ごとの予測値が estimated_y_prediction_multi_y_[回帰分析手法].csv に、Y ごとの予測値の標準偏差が estimated_y_prediction_multi_y_std_[回帰分析手法].csv に、Y ごとの獲得関数の値（目標達成確率）が probabilities_prediction_multi_y_[回帰分析手法].csv に、獲得関数の対数の和が sum_of_log_probabilities_prediction_multi_y_[回帰分析手法].csv に保存されます。

5.4.3　目的変数が複数あり、複数のサンプルを選択する場合

5.4.1 項のように複数のサンプルを選択し、かつ 5.4.2 項のように Y が複数あるときは、サンプルプログラム sample_program_05_04_bayesian_optimization_multi_y_multi_sample.py を用いましょう。基本的な設定や流れは sample_program_05_04_bayesian_optimization_multi_sample.py や sample_program_05_04_bayesian_optimization_multi_y.py と同様です。

実行すると、次の実験条件のサンプルが next_samples_bo_multi_y_[回帰分析手法].csv に保存されます。

5.5　化学構造を扱うときはどうするか

本章ではこれまで、実験候補のサンプルを大量に生成したり、その中から最初に実験するサンプルを実験計画法で選択したり、ベイズ最適化を含む適応的実験計画法で次の実験サンプルを選択したりしました。大事なことは、5.1 節で生成したサンプル（generated_samples.csv）が実際の実験と直結していることです。そのため 5.2 節で選択されたサンプル（selected_samples.csv）に基づいて、実験ができます。

化学構造は、5.1 節のように例えば分子量を数値として生成しても、それが必ずしも化学構造と対応するわけではないため、別の方法で扱う必要があります。本書では化学構造を扱うとき、事前にサンプル、つまり化学構造を生成するだけでなく数値化します。例えば 1 万個の化学構造を生成した後に、それらを数値化し、5.1 節の csv ファイル generated_samples.csv と同等のファイルを準備します。これにより、5.1 節以降の実験計画法や適応的実験計画法・ベイズ最適化を行うことができます。最初に合成する化学構造を実験計画法により選択し、その化学構造を合成して物性や活性などの Y を測定し、そのデータセットを用いて回帰モデルを構築し、適応的実験計画法やベイズ最適化により次に合成する化学構造を選択し、再度実験するわけです。そして実験と適応的実験計画法やベイズ最適化による次の化学構造の選択を繰り返し行うことができます。

本節では化学構造を数値化したり化学構造を生成したりするサンプルプログラムがあり、その説明をします。化学構造の表現方法や化学構造の扱いの詳細（後に出てくる SMILES、MOL file や記述子や sdf ファイルなど）については、こちらのウェブサイト[37]や筆者の別書[26]をご参照ください。

本章のサンプルプログラムを実行するためには、事前に RDKit[38]をインストールする必要があります。8.4 節を参考にしてインストールしましょう。

SMILES[39]で表された分子のデータセットが csv ファイル（molecules.csv）としてあれば、サンプルプログラム sample_program_05_05_read_molecules_csv_descriptors.py により、分子の SMILES を読み込み、記述子を計算できます。プログラムの実行結果を確認するためのサンプルデータセット

molecules.csv は、文献 [40] にある水溶解度が測定された 1,290 個の化合物について、SMILES と水への溶解度を S [mol/L] としたときの log (S) である logS の値が格納されたデータセットです。ご自身のデータセットを molecules.csv と同様に準備すれば、今回のサンプルプログラムを利用できます。なお、サンプルデータセットには SMILES 以外の情報 (logS) がありますが、SMILES のみでも問題ありません (molecules.csv に 2 列目までしかなくてもサンプルプログラムを実行できます)。また、SMILES 以外の情報が複数列あっても OK です。

プログラムを実行すると、molecules.csv を読み込み、図 5.8 のように IPython コンソール (8.4 節参照) に読み込まれた分子の数や、計算される記述子の数が表示され、分子ごとに記述子を計算します。記述子の計算終了後、計算された記述子の値が descriptors.csv として保存されます。なお molecules.csv に SMILES 以外の情報 (サンプルデータセットにおける logS) があれば、それが記述子の左の列 (サンプルデータセットでは 2 列目) に挿入されます。


```
分子の数 : 1290
計算する記述子の数 : 200
1 / 1290
2 / 1290
3 / 1290
4 / 1290
5 / 1290
6 / 1290
7 / 1290
8 / 1290
9 / 1290
```

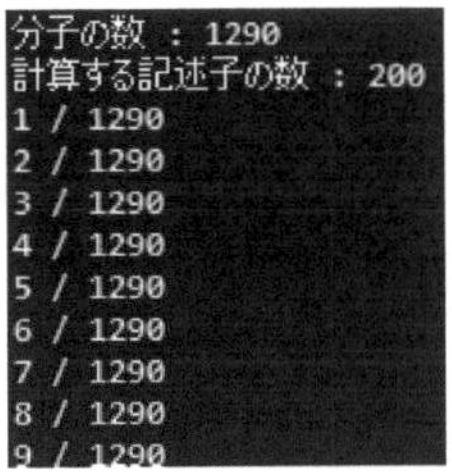

図 5.8　csv ファイルにある SMILES からの記述子の計算

MOL file [41] で表された分子のデータセットが sdf ファイル (molecules.sdf) としてあれば、サンプルプログラム sample_program_05_05_read_molecules_sdf_descriptors.py により、分子を読み込み、記述子を計算できます。プログラムの実行結果を確認するためのサンプルデータセット molecules.sdf は、上の molecules.csv と同様の 1,290 個の化合物 [40] です。ご自身のデータセットを molecules.sdf と同様に準備すれば、今回のサンプルプログラムを利用できます。なお、サンプルデータセットには sdf ファイルの property として logS がありますが、property がなくても問題ありません (property なしの sdf ファイルでもサンプルプログラムを実行できます)。

設定として、property_name に sdf ファイルの property の名前を入力してください。初期設定では property_name = 'logS' と logS になっています。property がない場合は、property_name = '' のように何も書かないでください。プログラムを実行すると、molecules.sdf を読み込み、図 5.9 のように IPython コンソール (8.4 節参照) に読み込まれた分子の数や、計算される記述子の数が表示され、分子ごとに記述子を計算します。記述子の計算終了後、計算された記述子の値が descriptors.csv として保存されます。サンプル名は SMILES になります (例えばこの SMILES を次に説明する化学構造生成における種構造として利用することができます)。なお molecules.sdf に property があり property_name で指定していれば、それが記述子の左の列 (サンプルデータセットでは 2 列目) に挿入されます。

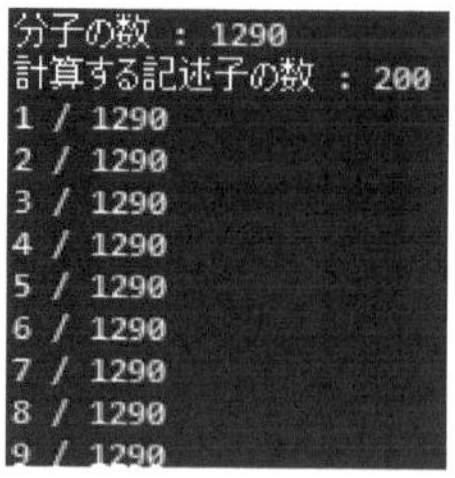

```
分子の数 : 1290
計算する記述子の数 : 200
1 / 1290
2 / 1290
3 / 1290
4 / 1290
5 / 1290
6 / 1290
7 / 1290
8 / 1290
9 / 1290
```

図 5.9　sdf ファイルにある SMILES からの記述子の計算

サンプルプログラム sample_program_05_05_structure_generation_brics.py により、Breaking of Retrosynthetically Interesting Chemical Substructures (BRICS) [42] というアルゴリズム（一般的な化学反応のルールに基づいて、化学構造を、それを合成するために必要なフラグメントに分解し、得られたフラグメントをいろいろと組み合わせることで、新たな化学構造を生成するアルゴリズム）によって新たな化学構造を生成できます。このサンプルプログラムを実行するためには、BRICS アルゴリズムによる化学構造生成のための種となる化学構造の SMILES の csv ファイル molecules.csv が必要です。サンプルデータセットには、SMILES 以外の情報 (logS) がありますが、SMILES のみでも問題ありません (molecules.csv に 2 列目までしかなくてもサンプルプログラムを実行できます)。

設定として、number_of_generating_structures で繰り返し 1 回あたりに生成する化学構造の数を、number_of_iterations で繰り返し回数を指定します。(number_of_generating_structures × number_of_iterations) 個の化学構造が生成されますが、その後に重複する化学構造が削除されるため、実際にはその数以下の化学構造が保存されることになります。初期設定では number_of_generating_structures = 100 と繰り返し 1 回あたりに 100 個、number_of_iterations = 10 と 10 回繰り返し計算することになり、1000 個以下の化学構造が生成されることになります。

プログラムを実行すると、molecules.csv を読み込み、図 5.10 のように IPython コンソール (8.4 節参照）に読み込まれた種となる分子の数や、生成されたフラグメントの数が表示され、化学構造を生成します。化学構造生成の計算終了後、生成された化学構造の SMILES が generated_structures_brics.csv として保存されます。

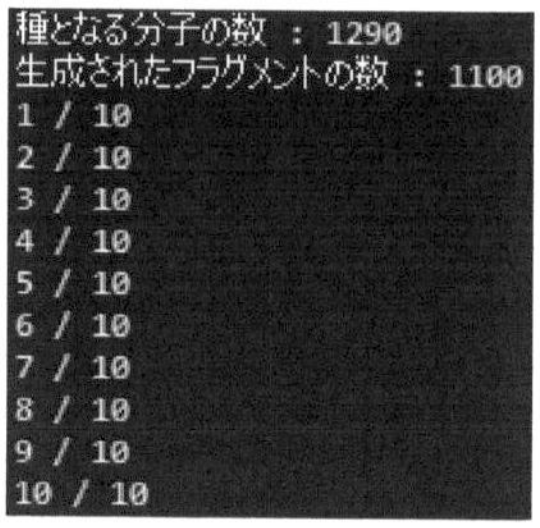

```
種となる分子の数 : 1290
生成されたフラグメントの数 : 1100
1 / 10
2 / 10
3 / 10
4 / 10
5 / 10
6 / 10
7 / 10
8 / 10
9 / 10
10 / 10
```

図 5.10　BRICS による化学構造生成

サンプルプログラム sample_program_05_05_structure_generation_r_group.py により、化学構造の主骨格に側鎖のフラグメントを付加する方法で化学構造を生成できます。ここで主骨格とは自由結合手（フラグメントの結合の中で、まだ他の原子と結合していないもの）が 2 つ以上あるフラグメントであり、側鎖とは自由結合手が 1 つのフラグメントです。主骨格も側鎖も、いくつも種類がある中で、それぞれランダムに選択して結合させることで化学構造が生成されます。主骨格のフラグメントの SMILES を main_fragments.csv として、側鎖のフラグメントの SMILES を sub_fragments.csv として準備します（それらのサンプルデータセットも付属しています）。

設定として、number_of_generating_structures で生成する化学構造の数を指定します。初期設定では number_of_generating_structures = 10000 と 10000 個の化学構造が生成されることになります。プログラムを実行すると、main_fragments.csv と sub_fragments.csv を読み込み、図 5.11 のように IPython コンソール（8.4 節参照）に読み込まれた主骨格のフラグメントの数や、側鎖のフラグメントの数が表示され、化学構造を生成します。化学構造生成の計算終了後、生成された化学構造の SMILES が generated_structures_r_group.csv として保存されます。

```
主骨格のフラグメントの数 : 1424
側鎖のフラグメントの数 : 1641
1000 / 10000
2000 / 10000
3000 / 10000
4000 / 10000
5000 / 10000
6000 / 10000
7000 / 10000
8000 / 10000
9000 / 10000
10000 / 10000
```

図 5.11　化学構造の主骨格に側鎖のフラグメントを付加する方法による化学構造生成

以上のように sample_program_05_05_structure_generation_brics.py や sample_program_05_05_structure_generation_r_group.py により化学構造を生成した後に、生成した化学構造の SMILES の csv ファイルから sample_program_05_05_read_molecules_csv_descriptors.py により化学構造を数値化すれば、それを 5.1 節の generated_samples.csv として実験計画法や、その後のベイズ最適化を含む適応的実験計画法に進むことができます。

第6章 応用事例

本章では実験計画法やベイズ最適化を含む適応的実験計画法の応用事例を紹介します。ただ、特に分子設計や材料設計において、ある実験条件 X で実際に実験することにより物性や活性といった Y の値を獲得することを、本書内で行うことはできません。そこで最初に、X の値から Y の値を獲得する実験の代わりに、X を入力して Y を出力する複雑な非線形関数を用いて、実験計画法・適応的実験計画法を実践します。また分子設計や材料設計では、データセットにおけるサンプルの中から、いくつかの Y の値が良好ではないサンプルを、実験計画法で選択された初期データセットとします。そして、その他のサンプルの中から次のサンプルを選択することを適応的実験計画法として、本書で説明した手法を比較します。手法の中に 3.8 節の決定木や 3.9 節のランダムフォレストが用いられていないのは、例えば Y の値が大きい材料を設計したいとき、Y の予測値がトレーニングデータの Y の最大値を超えることがないためです。適応的実験計画法においては、決定木は構築したモデルを解釈することで X と Y の間の関係性を確認するために、ランダムフォレストは X の重要度を検討するために用いるとよいでしょう。

6.1 複雑な非線形関数を用いた実験計画法・適応的実験計画法の実践

実験条件 X と物性・活性 Y の間の複雑な非線形関数を、X で実験して Y の結果が得られる系と仮定して、実験計画法や適応的実験計画法を実施します。非線形関数は Rastrigin 関数 [43] および Griewank 関数 [44] に基づく以下の式です。

$$\mathrm{Y} = -10d + \sum_{i=1}^{d} \left(10\cos\left(2\pi \mathrm{X}_i\right) - \mathrm{X}_i^2\right) \tag{6.1}$$

$$\mathrm{Y} = -\frac{1}{4000}\sum_{i=1}^{d} \mathrm{X}_i^2 + \prod_{i=1}^{d} \cos\left(\frac{\mathrm{X}_i}{\sqrt{i}}\right) - 1 \tag{6.2}$$

ここで d は X の変数の数、X_i は i 番目の X を表します。元の Rastrigin 関数および Griewank 関数は最小値を求める問題として使用される関数ですが、本書では最大化する問題にするため、元の関数に − 1 を掛けています。$d = 5, 10, 15$ として、それぞれにおいて設定した Y の目標値を超える X の候補を探索することを目的とします。非線形関数ごと、d ごとの Y の目標値を表 6.1 に示します。

表 6.1　非線形関数ごと、d ごとの Y の目標値および X の上限値・下限値

	Rastrigin 関数			Griewank 関数		
d	5	10	15	5	10	15
Y の目標値	−28	−90	−160	0.8	0.4	0.1
X の上限値	5.12	5.12	5.12	5	5	5
X の下限値	−5.12	−5.12	−5.12	−5	−5	−5

例えば $d = 5$ の Rastrigin 関数を用いた場合、5 つの実験条件は X_1, X_2, X_3, X_4, X_5 であり、以下の式により物性 Y が得られると仮定して、Y が − 28 以上となる X_1, X_2, X_3, X_4, X_5 の値の組み合わせを見つけることを目指します。

$$Y = -50 + \sum_{i=1}^{5} \left(10\cos\left(2\pi X_i\right) - X_i^2\right) \tag{6.3}$$

まず非線形関数ごと、d ごとに表 6.1 の X の下限値と上限値の間で、5.1 節と同様にして X の候補を 1,000,000（100 万）個生成します。次に 5.2 節と同様にして 1,000,000 個の中からランダムに 30 個選択することを、1,000 回繰り返し、その中で D 最適基準の値が最大となる 30 サンプルを最初の X とします。そして、30 サンプルにおいて、式 (6.1) や式 (6.2) で Y の値を計算します。この 30 サンプルを最初のデータセットとして、以下の探索手法のいずれかにより、次のサンプルを 1 つ選択します。

- OLS: 3.5 節の OLS で回帰モデルを構築し、モデルで予測される Y の値が最大となるサンプルを選択
- NOLS: 3.7 節の非線形重回帰分析で回帰モデルを構築し、モデルで予測される Y の値が最大となるサンプルを選択
- SVR: 3.10 節の SVR で回帰モデルを構築し、モデルで予測される Y の値が最大となるサンプルを選択。式 (3.39) のガウシアンカーネルを使用
- GPR: 3.11 節の GPR で回帰モデルを構築し、モデルで予測される Y の値が最大となるサンプルを選択。式 (3.74) のカーネル関数を使用
- GPRK: 3.11 節の GPR で回帰モデルを構築し、モデルで予測される Y の値が最大となるサンプルを選択。データセットが更新されるごとに、式 (3.72) から式 (3.82) のカーネル関数の中で、クロスバリデーション後の r^2 が最大となるカーネル関数を使用
- GPRBO: 3.11 節の GPR で回帰モデルを構築し、獲得関数として上限値なしの PTR が最大となるサンプルを選択（ベイズ最適化）。式 (3.74) のカーネル関数を使用
- GPRKBO: 3.11 節の GPR で回帰モデルを構築し、獲得関数として上限値なしの PTR が最大となるサンプルを選択（ベイズ最適化）。データセットが更新されるごとに、式 (3.72) から式 (3.82) のカーネル関数の中で、クロスバリデーション後の r^2 が最大となるカーネル関数を使用

選択されたサンプルの X の値から、式 (6.1) や式 (6.2) で Y の値を計算します。この値が表 6.1 の Y の目標値を超えていたら終了しますが、超えていなかったら再度同じ探索手法で次のサンプルを 1 つ選択します。このようにモデルの（再）構築、次のサンプルの選択と式 (6.1) や式 (6.2) による Y の値の計算を、Y の目標値を超えるまで繰り返します。ただし、繰り返し回数が 100 回に到達したら（合計の実験回数が 130 になったら）、強制的に終了とします。

以上の探索を、初期データセットを変えて、探索手法ごとに 100 回実施しました。探索手法ごとの、Y の目標達成までにかかった実験回数（式 (6.1) や式 (6.2) で Y の値を計算した回数）を図 6.1 から図 6.6 に示します（実験回数の最大値は 30 + 100 = 130 です）。また、Y の目標値を超える X の探索にかかった手法ごとの実験回数の平均値を表 6.2 に示します。なお実験回数は、Y の目標値の設定により変化するため、関数の間での結果の比較や、同じ関数における異なる d の間での結果の比較には意味がありませんのでご注意ください。

図や表より、Rastrigin 関数および Griewank 関数において、OLS ではほとんどの場合において Y の目標を超える X の探索ができませんでした。OLS モデルは X と Y の間が線形であり、Rastrigin 関数および Griewank 関数の非線形性に対応できなかったと考えられます。

Rastrigin 関数において $d = 5$ のときは NOLS が最も実験回数の平均値が小さいですが、$d = 10, 15$ と d の値が大きくなるにつれて実験回数の平均値が大きくなり、特に $d = 15$ のときは Y の目標を超える X の探索がほとんどできませんでした。一方で SVR, GPR, GPRK, GPRBO, GPRKBO では、それぞれ d の値によらず同様の平均値で Y の目標を超える X の探索ができました。特に $d = 10, 15$ において、SVR が少ない実験回数で X の探索を達成しました。SVR モデルにより Rastrigin 関数の X と Y の間の非線形関係を適切に表現できたと考えられます。

Griewank 関数では、特に d の値が大きいときに、OLS, NOLS, GPRBO, GPRKBO では、Y の目標を超える X の探索がほとんどできませんでした。そのような中でも SVR では、他の手法と比較して少ない数の実験回数で Y の目標を超える X の探索ができました。SVR により Griewank 関数の X と Y の間の非線形関係を適切にモデル化できたと考えられます。

今回の結果では、GPR と GPRK の間、そして GPRBO と GPRKBO の間には実験回数の結果に大きな差はなく、GPR において式 (3.74) のカーネル関数を用いればよく、カーネル関数をクロスバリデーションで選択する必要はありませんでした。

以上の結果を改善し、さらに実験回数を低減するための手法については、第 7 章を参照してください。

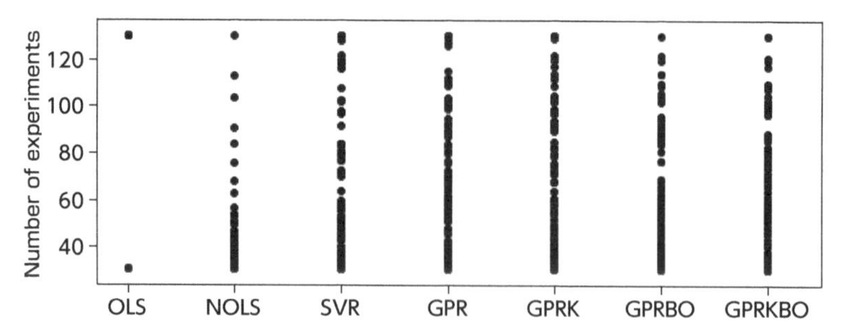

図 6.1　$d = 5$ の Rastrigin 関数における、Y の目標値を超える X の探索にかかった手法ごとの実験回数

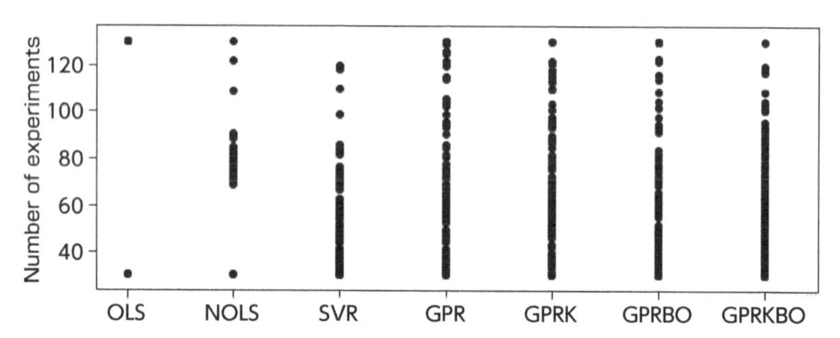

図 6.2　$d = 10$ の Rastrigin 関数における、Y の目標値を超える X の探索にかかった手法ごとの実験回数

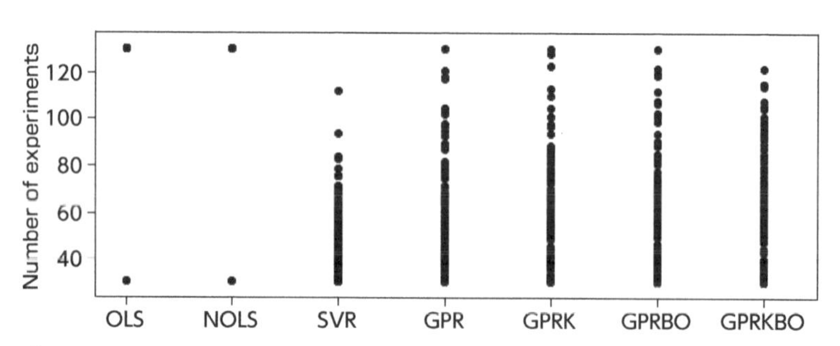

図 6.3　$d = 15$ の Rastrigin 関数における、Y の目標値を超える X の探索にかかった手法ごとの実験回数

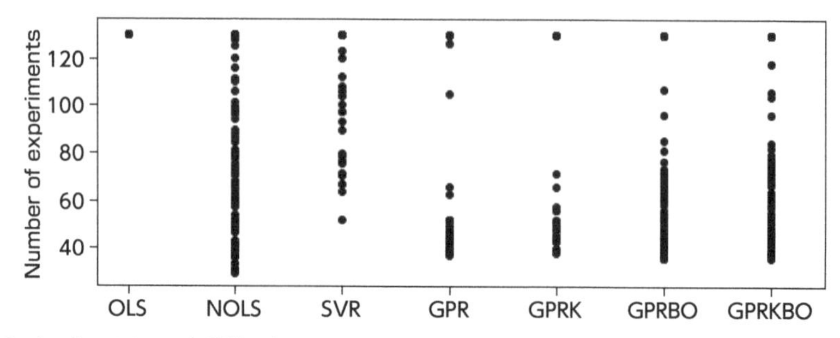

図 6.4　$d = 5$ の Griewank 関数における、Y の目標値を超える X の探索にかかった手法ごとの実験回数

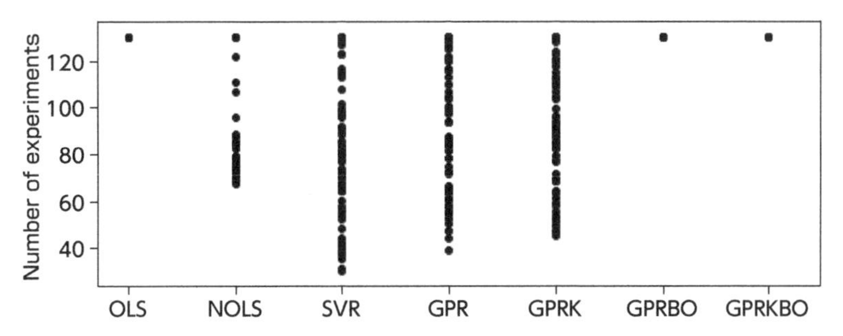

図 6.5 $d = 10$ の Griewank 関数における、Y の目標値を超える X の探索にかかった手法ごとの実験回数

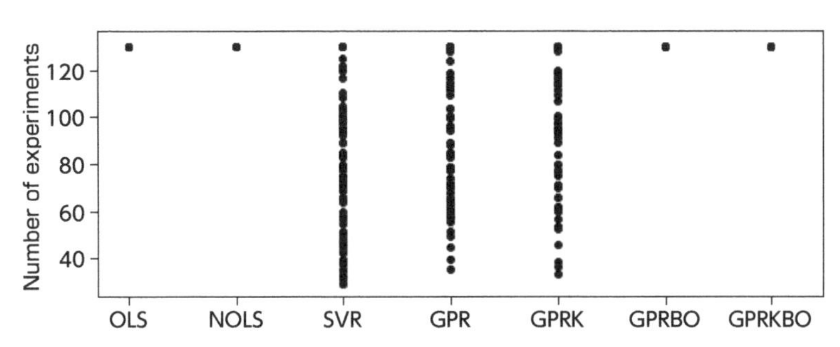

図 6.6 $d = 15$ の Griewank 関数における、Y の目標値を超える X の探索にかかった手法ごとの実験回数

第6章

表 6.2 Y の目標値を超える X の探索にかかった手法ごとの実験回数の平均値

関数	d	OLS	NOLS	SVR	GPR	GPRK	GPRBO	GPRKBO
Rastrigin 関数	5	127	44	62	76	71	64	66
	10	128	75	52	69	71	62	66
	15	128	128	50	63	65	63	66
Griewank 関数	5	130	84	122	105	109	73	78
	10	130	99	88	106	105	130	130
	15	130	130	78	104	110	130	130

6.2 分子設計

1.2 節や 5.5 節で説明した分子設計の流れをまとめると以下のようになります。

1. コンピュータで化学構造を大量に生成する (5.5 節)
2. 生成した化学構造から記述子 X を計算する (5.5 節)
3. X に基づいて、最初に合成する化学構造を選択する (5.2 節)
4. 選択された化学構造を合成して物性・活性等 Y を測定する
5. すべての実験結果を用いてモデル Y = f(X) を構築する (第 3 章、5.3 節)
6. まだ合成していない化学構造から、モデルに基づいて次に合成する化学構造を選択する (5.3 節)

7. 合成してYを測定し、それが目標を満たしていれば終了し、満たしていなければ5.に戻る

なお、すでにYの値の測定された化合物データセットがあるとき、分子設計は以下のような流れになります。

1. コンピュータで化学構造を大量に生成する (5.5節)
2. 生成した化学構造から記述子Xを計算する (5.5節)
3. (すでにYの値の測定された)化合物データセットの化学構造から記述子Xを計算する (5.5節)
4. データセットを用いてモデルY=f(X)を構築する(第3章、5.3節)
5. まだ合成していない化学構造から、モデルに基づいて次に合成する化学構造を選択する (5.3節)
6. 合成してYを測定し、それが目標を満たしていれば終了し、満たしていなければ4.に戻る

本節では、実験・モデル構築・次の化学構造の選択の繰り返し、特に実験部分ができないため、実際の分子設計とは異なりますが、ある化合物データセットの中から、目標値以上のYをもつ化合物の探索シミュレーションを行います。なお、適応的実験計画法を始める前はYの目標値からは遠い値をもつ化合物しかない状況を想定して、Yがある値以下の化合物のみから最初のデータセットを選択することにします。さらに、分子設計の問題を実際の問題に近づけるよう難しくするため、Yの値が低い(目標から遠い)化合物を用いて、類似した化合物ペアのX, Yそれぞれの中点でダミーの分子を作成してデータセットに追加することで、目標を満たさないサンプルを増やします(中点のサンプルを増やすことで探索が難しくなる影響は、線形モデルより非線形モデルのほうが大きいと考えられ、線形モデルが有利な状況になっている可能性はあります)。

ここでは以下の手法を用いて目標値以上のYをもつ分子の探索にかかった回数を比較します。

- OLS: 3.5節のOLSで回帰モデルを構築し、モデルで予測されるYの値が最大となるサンプルを選択
- SVR: 3.10節のSVRで回帰モデルを構築し、モデルで予測されるYの値が最大となるサンプルを選択。式(3.39)のガウシアンカーネルを使用
- GPR: 3.11節のGPRで回帰モデルを構築し、モデルで予測されるYの値が最大となるサンプルを選択。式(3.74)のカーネル関数を使用
- GPRK: 3.11節のGPRで回帰モデルを構築し、モデルで予測されるYの値が最大となるサンプルを選択。データセットが更新されるごとに、式(3.72)から式(3.82)のカーネル関数の中で、クロスバリデーション後のr^2が最大となるカーネル関数を使用
- GPRBO: 3.11節のGPRで回帰モデルを構築し、獲得関数として上限値なしのPTRが最大となるサンプルを選択(ベイズ最適化)。式(3.74)のカーネル関数を使用
- GPRKBO: 3.11節のGPRで回帰モデルを構築し、獲得関数として上限値なしのPTRが最大となるサンプルを選択(ベイズ最適化)。データセットが更新されるごとに、式(3.72)から式(3.82)のカーネル関数の中で、クロスバリデーション後のr^2が最大となるカーネル関数を使用

なお今回の分子設計では X の数が多く、3.7 節の非線形重回帰分析で二乗項・交差項を追加すると特徴量の数が非常に大きくなってしまうため、比較には用いませんでした。

用いたデータセットは 3 つです。1 つ目のデータセットは、水溶解度の測定された 1,290 化合物のデータセット logS [40] です。Y は水への溶解度を S [mol/L] としたときの log(S) です。Y の目標値を 1.0 として、Y が 1.0 以上の化合物の探索を目指します。すべての化合物に対して記述子 X を計算した後に、最初は Y が − 3.0 以下の化合物しかないと仮定して、そのような化合物の中から 5.2 節と同様にして 30 化合物を選択し、最初のデータセットとします。そして、Y が − 3.0 以下の化合物において、化合物ごとに X, Y を合わせた特徴量でのユークリッド距離が最も近い化合物を選択し、2 つの X, Y の中点を新たなサンプルとして元のデータセット（最初のデータセットではなく、30 化合物を選択した後に残ったデータセット）に追加します。これにより、Y の目標値 1.0 以上のサンプルと比べて、目標値未満のサンプルが多くなり、分子の探索が難しくなります。

2 つ目のデータセットは、環境毒性の測定された 1,213 化合物のデータセット $pIGC_{50}$ [45] です。Y である $pIGC_{50}$ とは、ある時間に Tetrahymena pyriformis の増殖の 50 % を阻害する化合物の濃度を IGC_{50} [μM] としたときの − log(IGC_{50}) のことです。Y の目標値を 2.0 として、Y が 2.0 以上の化合物の探索を目指します。すべての化合物に対して記述子 X を計算した後に、最初は Y が −1.0 以下の化合物しかないと仮定して、そのような化合物の中から 5.2 節と同様にして 30 化合物を選択し、最初のデータセットとします。そして、Y が − 1.0 以下の化合物において、化合物ごとに X, Y を合わせた特徴量でのユークリッド距離が最も近い化合物を選択し、2 つの X, Y の中点を新たなサンプルとして元のデータセット（最初のデータセットではなく、30 化合物を選択した後に残ったデータセット）に追加します。

3 つ目のデータセットは、融点の測定された 4,333 化合物のデータセット MP [46] です。Y は融点 [℃] です。Y の目標値を − 50 ℃として、Y が − 50 ℃以上の化合物の探索を目指します。すべての化合物に対して記述子 X を計算した後に、最初は Y が − 200 ℃以下の化合物しかないと仮定して、そのような化合物の中から 5.2 節と同様にして 30 化合物を選択し、最初のデータセットとします。そして、Y が − 200 ℃以下の化合物において、化合物ごとに X, Y を合わせた特徴量でのユークリッド距離が最も近い化合物を選択し、2 つの X, Y の中点を新たなサンプルとして元のデータセット（最初のデータセットではなく、30 化合物を選択した後に残ったデータセット）に追加します。

データセットごと、手法ごとに、Y の目標値を超える分子の探索を行います。最初のデータセットを選択した後、モデルの（再）構築と次の分子の選択を繰り返しながら Y の目標値の達成を目指します。ただし、繰り返し回数が 300 回に到達したら（合計の実験回数が 30 + 300 = 330 になったら）、強制的に終了とします。最初のデータセットの選択から終了するまでを 1 セットとして、最初のデータセットを変えて（5.2 節の選択は乱数に基づくため、乱数の種を変えると結果も変わります）、手法ごとに 100 セット実施しました。

手法ごとの Y の目標値を超える分子の探索にかかった実験回数（今回は実際に実験したわけではありませんが、1 つの化合物を選択することを「実験」とすると実験回数です）を logS は図 6.7 に、$pIGC_{50}$ は図 6.8 に、MP は図 6.9 に示します。手法ごとに、100 セットそれぞれの実験回数がプロットされています。実験回数の最大値は 30 + 300 = 330 です。プロットが下に固まっているほど、少ない実験回数で Y の目標値を超える分子を探索できたことを表します。また、Y の目標値を超える分子の探索にかかった手法ごとの実験回数の平均値を表 6.3 に示します。この値が小さいほど、平均的に少ない実験回数で Y の目標を達成できたことを表します。各図や表より、logS の結果では手法ごとに実験回数の平均値に大きな差はありませんでしたが、OLS において比較的多くの実験回数が必要だったセットが見られました。$\mathrm{pIGC_{50}}$ の結果では、SVR, GPR, GPRK と比較して OLS, GPRBO, GPRKBO のほうが少ない実験回数で Y の目標を達成できたことがわかります。ベイズ最適化により適切に外挿領域を探索できたこと、そして X と Y の関係が線形であり OLS でも外挿領域を探索できたことが考えられます。MP の結果では、SVR, GPR, GPRK と比較して OLS のほうが少ない実験回数となり、さらに GPRBO, GPRKBO のほうが少ない実験回数で Y の目標を達成できました。ベイズ最適化による外挿領域の探索が有効に機能したと考えられます。

今回の結果では、GPR と GPRK の間、そして GPRBO と GPRKBO の間には実験回数の結果に大きな差はなく、GPR において式 (3.74) のカーネル関数を用いればよく、カーネル関数をクロスバリデーションで選択する必要はありませんでした。

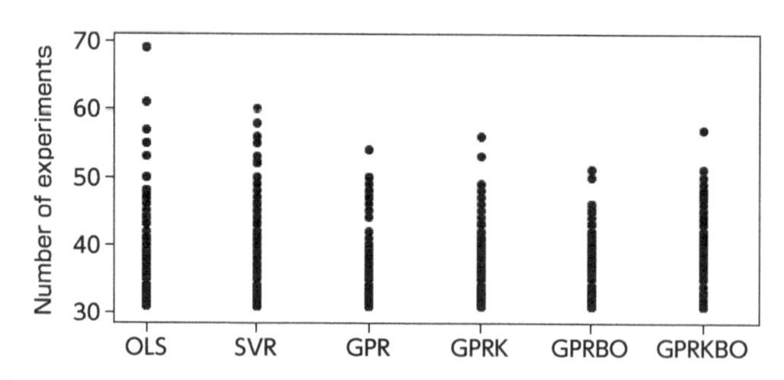

図 6.7　データセット logS における、Y の目標値を超える分子の探索にかかった手法ごとの実験回数

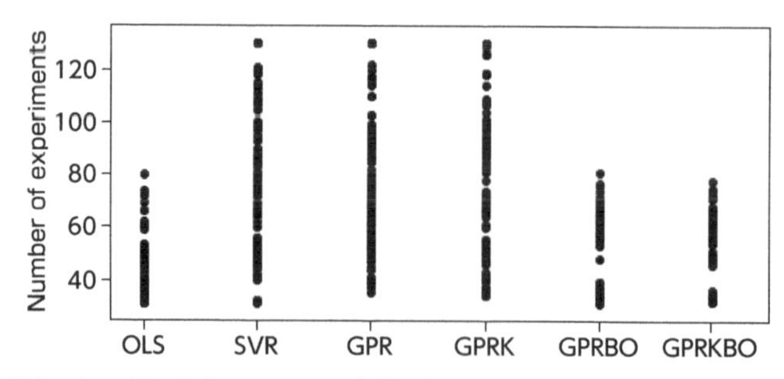

図 6.8　データセット $\mathrm{pIGC_{50}}$ における、Y の目標値を超える分子の探索にかかった手法ごとの実験回数

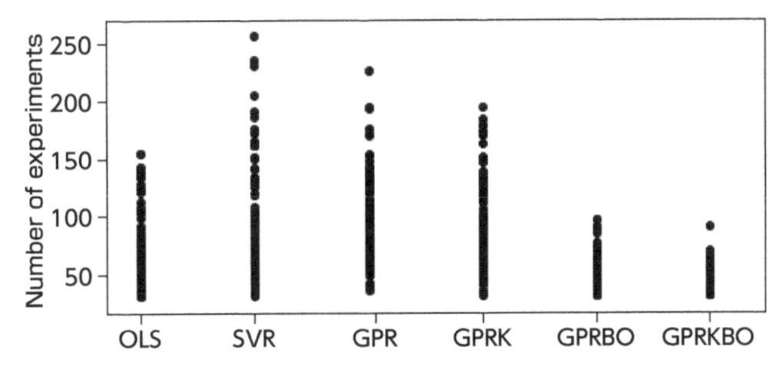

図 6.9 データセット MP における、Y の目標値を超える分子の探索にかかった手法ごとの実験回数

表 6.3 Y の目標値を超える分子の探索にかかった手法ごとの実験回数の平均値

	OLS	SVR	GPR	GPRK	GPRBO	GPRKBO
logS	39	39	36	36	37	40
$pIGC_{50}$	43	84	75	79	54	57
MP	66	93	98	96	49	45

6.3 材料設計

1.3 節で説明した材料設計の流れをまとめると以下のようになります。

1. コンピュータで実験条件 X の仮想的なサンプルを大量に生成する (5.1 節)
2. 生成したサンプルに基づいて、最初に実験する X のサンプルを選択する (5.2 節)
3. 選択された実験条件で実験して、物性・活性等 Y を測定する
4. すべての実験結果のデータセットを用いてモデル Y = f(X) を構築する (第 3 章、5.3 節)
5. まだ実験していない X のサンプルから、モデルに基づいて次に実験するサンプルを選択する (5.3 節)
6. 実験して Y を測定し、それが目標を満たしていれば終了し、満たしていなければ 4. に戻る

なお、すでに Y の値が測定されたデータセットがあるとき、材料設計は以下のような流れになります。

1. コンピュータで実験条件 X の仮想的なサンプルを大量に生成する (5.1 節)
2. すべての実験結果のデータセットを用いてモデル Y = f(X) を構築する (第 3 章、5.3 節)
3. まだ実験していない X のサンプルから、モデルに基づいて次に実験するサンプルを選択する (5.3 節)
4. 実験して Y を測定し、それが目標を満たしていれば終了し、満たしていなければ 2. に戻る

本節では、実験・モデル構築・次の実験条件の選択の繰り返し、特に実験部分ができないため、実際の材料設計とは異なりますが、あるデータセットの中から、目標値以上の Y をもつ材料の探索シ

ミュレーションを行います。なお、適応的実験計画法を始める前はYの目標値からは遠い値をもつ材料しかない状況を想定して、Yがある値以下の材料のみから最初のデータセットを選択することにします。さらに、材料設計の問題を実際の問題に近づけるよう難しくするため、Yの値が低い（目標から遠い）材料を用いて、類似した材料ペアのX, Yそれぞれの中点でダミーの材料を作成してデータセットに追加します（中点のサンプルを増やすことで探索が難しくなる影響は、線形モデルより非線形モデルのほうが大きいと考えられ、線形モデルが有利な状況になっている可能性はあります）。

ここでは以下の手法を用いて目標値以上のYをもつ材料の探索にかかった回数を比較します。

- OLS: 3.5 節の OLS で回帰モデルを構築し、モデルで予測される Y の値が最大となるサンプルを選択
- SVR: 3.10 節の SVR で回帰モデルを構築し、モデルで予測される Y の値が最大となるサンプルを選択。式 (3.39) のガウシアンカーネルを使用
- GPR: 3.11 節の GPR で回帰モデルを構築し、モデルで予測される Y の値が最大となるサンプルを選択。式 (3.74) のカーネル関数を使用
- GPRBO: 3.11 節の GPR で回帰モデルを構築し、獲得関数として上限値なしの PTR が最大となるサンプルを選択（ベイズ最適化）。式 (3.74) のカーネル関数を使用

なお今回の材料設計ではXの数が多く、3.7節の非線形最小二乗法で二乗項・交差項を追加すると変数の数が非常に大きくなってしまうため、比較には用いませんでした。またGPRにおけるカーネル関数は、式(3.72)から式(3.82)の中でクロスバリデーションにより最適化すると非常に計算時間がかかるため、カーネル関数は式(3.74)に固定しました。

用いたデータセットは2つです。1つ目のデータセットは、超伝導体材料のデータセットTc[47]です。超伝導とは、特定の金属や化合物などの物質を低い温度にしたときに、電気抵抗が0になる現象です。データセットはこちら[48]のsuperconduct.zipをクリックしてダウンロードできます。zipファイルを解凍した後のunique_m.csvを用いています。これは21,263の超伝導体のデータセットであり、材料ごとに組成式における各元素の組成の値と転移温度[K]の値が格納されています。転移温度が高いほうが、超伝導体材料として望ましいものになります。データセットの説明は論文[47]やウェブサイト[48]にもあります。今回は前処理として、サンプルごとに、原子種ごとの組成の値を足し合わせたものが1になるように、最初に組成の値の和で割り、元素の組成比にしています。材料の転移温度がY、材料の組成比がXです。Yの目標値を120Kとして、Yが120K以上の材料の探索を目指します。最初はYが50K以下の材料しかないと仮定して、そのような材料の中から5.2節と同様にして30サンプルを選択し、最初のデータセットとします。そして、Yが50K以下の材料において、サンプルごとにX, Yを合わせた特徴量でのユークリッド距離が最も近いサンプルを選択し、2つのX, Yの中点を新たなサンプルとして元のデータセット（最初のデータセットではなく、30サンプルを選択した後に残ったデータセット）に追加します。これにより、Yの目標値120K以上のサンプルと比べて、目標値未満のサンプルが多くなり、材料の探索が難しくなります。

2つ目のデータセットは熱電変換材料のデータセットZT[49]です。熱電変換材料とは、熱電特性

を利用して熱エネルギーを電気エネルギーに変換する材料です。熱電変換の効率は、以下の性能指標 ZT によって決められます。

$$ZT = \frac{S^2\sigma}{\kappa}T \tag{6.4}$$

κ, S, σ はそれぞれ熱伝導率、ゼーベック係数、電気伝導率、T は材料の平均温度です。ZT が大きいほど熱電変換材料として望ましいものになります。本書では、T が 400 K で組成が明確である 1,362 サンプルのみを使用します。材料の ZT が Y、材料の組成比と平均分子量が X です。Y の目標値を 1.0 として、Y が 1.0 以上の材料の探索を目指します。最初は Y が 0.5 以下の材料しかないと仮定して、そのような材料の中から 5.2 節と同様にして 30 サンプルを選択し、最初のデータセットとします。そして、Y が 0.5 以下の材料において、サンプルごとに X, Y を合わせた特徴量でのユークリッド距離が最も近いサンプルを選択し、2 つの X, Y の中点を新たなサンプルとして元のデータセット（最初のデータセットではなく、30 サンプルを選択した後に残ったデータセット）に追加します。

データセットごと、手法ごとに、Y の目標値を超える材料の探索を行います。最初のデータセットを選択した後、モデルの（再）構築と次の材料の選択を繰り返しながら Y の目標値の達成を目指します。ただし、繰り返し回数が 500 回に到達したら（合計の実験回数が 30 + 500 = 530 になったら）、強制的に終了とします。最初のデータセットの選択から終了するまでを 1 セットとして、最初のデータセットを変えて（5.2 節の選択は乱数に基づくため、乱数の種を変えると結果も変わります）、手法ごとに 100 セット実施しました。

手法ごとの Y の目標値を超える材料の探索にかかった実験回数（今回は実際に実験したわけではありませんが、1 つの材料を選択することを「実験」とすると実験回数です）を Tc は図 6.10 に、ZT は図 6.11 に示します。手法ごとに、100 セットそれぞれの実験回数がプロットされています。実験回数の最大値は 30 + 500 = 530 です。プロットが下に固まっているほど、少ない実験回数で Y の目標値を超える材料を探索できたことを表します。また、Y の目標値を超える材料の探索にかかった手法ごとの実験回数の平均値を表 6.4 に示します。この値が小さいほど、平均的に少ない実験回数で Y の目標を達成できたことを表します。各図や表より、Tc, ZT のどちらの場合においても、GPRBO により他の手法と比較して少ない実験回数で Y の目標を達成できたことがわかります。ベイズ最適化による外挿領域の探索が有効に機能したと考えられます。一方で、特に ZT において、SVR では少ない実験回数を達成したセットもあったものの、ほとんどのセットで Y の目標を超える X の探索ができませんでした。内挿の探索になり局所解ばかりを選択してしまったと考えられます。

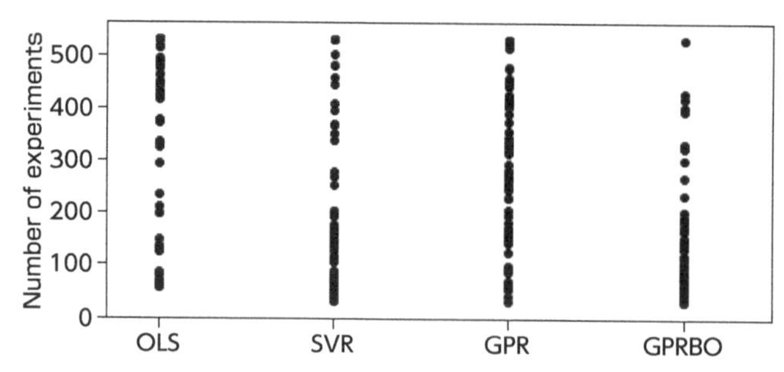

図 6.10　データセット Tc における、Y の目標値を超える材料の探索にかかった手法ごとの実験回数

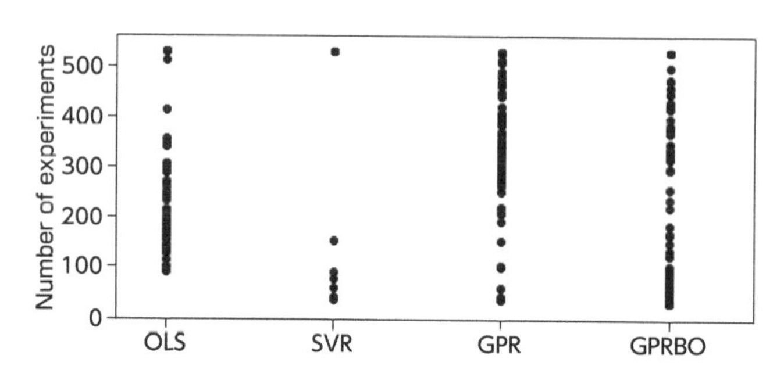

図 6.11　データセット ZT における、Y の目標値を超える材料の探索にかかった手法ごとの実験回数

表 6.4　Y の目標値を超える材料の探索にかかった手法ごとの実験回数の平均値

	OLS	SVR	GPR	GPRBO
Tc	439	255	358	115
ZT	346	503	362	255

6.4 プロセス設計

1.6 節で説明したプロセス設計の流れをまとめると以下のようになります。

1. コンピュータでプロセス条件 X の仮想的なサンプルを大量に生成する（5.1 節）
2. 生成したサンプルに基づいて、最初にシミュレーションをする X のサンプルを選択する（5.2 節）
3. 選択されたプロセス条件でシミュレーションをして、計算結果 Y を確認する
4. すべてのシミュレーションの結果のデータセットを用いてモデル Y = f(X) を構築する（第 3 章、5.3 節）
5. まだシミュレーションをしていない X のサンプルから、モデルに基づいて次にシミュレーションをするサンプルを選択する（5.3 節）
6. シミュレーションにより Y を計算し、それが目標を満たしていれば終了し、満たしていなければ 4. に戻る

なお、すでにYの値のあるデータセットがあるとき、プロセス設計は以下のような流れになります。

1. コンピュータでプロセス条件 X の仮想的なサンプルを大量に生成する（5.1 節）
2. すべてのシミュレーションのデータセットを用いてモデル Y = f(X) を構築する（第 3 章、5.3 節）
3. まだシミュレーションをしていない X のサンプルから、モデルに基づいて次にシミュレーションをするサンプルを選択する（5.3 節）
4. シミュレーションにより Y を計算し、それが目標を満たしていれば終了し、満たしていなければ 2. に戻る

以上の流れは、プロセスシミュレーションだけでなく、分子シミュレーションにも有効です。

本節ではプロセス設計の例として、エチレンオキシド製造プロセスの設計を行います。エチレンオキシド（Ethylene Oxide, EO）はエチレンの酸化反応で生成され、エチレングリコールやエタノールアミンなどに変換されます。洗剤や繊維などの出発原料であり、重要な石油化学製品です。今回は以下の 3 つの反応が行われると仮定して、EO 製造プロセスの設計を行います。

$$2C_2H_4 + O_2 \rightarrow 2C_2H_4O \tag{6.5}$$

$$C_2H_4 + 3O_2 \rightarrow 2CO_2 + 2H_2O \tag{6.6}$$

$$2C_2H_4O + 5O_2 \rightarrow 4CO_2 + 4H_2O \tag{6.7}$$

式 (6.5) は EO を生成する主反応であり、銀触媒（Ag_2O）上で進行します。式 (6.6), (6.7) は二酸化炭素と水を生成する副反応です。式 (6.6) は 250℃ で反応熱が + 1326 kJ/mol と発熱の大きい反応であり、爆発の危険性があるため、エチレンや酸素などは反応器入口組成や転化率などに制限があります。そのため、未反応ガスはリサイクルされ、反応器では非線形で複雑な挙動を示します。

今回はプロセスシミュレーションソフトウェアとして COCO/ChemSep [50] を用いて、製品として 99.5 wt% エチレンオキシドと 10.0 mol% エチレンオキシド水溶液をそれぞれ 4.38×10^3 kg/h 製造するためのプロセスを設計しました。設計したプロセスのプロセスフローダイアグラムを図 6.12 に示します。触媒が充填された管型反応器にエチレンと酸素が高温高圧で供給され、反応してエチレンオキシドになります。反応後、水によりエチレンオキシドを吸収します。反応器では、反応によって生じた熱による爆発を防ぐため、転化率を低くして未反応ガスはリサイクルしました。吸収塔の塔頂から出た未反応ガスは原料に含まれるアルゴンやエタンなどのパージ、副反応物の二酸化炭素の除去を行い、再び反応器に供給されます。水に吸収されたエチレンオキシドは脱水、水による再吸収、精留を行い、2 つの製品が製造されます。

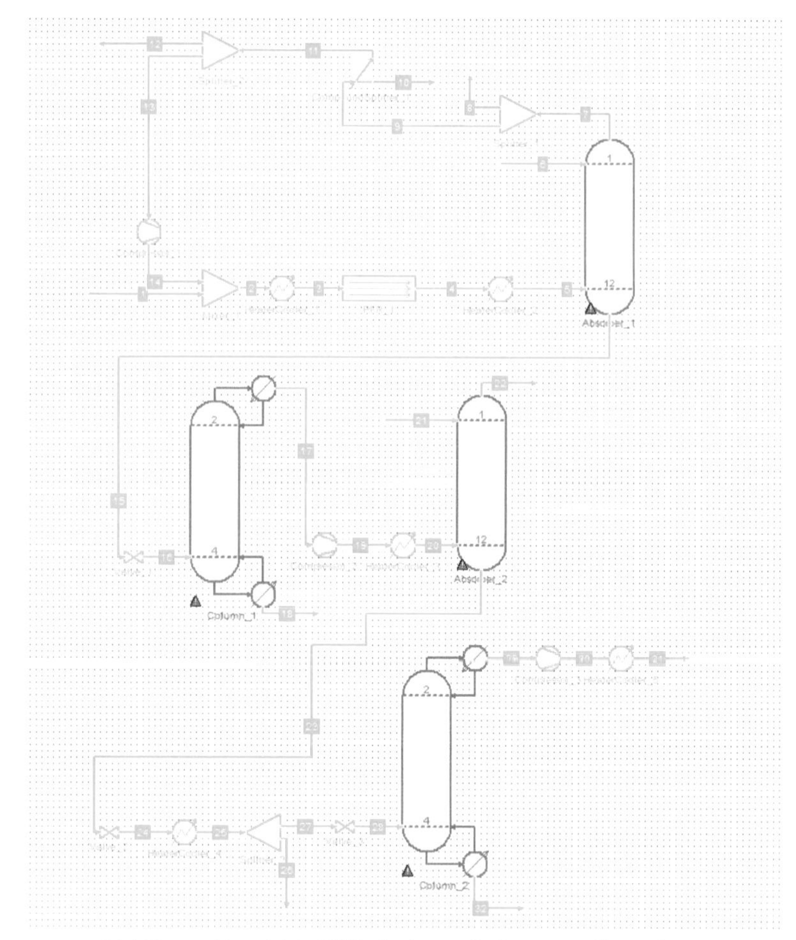

図 6.12　エチレンオキシド製造プロセスのプロセスフローダイアグラム

X は装置条件や操作条件の 21 変数、Y はエチレンオキシドの出口の流量や組成などの 11 変数です。Y にはそれぞれ目標範囲があります。5.1 節と同様にして、X の 100 万サンプルを生成します。そして 5.2 節と同様にして 100 万サンプルのうち 30 サンプルを初期サンプルとして選択して、それらの X の値でシミュレーションを行い Y の値を計算します。計算後に 30 サンプルで Y ごとに GPR モデルの構築を行います。用いたカーネル関数は式 (3.74) です。5.4 節のベイズ最適化により、獲得関数が最大となるサンプルを、次のシミュレーションにおける X の候補として選択します。今回は Y が複数あるため、5.4.2 項と同様に PTR の積を対数変換したものを獲得関数として用います。1 回のサンプル選択に 10 サンプル選択し、それらでシミュレーションを行い、1 つの Y でも目標を達成していなければ、シミュレーションの結果を用いて GPR モデルを構築し、再度 10 サンプルを選択します。10 サンプルを選択してそれらのシミュレーションを行うことを 1 試行と呼びます。

すべての Y の目標を達成するまで試行を繰り返すことを、初期サンプルを変えて 3 セット行ったところ、それぞれ 10, 10, 9 試行目ですべての Y の目標を達成できました。なお比較のためランダムにサンプル選択を行ったところ、いずれも 10 試行ではすべての Y の目標を達成できませんでした。Y が複数ある場合でも、ベイズ最適化により効率的に Y の目標達成が可能であることが確認できます。

あるセットにおける試行ごとの、2 つの Y の値を図 6.13 に示します。オレンジ色の横線は Y の目標範囲、青色の丸はベイズ最適化の結果、灰色の三角形はランダムに探索した結果、星形はベイズ最適化によりすべての Y の目標を達成したときの結果を示します。ベイズ最適化では、試行ごとに各 Y が目標範囲付近に近づき、固まる傾向がありました。ベイズ最適化により効果的にプロセス設計を行えることが確認できます。

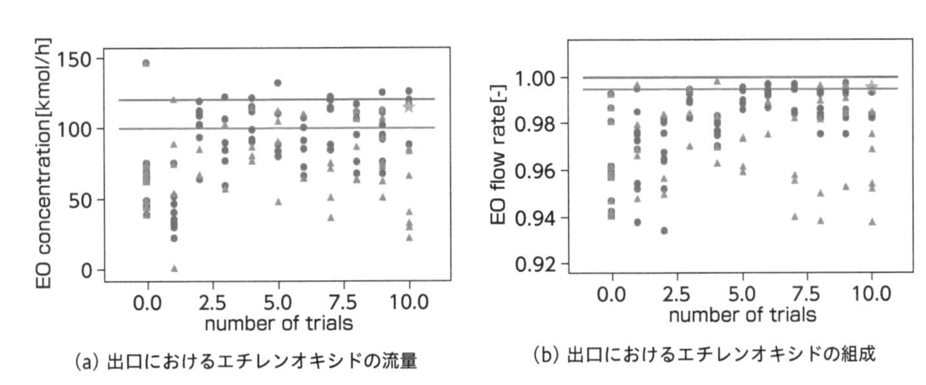

(a) 出口におけるエチレンオキシドの流量

(b) 出口におけるエチレンオキシドの組成

図 6.13 プロセス設計における試行ごとの Y の値。横線は Y の目標範囲、青色の丸はベイズ最適化の結果、灰色の三角形はランダムに探索した結果、星形はベイズ最適化によりすべての Y の目標を達成したときの結果

第7章 さらなる深みを目指すために

本書では、分子設計・材料設計・プロセス設計において、実験計画法やベイズ最適化をはじめとする適応的実験計画法により少ない実験回数やシミュレーション回数でそれぞれ所望の分子・材料やプロセスを探索するお話をしました。5.3 節の適応的実験計画法では、回帰モデルによる目的変数 Y の予測値が良好な値となる、実験条件 X の候補が次の実験候補として選択されます。5.4 節のベイズ最適化では、GPR モデル（3.11 節参照）からの Y の予測値とその分散に基づいて計算される獲得関数の値が最大となる、X の候補が次の実験候補として選択されます。しかし、ベイズ最適化をはじめとする適応的実験計画法では、有限個のサンプルの中からの候補を選択しているに過ぎず、その中に最適解があるとは限りません。また、5.1 節で説明したように、サンプル生成のときに X に上限値や下限値を決めるため、それらを超える候補は得られません。最初に想定した範囲内の候補しか得られないわけです。そこで本章では、それらの問題を解決するための、**Gaussian Mixture Regression (GMR)** [51] に基づく適応的実験計画法である、GMR-Based Optimization (GMRBO) [52] を紹介します。GMR モデルは（複数の）Y の目標値から直接 X の値を予測できるため、X に上限値や下限値を決めることなく X の候補を計算できます。GMR と GMR による適応的実験計画法について説明した後に、6.1 節で扱った非線形関数である Rastrigin 関数 [43] および Griewank 関数 [44] を用いた数値シミュレーションにより、特に X の特徴量の数が多いときに、GMRBO によってベイズ最適化をはじめとする従来の適応的実験計画法より劇的に少ない実験回数で Y の目標値を達成できること、そして既存の Y の値を超越する実験結果が得られることを示します。

7.1 Gaussian Mixture Regression (GMR)

GMR とは Gaussian Mixture Model (GMM) [53] に基づいて回帰分析を行う手法であり、複数のガウス分布の重ね合わせによりデータセットを表現するモデルが構築されます。ある X のサンプル $\mathbf{x}$（要素数 m の横ベクトル、m は X の特徴量の数）について、GMM の確率密度分布 $p(\mathbf{x})$ は以下の式で表されます。

$$p(\mathbf{x}) = \sum_{k=1}^{n} \pi_k N(\mathbf{x}|\boldsymbol{\mu}_k, \boldsymbol{\Sigma}_k) \tag{7.1}$$

ここで $N()$ は正規分布を表し、$\boldsymbol{\mu}_k$, $\boldsymbol{\Sigma}_k$ はそれぞれ k 番目の正規分布における平均ベクトルと分散共分散行列、n は 正規分布の数です。π_k は k 番目の正規分布の重みであり、以下のような条件で与えられ

第7章

ます。

$$0 \leqq \pi_k \leqq 1, \sum_{k=1}^{n} \pi_k = 1 \tag{7.2}$$

$\boldsymbol{\mu}_k, \boldsymbol{\Sigma}_k, \pi_k$ は対数尤度関数に基づく Expectation-Maximization アルゴリズム [54] により求められます。

GMR では X のサンプル $\mathbf{x}$ と Y のサンプル $\mathbf{y}$（要素数 p の横ベクトル、p は Y の特徴量の数）を合わせたデータセットで GMM を計算することで、X と Y の同時確率分布を求めます。確率の乗法定理とベイズの定理から、X が与えられたときの事後確率分布 $p(\mathbf{y}|\mathbf{x})$ を計算することで Y を予測でき、逆に Y が与えられたときの事後確率分布 $p(\mathbf{x}|\mathbf{y})$ を計算することで、X の予測、つまりモデルの逆解析ができます。

GMM の式 (7.1) において X と Y を明示的に分けることで、X と Y の同時確率分布は以下のように表されます。

$$p(\mathbf{x}, \mathbf{y}) = \sum_{i=1}^{n} \pi_i N\left(\begin{bmatrix} \mathbf{x} & \mathbf{y} \end{bmatrix} \middle| \begin{bmatrix} \boldsymbol{\mu}_{\mathrm{x},i} & \boldsymbol{\mu}_{\mathrm{y},i} \end{bmatrix}, \begin{bmatrix} \boldsymbol{\Sigma}_{\mathrm{xx},i} & \boldsymbol{\Sigma}_{\mathrm{yx},i} \\ \boldsymbol{\Sigma}_{\mathrm{xy},i} & \boldsymbol{\Sigma}_{\mathrm{yy},i} \end{bmatrix}\right) \tag{7.3}$$

ここで $\boldsymbol{\mu}_{\mathrm{x},i}, \boldsymbol{\mu}_{\mathrm{y},i}$ はそれぞれ i 番目の正規分布における X の平均ベクトルおよび Y の平均ベクトル、$\boldsymbol{\Sigma}_{\mathrm{xx},i}, \boldsymbol{\Sigma}_{\mathrm{yy},i}$ はそれぞれ i 番目の正規分布における、X の分散共分散行列および Y の分散共分散行列、$\boldsymbol{\Sigma}_{\mathrm{xy},i}, \boldsymbol{\Sigma}_{\mathrm{yx},i}$ は i 番目の正規分布における、X と Y の共分散行列です。

Y から X を推定することは、Y が与えられたときの X の事後確率分布 $p(\mathbf{x}|\mathbf{y})$ を求めることに対応し、$p(\mathbf{x}|\mathbf{y})$ は確率の乗法定理とベイズの定理より以下のように変形できます。

$$\begin{aligned} p(\mathbf{x}|\mathbf{y}) &= \sum_{i=1}^{n} p(\mathbf{x}|\mathbf{y}, \boldsymbol{\mu}_{\mathrm{y},i}, \boldsymbol{\Sigma}_{\mathrm{yy},i})\, p(\boldsymbol{\mu}_{\mathrm{y},i}, \boldsymbol{\Sigma}_{\mathrm{yy},i}|\mathbf{x}) \\ &= \sum_{i=1}^{n} p(\mathbf{x}|\mathbf{y}, \boldsymbol{\mu}_{\mathrm{y},i}, \boldsymbol{\Sigma}_{\mathrm{yy},i}) \frac{p(\mathbf{y}|\boldsymbol{\mu}_{\mathrm{y},i}, \boldsymbol{\Sigma}_{\mathrm{yy},i})\, p(\boldsymbol{\mu}_{\mathrm{y},i}, \boldsymbol{\Sigma}_{\mathrm{yy},i})}{\sum_{j=1}^{n} p(\mathbf{y}|\boldsymbol{\mu}_{\mathrm{y},j}, \boldsymbol{\Sigma}_{\mathrm{yy},j})\, p(\boldsymbol{\mu}_{\mathrm{y},j}, \boldsymbol{\Sigma}_{\mathrm{yy},j})} \\ &= \sum_{i=1}^{n} p(\mathbf{x}|\mathbf{y}, \boldsymbol{\mu}_{\mathrm{y},i}, \boldsymbol{\Sigma}_{\mathrm{yy},i}) \frac{\pi_i p(\mathbf{y}|\boldsymbol{\mu}_{\mathrm{y},i}, \boldsymbol{\Sigma}_{\mathrm{yy},i})}{\sum_{j=1}^{n} \pi_j p(\mathbf{y}|\boldsymbol{\mu}_{\mathrm{y},j}, \boldsymbol{\Sigma}_{\mathrm{yy},j})} \\ &= \sum_{i=1}^{n} w_{\mathrm{y},i}\, p(\mathbf{x}|\mathbf{y}, \boldsymbol{\mu}_{\mathrm{y},i}, \boldsymbol{\Sigma}_{\mathrm{yy},i}) \end{aligned} \tag{7.4}$$

ただし、

$$w_{\mathrm{y},i} = \frac{\pi_i p\left(\mathbf{y}|\boldsymbol{\mu}_{\mathrm{y},i}, \boldsymbol{\Sigma}_{\mathrm{yy},i}\right)}{\sum_{j=1}^{n} \pi_j p\left(\mathbf{y}|\boldsymbol{\mu}_{\mathrm{y},j}, \boldsymbol{\Sigma}_{\mathrm{yy},j}\right)} \tag{7.5}$$

です。ここで、$p(\mathbf{x}|\mathbf{y}, \boldsymbol{\mu}_{\mathrm{y},i}, \boldsymbol{\Sigma}_{\mathrm{yy},i})$ は、X の推定結果を表す混合正規分布における i 番目の正規分布を意味し、$w_{\mathrm{y},i}$ はその正規分布の重みを意味します。$p(\mathbf{x}|\mathbf{y}, \boldsymbol{\mu}_{\mathrm{y},i}, \boldsymbol{\Sigma}_{\mathrm{yy},i})$ について、平均ベクトル $\mathbf{m}_i(\mathbf{y})$ および分散共分散行列 $\mathbf{S}_i(\mathbf{y})$ は以下の式で与えられます。

$$\mathbf{m}_i\left(\mathbf{y}\right) = \boldsymbol{\mu}_{\mathrm{x},i} + \left(\mathbf{y} - \boldsymbol{\mu}_{\mathrm{y},i}\right)\boldsymbol{\Sigma}_{\mathrm{yy},i}^{-1}\boldsymbol{\Sigma}_{\mathrm{yx},i} \tag{7.6}$$

$$\mathbf{S}_i\left(\mathbf{y}\right) = \boldsymbol{\Sigma}_{\mathrm{xx},i} - \boldsymbol{\Sigma}_{\mathrm{xy},i}\boldsymbol{\Sigma}_{\mathrm{yy},i}^{-1}\boldsymbol{\Sigma}_{\mathrm{yx},i} \tag{7.7}$$

なお、以上の説明において X と Y を逆にすれば、X から Y を推定できます。

本書では、GMR におけるハイパーパラメータを以下の 3 つとして、それらの候補のすべての組み合わせでクロスバリデーションを行い、決定係数 r^2 が最も大きい組み合わせを選択します。

- 混合正規分布の数 : 1, 2, …, 30
- 分散共分散行列の種類 : scikit-learn の sklearn.mixture.GaussianMixture [54] における 'full', 'diag', 'tied', 'spherical'
- Y もしくは X の推定方法 : 式 (7.5) の $w_{\mathrm{y},i}$ が最大となる正規分布の推定値を採用、もしくは式 (7.5) の $w_{\mathrm{y},i}$ によって重み付き平均を計算

GMM の計算には scikit-learn ライブラリの mixture.GaussianMixture [55] を、GMR の計算には DCEKit [56] を使用しました。

7.2 GMR-Based Optimization (GMRBO) (GMR に基づく適応的実験計画法)

GMR に基づく適応的実験計画法を **GMR-Based Optimization (GMRBO)** と呼びます。最初に実験する X の候補を実験計画法により決定し (5.1, 5.2 節参照)、実験により Y の結果を獲得した後、すなわち最初のデータセットが得られた後、GMRBO では Y の目標値を設定してから以下の流れで適応的実験計画法が実施されます。

1. データセットを用いて GMR モデルを構築する
2. Y の目標値を GMR モデル に入力して、X の値を推定する
3. 推定された X で実験する
4. 実験結果が Y の目標を達成していたら終了する。達成していなかったら実験結果をデータセットに追加して 1. へ

GMR は Y の値から直接 X の値を推定できるため、GMRBO のアルゴリズムはシンプルであり、かつ X に上限値や下限値を決めることなく最適解を計算できます。なお、1. の GMR モデルの構築のたびに、クロスバリデーションにより GMR のハイパーパラメータを最適化します。

GMRBO の Python コードはこちら[56]から利用できます。

7.3 複雑な非線形関数を用いた GMRBO の検証

6.1 節の各手法と同様にして GMRBO の性能を検証しました。検証方法の詳細は 6.1 節をご覧ください。各手法では、1,000,000 個の中でまだ選択されていない候補の中から、Y の推定値が最大の候補や、獲得関数の値が最大の候補を選択しましたが、GMRBO では Y の目標値から X を直接推定できるため、Y の目標値を GMR モデルに入力して得られる X の値を次の候補とします。ただし、GBRBO でも繰り返し回数が 100 回に到達したら（合計の実験回数が 130 になったら）、強制的に終了とします。

この探索を、初期データセットを変えて、探索手法ごとに 100 回実施しました。探索手法ごとの、Y の目標達成までにかかった実験回数（式 (6.1) や式 (6.2) で Y の値を計算した回数）を図 7.1 から図 7.6 に示します（実験回数の最大値は 30 + 100 = 130 です）。また、Y の目標値を超える X の探索にかかった手法ごとの実験回数の平均値を表 7.1 に示します。なお図や表において、GMRBO 以外の OLS, NOLS, SVR, GPR, GPRK, GPRBO, GPRKBO の結果に関しては 6.1 節と同じです。Rastrigin 関数および Griewank 関数における $d = 5$ のときに、GMRBO では X の数が小さいときに実験回数のばらつきが大きく、また特に Griewank 関数においては平均の実験回数が大きいことを確認しました。X の変数の数が小さいときには、GMRBO では局所解に陥る可能性があると考えられます。一方で表 7.1 より、Rastrigin 関数および Griewank 関数における $d = 5$ のとき以外は、GMRBO により平均的に最も少ない実験回数で Y の目標値を達成しました。特に Griewank 関数において、ベイズ最適化 (GPRBO, GPRKBO) ではまったく探索できませんでしたが、GMRBO により平均 53 回、46 回で Y の目標達成が可能でした。GMRBO はベイズ最適化と比較しても効率的な適応的実験計画法であると考えられます。また図 7.2、図 7.3 より、Rastrigin 関数では GMRBO における Y の日標達成までの実験回数だけでなく、そのばらつきも小さいことを確認しました。GMRBO により安定的に少ない実験回数で Y の目標を達成できるといえます。GMR により Y の目標値から直接的に X の候補を推定することで、Y の目標達成のための X の最適解を計算できると考えられます。

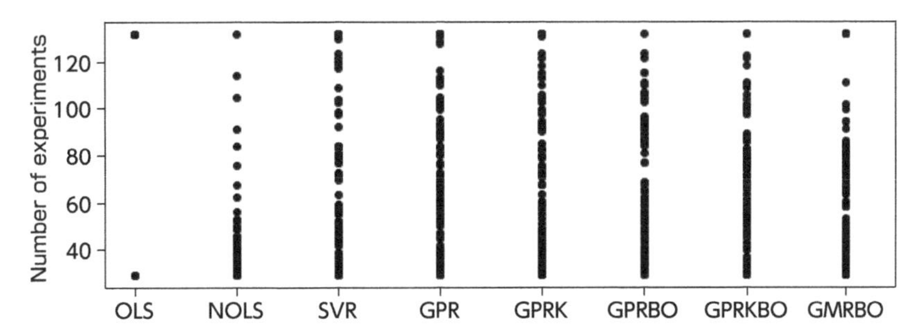

図 7.1　$d = 5$ の Rastrigin 関数における、Y の目標値を超える X の探索にかかった手法ごとの実験回数

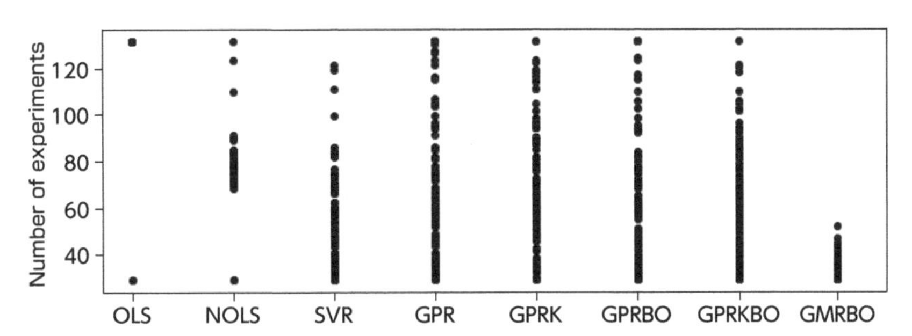

図 7.2　$d = 10$ の Rastrigin 関数における、Y の目標値を超える X の探索にかかった手法ごとの実験回数

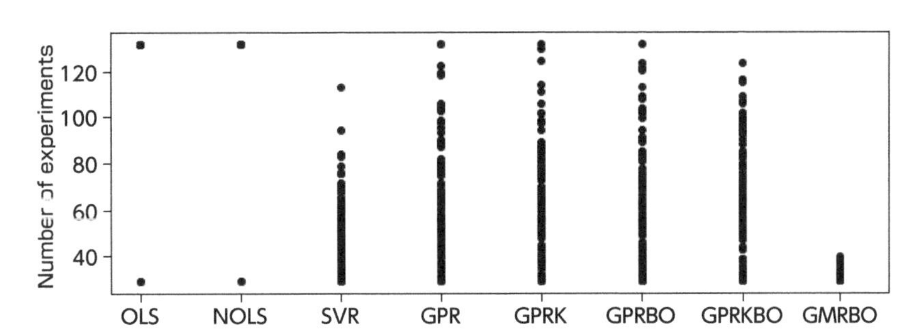

図 7.3　$d = 15$ の Rastrigin 関数における、Y の目標値を超える X の探索にかかった手法ごとの実験回数

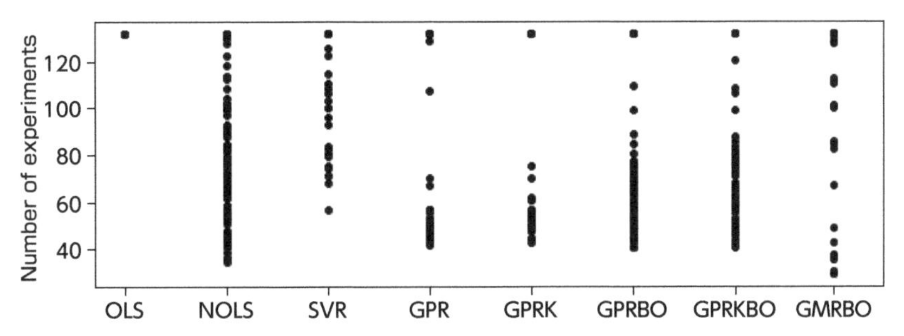

図 7.4　$d = 5$ の Griewank 関数における、Y の目標値を超える X の探索にかかった手法ごとの実験回数

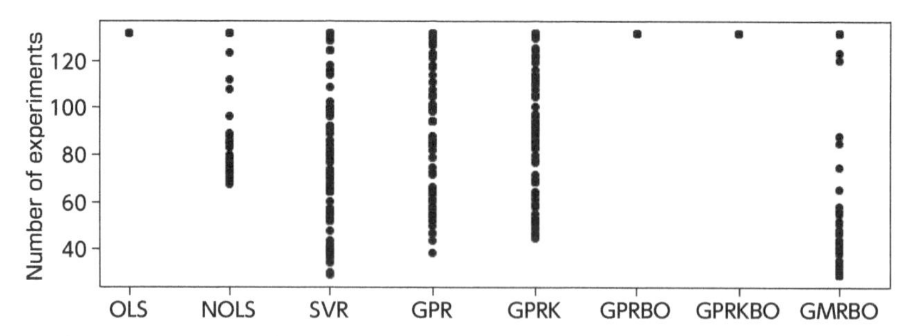

図 7.5　$d = 10$ の Griewank 関数における、Y の目標値を超える X の探索にかかった手法ごとの実験回数

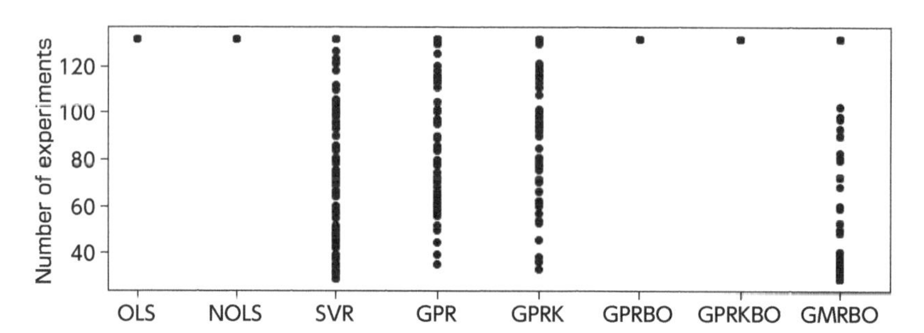

図 7.6　$d = 15$ の Griewank 関数における、Y の目標値を超える X の探索にかかった手法ごとの実験回数

表 7.1　Y の目標値を超える X の探索にかかった手法ごとの実験回数の平均値

関数	d	OLS	NOLS	SVR	GPR	GPRK	GPRBO	GPRKBO	GMRBO
Rastrigin 関数	5	127	44	62	76	71	64	66	57
	10	128	75	52	69	71	62	66	36
	15	128	128	50	63	65	63	66	33
Griewank 関数	5	130	84	122	105	109	73	78	119
	10	130	99	88	106	105	130	130	53
	15	130	130	78	104	110	130	130	46

第8章 数学の基礎・Anaconda・Spyder

本書では手法などの説明において数学の基礎を用いています。本章の 8.1, 8.2, 8.3 節ではその内容について説明します。8.4 節では Anaconda と RDKit のインストールの仕方や Spyder の簡単な使用方法を説明します。

8.1 行列やベクトルの表現・転置行列・逆行列・固有値分解

3.1 節の表 3.1 のようなデータセットの数値部分を、数学では以下のように表します。

$$\mathbf{Z} = \begin{pmatrix} z_1^{(1)} & z_2^{(1)} & z_3^{(1)} & \cdots \\ z_1^{(2)} & z_2^{(2)} & z_3^{(2)} & \cdots \\ z_1^{(3)} & z_2^{(3)} & z_3^{(3)} & \cdots \\ z_1^{(4)} & z_2^{(4)} & z_3^{(4)} & \cdots \\ \vdots & \vdots & \vdots & \ddots \end{pmatrix} \tag{8.1}$$

このように縦に 2 つ以上、横に 2 つ以上の数値が並んだものを**行列**と呼び、行列の中の数値のことを**行列の要素**と呼びます。縦に m 行、横に n 列並んでいるとき、m 行 n 列の行列、もしくは $m \times n$ の行列といいます。式 (8.1) の $\mathbf{Z}$ が $m \times n$ の行列のとき、サンプル数が m、特徴量の数が n のデータセットであることと対応します。例えば以下の行列について、$\mathbf{A}$ は 2×2 の行列、$\mathbf{B}$ は 3×4 の行列となります。

$$\mathbf{A} = \begin{pmatrix} 2 & 3 \\ 1 & 2 \end{pmatrix} \tag{8.2}$$

$$\mathbf{B} = \begin{pmatrix} 4 & -2 & 1.2 & 6 \\ 4.5 & 0 & -4 & -1.2 \\ 7 & 9.5 & 8.1 & -3 \end{pmatrix} \tag{8.3}$$

$\mathbf{Z}, \mathbf{A}, \mathbf{B}$ のように、行列を表す記号は慣例的に大文字の太字 (ボールド体、bold) です。

行列の縦と横を入れかえることを**転置する**といい、転置した後の行列を**転置行列**と呼びます。$\mathbf{Z}$ の転置行列は $\mathbf{Z}^{\mathrm{T}}$ と表されます。例えば式 (8.2), (8.3) の $\mathbf{A}, \mathbf{B}$ それぞれの転置行列は以下のようになります。

$$\mathbf{A}^{\mathrm{T}} = \begin{pmatrix} 2 & 1 \\ 3 & 2 \end{pmatrix} \tag{8.4}$$

$$\mathbf{B}^{\mathrm{T}} = \begin{pmatrix} 4 & 4.5 & 7 \\ -2 & 0 & 9.5 \\ 1.2 & -4 & 8.1 \\ 6 & -1.2 & -3 \end{pmatrix} \tag{8.5}$$

以下の $\mathbf{C}, \mathbf{D}$ のように、行数と列数が等しい行列を**正方行列**と呼びます。

$$\mathbf{C} = \begin{pmatrix} 2 & 3 \\ 1 & 2 \end{pmatrix} \tag{8.6}$$

$$\mathbf{D} = \begin{pmatrix} 0.5 & 5.4 & -3 & 4 \\ 2.5 & 2 & 2.8 & 3.2 \\ 3 & 6.8 & 5.9 & -0.4 \\ -8.1 & 9 & -2.3 & 10 \end{pmatrix} \tag{8.7}$$

また以下の $\mathbf{E}, \mathbf{I}$ のように、対角成分が 1 で他が 0 の正方行列を**単位行列**と呼びます（単位行列は、多くの場合 $\mathbf{E}$ や $\mathbf{I}$ の記号で表されます）。

$$\mathbf{E} = \begin{pmatrix} 1 & 0 \\ 0 & 1 \end{pmatrix} \tag{8.8}$$

$$\mathbf{I} = \begin{pmatrix} 1 & 0 & 0 & 0 \\ 0 & 1 & 0 & 0 \\ 0 & 0 & 1 & 0 \\ 0 & 0 & 0 & 1 \end{pmatrix} \tag{8.9}$$

以下の式のように、縦に 2 つ以上、横に 1 つ数値が並んだものを**縦ベクトル**と呼びます。

$$\mathbf{a} = \begin{pmatrix} 1 \\ 6 \end{pmatrix} \tag{8.10}$$

$$\mathbf{b} = \begin{pmatrix} 7 \\ -4 \\ 3 \end{pmatrix} \tag{8.11}$$

3.1 節の表 3.1 における各特徴量は縦ベクトルで表せます。一方で、以下の式のように、縦に 1 つ、横に 2 つ以上数値が並んだものを**横ベクトル**と呼びます。

$$\mathbf{c} = \begin{pmatrix} 1 & 6 \end{pmatrix} \tag{8.12}$$

$$\mathbf{d} = \begin{pmatrix} 9 & 4.3 & -8 & -1.3 \end{pmatrix} \tag{8.13}$$

3.1 節の表 3.1 における各サンプルは横ベクトルで表せます。縦ベクトルと横ベクトルを合わせて、単に**ベクトル**と呼び、ベクトルの中の数値を**ベクトルの要素**と呼びます。$\mathbf{a}, \mathbf{b}, \mathbf{c}, \mathbf{d}$ のように、ベクトルを表す記号は慣例的に小文字の太字（ボールド体、bold）です。縦ベクトルを転置すると横ベクトルになり、横ベクトルを転置すると縦ベクトルになります。転置の記号は行列における転置の記号と同じです。例えば、式 (8.10), (8.12) において、$\mathbf{a} = \mathbf{c}^{\mathrm{T}}, \mathbf{c} = \mathbf{a}^{\mathrm{T}}$ となります。

ベクトルは、ある空間における原点を起点とした矢印で表すことができます。例えば、以下のベクトルについて考えます。

$$\begin{pmatrix} x \\ y \end{pmatrix} = \begin{pmatrix} 2 \\ 1 \end{pmatrix} \tag{8.14}$$

これは $x = 2, y = 1$ であり、図 8.1 のような x, y座標（2 次元座標）において式 (8.14) のベクトルは原点からの矢印で表わされます。なおベクトル $(2 \quad 1)$ も図 8.1 と同じ矢印で表されます。縦ベクトルだけでなく、それを転置した横ベクトルも同じ矢印を表すわけです。ベクトルの要素の数が増えても同様に、ベクトルは原点からの矢印を表します。例えば、ベクトル $(-2 \quad 3.4 \quad 5.1)$ は x, y, z座標（3 次元座標）での原点からの矢印、ベクトル $(1.4 \quad -3.5 \quad 2.4 \quad 20.5)$ は 4 次元座標での原点からの矢印を表します。

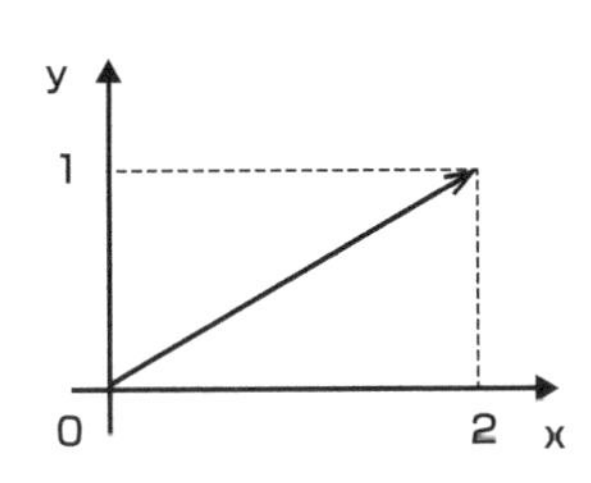

図 8.1　ベクトルの座標表示

矢印は「方向」と「長さ」をもっており、矢印の長さがベクトルの大きさとなります。ベクトルの大きさは、各要素を 2 乗したものを足し合わせて平方根を取ることで、計算できます。例えば式 (8.10), (8.12) の $\mathbf{a}, \mathbf{c}$ の大きさは、それぞれ $\|\mathbf{a}\|, \|\mathbf{c}\|$ という記号で表され、

$$\|\mathbf{a}\| = \|\mathbf{c}\| = \sqrt{1^2 + 6^2} = \sqrt{37} \tag{8.15}$$

となり、式 (8.11) の $\mathbf{b}$ の大きさ $\|\mathbf{b}\|$ は

$$\|\mathbf{b}\| = \sqrt{7^2 + (-4)^2 + 3^2} = \sqrt{74} \tag{8.16}$$

となります。

行列はベクトルで構成されます。例えば式 (8.3) の $\mathbf{B}$ は、以下のように表現できます。

$$\mathbf{e} = \begin{pmatrix} 4 \\ 4.5 \\ 7 \end{pmatrix}, \mathbf{f} = \begin{pmatrix} -2 \\ 0 \\ 9.5 \end{pmatrix}, \mathbf{g} = \begin{pmatrix} 1.2 \\ -4 \\ 8.1 \end{pmatrix}, \mathbf{h} = \begin{pmatrix} 6 \\ -1.2 \\ -3 \end{pmatrix} \tag{8.17}$$

$$\mathbf{B} = \begin{bmatrix} \mathbf{e} & \mathbf{f} & \mathbf{g} & \mathbf{h} \end{bmatrix} = \begin{bmatrix} \mathbf{e}^{\mathrm{T}} & \mathbf{f}^{\mathrm{T}} & \mathbf{g}^{\mathrm{T}} & \mathbf{h}^{\mathrm{T}} \end{bmatrix}^{\mathrm{T}} \tag{8.18}$$

ベクトルや行列の足し算・引き算は、以下のように、それぞれ要素ごとに足し算・引き算をします。

$$\begin{pmatrix} a & b & c \end{pmatrix} + \begin{pmatrix} d & e & f \end{pmatrix} = \begin{pmatrix} a+d & b+e & c+f \end{pmatrix} \tag{8.19}$$

$$\begin{pmatrix} a & b \\ c & d \\ e & f \end{pmatrix} - \begin{pmatrix} g & h \\ i & j \\ k & l \end{pmatrix} = \begin{pmatrix} a-g & b-h \\ c-i & d-j \\ e-k & f-l \end{pmatrix} \tag{8.20}$$

具体的には、例えば以下のように計算されます。

$$\begin{pmatrix} 1 \\ 2 \end{pmatrix} - \begin{pmatrix} 6 \\ 5 \end{pmatrix} = \begin{pmatrix} -5 \\ -3 \end{pmatrix} \tag{8.21}$$

$$\begin{pmatrix} 2.1 & 5.6 \\ -1.6 & 3.2 \end{pmatrix} + \begin{pmatrix} -0.6 & 9.6 \\ 1.5 & -2.2 \end{pmatrix} = \begin{pmatrix} 1.5 & 15.2 \\ -0.1 & 1 \end{pmatrix} \tag{8.22}$$

行列やベクトルを定数倍するとき、その行列やベクトルのすべての要素を定数倍します。例えば以下のように計算できます。

$$2\mathbf{A} = 2\begin{pmatrix} 2 & 3 \\ 1 & 2 \end{pmatrix} = \begin{pmatrix} 4 & 6 \\ 2 & 4 \end{pmatrix} \tag{8.23}$$

$$-4\mathbf{b} = -4\begin{pmatrix} 7 \\ -4 \\ 3 \end{pmatrix} = \begin{pmatrix} -28 \\ 16 \\ -12 \end{pmatrix} \tag{8.24}$$

行列同士の掛け算、ベクトル同士の掛け算、行列とベクトルの掛け算は、足し算・引き算と比べて少し複雑です。3 × 2 の行列と 2 × 3 の行列の掛け算（後で説明するように、正確には 3 × 2 の行列に右から 2 × 3 の行列を掛ける、と表現します）は以下の式のようになります。

$$\begin{pmatrix} a & b \\ c & d \\ e & f \end{pmatrix} \begin{pmatrix} g & h & i \\ j & k & l \end{pmatrix} = \begin{pmatrix} ag+bj & ah+bk & ai+bl \\ cg+dj & ch+dk & ci+dl \\ eg+fj & eh+fk & ei+fl \end{pmatrix} \tag{8.25}$$

計算の仕方について、図 8.2 をご覧ください。他の大きさの行列でも、例えば以下のように、同様の計算方法で掛け算できます。

$$
\begin{aligned}
\begin{pmatrix} 1 & 2 \\ 3 & 4 \end{pmatrix}\begin{pmatrix} 5 & 7 \\ 6 & 8 \end{pmatrix} &= \begin{pmatrix} 1\times 5+2\times 6 & 1\times 7+2\times 8 \\ 3\times 5+4\times 6 & 3\times 7+4\times 8 \end{pmatrix} \\
&= \begin{pmatrix} 17 & 23 \\ 39 & 53 \end{pmatrix}
\end{aligned}
\tag{8.26}
$$

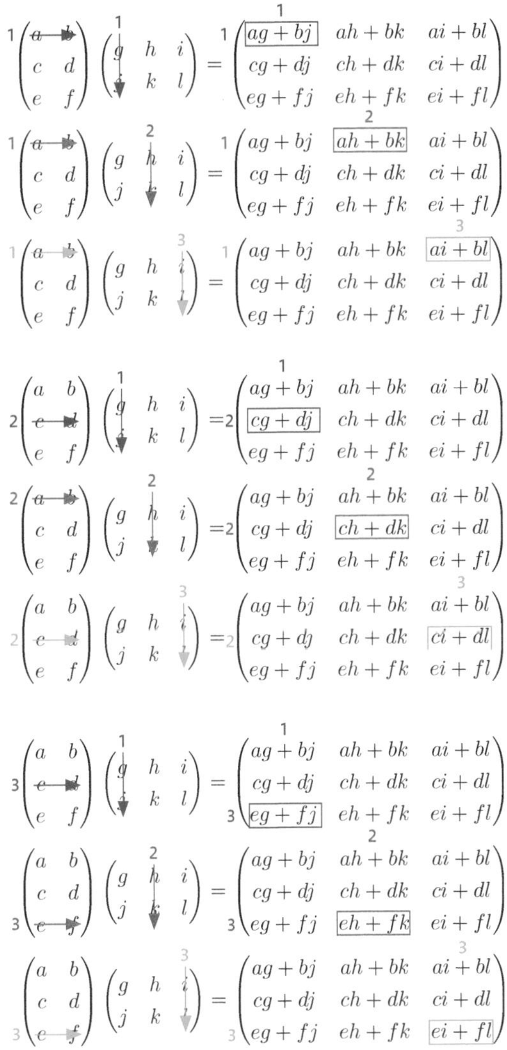

$$\begin{pmatrix} a & b \\ c & d \\ e & f \end{pmatrix}\begin{pmatrix} g & h & i \\ j & k & l \end{pmatrix} = \begin{pmatrix} \boxed{ag+bj} & ah+bk & ai+bl \\ cg+dj & ch+dk & ci+dl \\ eg+fj & eh+fk & ei+fl \end{pmatrix}$$

$$\begin{pmatrix} a & b \\ c & d \\ e & f \end{pmatrix}\begin{pmatrix} g & h & i \\ j & k & l \end{pmatrix} = \begin{pmatrix} ag+bj & \boxed{ah+bk} & ai+bl \\ cg+dj & ch+dk & ci+dl \\ eg+fj & eh+fk & ei+fl \end{pmatrix}$$

$$\begin{pmatrix} a & b \\ c & d \\ e & f \end{pmatrix}\begin{pmatrix} g & h & i \\ j & k & l \end{pmatrix} = \begin{pmatrix} ag+bj & ah+bk & \boxed{ai+bl} \\ cg+dj & ch+dk & ci+dl \\ eg+fj & eh+fk & ei+fl \end{pmatrix}$$

$$\begin{pmatrix} a & b \\ c & d \\ e & f \end{pmatrix}\begin{pmatrix} g & h & i \\ j & k & l \end{pmatrix} = \begin{pmatrix} ag+bj & ah+bk & ai+bl \\ \boxed{cg+dj} & ch+dk & ci+dl \\ eg+fj & eh+fk & ei+fl \end{pmatrix}$$

$$\begin{pmatrix} a & b \\ c & d \\ e & f \end{pmatrix}\begin{pmatrix} g & h & i \\ j & k & l \end{pmatrix} = \begin{pmatrix} ag+bj & ah+bk & ai+bl \\ cg+dj & \boxed{ch+dk} & ci+dl \\ eg+fj & eh+fk & ei+fl \end{pmatrix}$$

$$\begin{pmatrix} a & b \\ c & d \\ e & f \end{pmatrix}\begin{pmatrix} g & h & i \\ j & k & l \end{pmatrix} = \begin{pmatrix} ag+bj & ah+bk & ai+bl \\ cg+dj & ch+dk & \boxed{ci+dl} \\ eg+fj & eh+fk & ei+fl \end{pmatrix}$$

$$\begin{pmatrix} a & b \\ c & d \\ e & f \end{pmatrix}\begin{pmatrix} g & h & i \\ j & k & l \end{pmatrix} = \begin{pmatrix} ag+bj & ah+bk & ai+bl \\ cg+dj & ch+dk & ci+dl \\ \boxed{eg+fj} & eh+fk & ei+fl \end{pmatrix}$$

$$\begin{pmatrix} a & b \\ c & d \\ e & f \end{pmatrix}\begin{pmatrix} g & h & i \\ j & k & l \end{pmatrix} = \begin{pmatrix} ag+bj & ah+bk & ai+bl \\ cg+dj & ch+dk & ci+dl \\ eg+fj & \boxed{eh+fk} & ei+fl \end{pmatrix}$$

$$\begin{pmatrix} a & b \\ c & d \\ e & f \end{pmatrix}\begin{pmatrix} g & h & i \\ j & k & l \end{pmatrix} = \begin{pmatrix} ag+bj & ah+bk & ai+bl \\ cg+dj & ch+dk & ci+dl \\ eg+fj & eh+fk & \boxed{ei+fl} \end{pmatrix}$$

図 8.2　行列の掛け算の例

第8章

行列の掛け算の注意点として、ある行列 $\mathbf{F}$ に右から別の行列 $\mathbf{G}$ を掛け算する $\mathbf{FG}$ において､$\mathbf{F}$ の列の大きさと､$\mathbf{G}$ の行の大きさが等しい必要があります。$m \times n$ の行列に右から $p \times q$ の行列を掛け算するとき､$n = p$ である必要がある、ということです。なお､m と q は何でもよく､$m \times n$ の行列に右から $p \times q$ の行列を掛け算すると､$m \times q$ の行列になります。

もう一つの注意点として、行列の掛け算の順番を変えたとき、答えが同じになるとは限りません。例えば、式 (8.26) の行列の掛け算の順番を逆にしたとき、以下の式のように結果は式 (8.26) と一致しません。

$$\begin{pmatrix} 5 & 7 \\ 6 & 8 \end{pmatrix} \begin{pmatrix} 1 & 2 \\ 3 & 4 \end{pmatrix} = \begin{pmatrix} 26 & 38 \\ 30 & 44 \end{pmatrix} \tag{8.27}$$

ベクトルに関して、縦ベクトルは列の大きさが 1 の行列、横ベクトルは行の大きさが 1 の行列と考えれば、式 (8.26), (8.27) や図 8.2 の考え方と同様に、ベクトル同士の掛け算や行列とベクトルの掛け算ができます。なお 2 つのベクトルにおいて、要素ごとに掛け算してすべて足し合わせたもの（横ベクトルと縦ベクトルの掛け算）を、ベクトル同士の**内積**と呼びます。

ある正方行列 $\mathbf{H}$ について､$\mathbf{H}$ に右から掛けたり左から掛けたりすると単位行列になる正方行列のことを $\mathbf{H}$ の**逆行列**と呼び､$\mathbf{H}^{-1}$ と表します。例えば式 (8.2) の $\mathbf{A}$ の逆行列 $\mathbf{A}^{-1}$ は、以下のようになります。

$$\mathbf{A}^{-1} = \begin{pmatrix} 2 & -3 \\ -1 & 2 \end{pmatrix} \tag{8.28}$$

実際、以下の式のように $\mathbf{AA}^{-1}$ や $\mathbf{A}^{-1}\mathbf{A}$ が単位行列になることがわかります。

$$\mathbf{AA}^{-1} = \begin{pmatrix} 2 & 3 \\ 1 & 2 \end{pmatrix} \begin{pmatrix} 2 & -3 \\ -1 & 2 \end{pmatrix} = \begin{pmatrix} 1 & 0 \\ 0 & 1 \end{pmatrix} \tag{8.29}$$

$$\mathbf{A}^{-1}\mathbf{A} = \begin{pmatrix} 2 & -3 \\ -1 & 2 \end{pmatrix} \begin{pmatrix} 2 & 3 \\ 1 & 2 \end{pmatrix} = \begin{pmatrix} 1 & 0 \\ 0 & 1 \end{pmatrix} \tag{8.30}$$

$\mathbf{A}$ の逆行列 $\mathbf{A}^{-1}$ を求めることの必要性は､$\mathbf{A}^{-1}$ を求めることで $\mathbf{A}$ が係数の連立方程式を解くことにあります。例えば､x, y を変数とする以下の連立方程式を解くことを考えます。

$$\begin{aligned} 2x + 3y &= 7 \\ x + 2y &= 4 \end{aligned} \tag{8.31}$$

まず、行列 $\mathbf{A}$、ベクトル $\mathbf{b}, \mathbf{c}$ を以下の式のようにおきます。

$$\mathbf{A} = \begin{pmatrix} 2 & 3 \\ 1 & 2 \end{pmatrix} \tag{8.32}$$

$$\mathbf{b} = \begin{pmatrix} x \\ y \end{pmatrix} \tag{8.33}$$

$$\mathbf{c} = \begin{pmatrix} 7 \\ 4 \end{pmatrix} \tag{8.34}$$

すると式 (8.31) は以下のようになります。

$$\mathbf{Ab} = \mathbf{c} \tag{8.35}$$

次に、式 (8.28) のように $\mathbf{A}$ の逆行列 $\mathbf{A}^{-1}$ が求められたとして、式 (8.35) の両辺に、それぞれ左から $\mathbf{A}^{-1}$ を掛けると（行列の掛け算の注意点にあるように右から掛けるか左から掛けるかも大事です）以下の式になります。

$$\mathbf{A}^{-1}\mathbf{Ab} = \mathbf{A}^{-1}\mathbf{c} \tag{8.36}$$

式 (8.30) より $\mathbf{A}^{-1}\mathbf{A}$ は単位行列です。それを $\mathbf{E}$ とおくと、

$$\mathbf{Eb} = \mathbf{A}^{-1}\mathbf{c} \tag{8.37}$$

となります。ここで、$\mathbf{E}, \mathbf{b}, \mathbf{c}, \mathbf{A}^{-1}$ は以下のように与えられるため、

$$\mathbf{E} = \begin{pmatrix} 1 & 0 \\ 0 & 1 \end{pmatrix}, \mathbf{b} = \begin{pmatrix} x \\ y \end{pmatrix}, \mathbf{c} = \begin{pmatrix} 7 \\ 4 \end{pmatrix}, \mathbf{A}^{-1} = \begin{pmatrix} 2 & -3 \\ -1 & 2 \end{pmatrix} \tag{8.38}$$

式 (8.38) は以下のようになります。

$$\begin{pmatrix} 1 & 0 \\ 0 & 1 \end{pmatrix} \begin{pmatrix} x \\ y \end{pmatrix} = \begin{pmatrix} 2 & -3 \\ -1 & 2 \end{pmatrix} \begin{pmatrix} 7 \\ 4 \end{pmatrix} \tag{8.39}$$

左辺と右辺でそれぞれ掛け算すると、以下のように整理でき、$x = 2, y = 1$ と式 (8.31) の連立方程式を解くことができました。

$$\begin{pmatrix} x \\ y \end{pmatrix} = \begin{pmatrix} 2 \\ 1 \end{pmatrix} \tag{8.40}$$

このように、ある行列の逆行列を求めることで、その行列が係数の連立方程式を解くことができます。ある行列の逆行列を計算する方法として、掃き出し法 [57] や余因子法 [58] があります。本書では行列の逆行列を計算する方法については説明しませんが、心配する必要はありません。実際、本書のようなデータ解析・機械学習を行うときに、手計算で逆行列を求めることはなく、プログラミング言語ごとに用意されている逆行列を計算する関数を利用して計算します。例えば本書で扱う Python では **NumPy** というライブラリ [59] における `numpy.linalg.inv()` という関数に行列を入力することで、その逆行列を計算できます。

逆行列に関する注意点として、すべての（正方）行列に対して逆行列を計算できるわけではありません。逆行列を求めることは、連立方程式を解くことに対応しましたので、逆行列を計算できないということは、連立方程式を解けないということです。例えば、以下の連立方程式を考えます。

$$2x + 3y = 7 \tag{8.41}$$

$$4x + 6y = 14 \tag{8.42}$$

式 (8.41) の両辺を 2 倍すると式 (8.42) と同じになることから、式 (8.41) と式 (8.42) は実質的に同じ式です。不明な変数が x, y の 2 つありますが、式が 1 つしかありませんので、式 (8.41) と式 (8.42) の連立方程式は解けません (x, y の組み合わせは無限にあります)。

補足

2 つ目の式が式 (8.42) の代わりに $4x + 6y = 10$ であると、式 (8.41) の両辺を 2 倍した式 $(4x + 6y = 14)$ と、左辺は同じであるにもかかわらず、右辺が異なります。この場合は x, y に解はありません。

解けない連立方程式である式 (8.41), (8.42) を行列とベクトルで表すと以下のようになります。

$$\begin{pmatrix} 2 & 3 \\ 4 & 6 \end{pmatrix} \begin{pmatrix} x \\ y \end{pmatrix} = \begin{pmatrix} 7 \\ 14 \end{pmatrix} \tag{8.43}$$

ここで、式 (8.35) における $\mathbf{A}$ にあたる行列（逆行列を求めるべき行列）を以下のように $\mathbf{J}$ とします。

$$\mathbf{J} = \begin{pmatrix} 2 & 3 \\ 4 & 6 \end{pmatrix} \tag{8.44}$$

$\mathbf{J}$ において、以下のように 1 行目のベクトルの定数倍で、2 行目のベクトルが表されます。

$$2\begin{pmatrix} 2 & 3 \end{pmatrix} = \begin{pmatrix} 4 & 6 \end{pmatrix} \tag{8.45}$$

このように、あるベクトルの定数倍で、もう一つのベクトルが表されるとき、それらは線形従属（1 次従属）の関係にあるといいます。式 (8.41), (8.42) の連立方程式を解けなかったことは、行列 $\mathbf{J}$ の逆行列が存在しないことを意味します。$\mathbf{J}$ のように、行列における行の組み合わせの中に、線形従属の関係にある横ベクトルが存在するとき、その行列の逆行列を計算することはできません。なお、縦ベクトルでも、以下のベクトル $\mathbf{k}$ は式 (8.11) の $\mathbf{b}$ の -4 倍で表されるため、$\mathbf{k}$ は $\mathbf{b}$ と線形従属の関係にあるといいます。

$$\mathbf{k} = \begin{pmatrix} -28 \\ 16 \\ -12 \end{pmatrix} \tag{8.46}$$

行列における列の組み合わせの中に、線形従属の関係にある縦ベクトルが存在するとき、その行列の逆行列を計算することはできません。なお、縦ベクトルは 3.1 節の表 3.1 のようなデータセットにおいて各特徴量に対応し、3.3 節の相関係数の式にあるように、2 つの縦ベクトル、つまり特徴量が線形従属の関係にあるとき、それらの間の相関係数は 1 または －1 になり、特徴量間の情報が完全に重複していることに対応します。説明変数 X の中に、線形従属の関係にある特徴量があるとき、それらの特徴量間の相関係数は 1 または －1 になると同時に、式 (3.20) における $\left(\mathbf{X}^{\mathrm{T}}\mathbf{X}\right)$ にも線形従属の関係にあるベクトルが存在することになり、$\left(\mathbf{X}^{\mathrm{T}}\mathbf{X}\right)$ の逆行列を計算できず、回帰係数を求められません。

ある正方行列に対して、その逆行列を計算できるかどうかを判定するための指標に行列式があります。ある正方行列の行列式が 0 のとき、その正方行列の逆行列は計算できません。行列式の計算方法について、次の正方行列 $\mathbf{L}$ に対して、

$$\mathbf{L} = \begin{pmatrix} a & b \\ c & d \end{pmatrix} \tag{8.47}$$

$\mathbf{L}$ の行列式は $\det(\mathbf{L})$ や $|\mathbf{L}|$ と表し、以下の式のように計算できます。

$$\det\left(\mathbf{L}\right) = |\mathbf{L}| = ad - bc \tag{8.48}$$

この他の大きさの正方行列に対する行列式の計算方法について本書では説明しませんが、心配する必要はありません。実際、本書のようなデータ解析・機械学習を行うときに、手計算で行列式を求めることはなく、プログラミング言語ごとに用意されている行列式を計算する関数を利用して計算します。例えば本書で扱う Python では NumPy というライブラリ [59] における `numpy.linalg.det()` という関数に行列を入力することで、その行列式を計算できます。ある正方行列の行列式が 0 のとき、その正方行列の逆行列は計算できない、すなわち線形従属の関係にあるベクトル（相関係数は 1 または －1 になり情報が完全に重複しているベクトル）が存在することを意味し、行列式が 0 に近いほどそのような状況に近いことを意味します。

8.2 最尤推定法・正規分布

例えば、あるコインを 100 回投げたら 60 回表が出たとします。コインの表が出る確率を θ としたときに、このコインを 100 回投げて 60 回表が出る確率 $L(\theta)$ は以下の式で表されます。

$$L\left(\theta\right) = {}_{100}C_{60}\theta^{60}\left(1-\theta\right)^{40} \tag{8.49}$$

この確率 $L(\theta)$ を最大にする θ は、「100 回投げたら 60 回表が出た」というデータに対して、一番ありうる（最も尤もらしい）、コインの表が出る確率といえます。

$L(\theta)$ を最大にする θ を求めます。$L(\theta)$ を最大にする θ と、$L(\theta)$ の対数を最大にする θ は同じであり、$L(\theta)$ の対数のほうが扱いやすいことから、以下の式のように対数に変換します。

$$\begin{aligned}\log L(\theta) &= \log\left({}_{100}\mathrm{C}_{60}\theta^{60}(1-\theta)^{40}\right)\\ &= \log({}_{100}\mathrm{C}_{60}) + \log\left(\theta^{60}\right) + \log\left((1-\theta)^{40}\right)\\ &= \log({}_{100}\mathrm{C}_{60}) + 60\log(\theta) + 40\log(1-\theta)\end{aligned} \tag{8.50}$$

$\log L(\theta)$ が最大となるためには $\log L(\theta)$ が極大となる必要があるため、以下のように $\log L(\theta)$ を θ で微分したものを 0 とします。

$$\begin{aligned}&\frac{d}{d\theta}\log L(\theta) = 0\\ &\frac{60}{\theta} - \frac{40}{1-\theta} = 0\end{aligned} \tag{8.51}$$

これを解くと、以下のように $\theta = 0.6$ となります。

$$\begin{aligned}\frac{60}{\theta} - \frac{40}{1-\theta} &= 0\\ 60(1-\theta) - 40\theta &= 0\\ \theta &= 0.6\end{aligned} \tag{8.52}$$

以上のように、データが与えられたときに、そのデータが従う確率に関するパラメータを、データに対して一番ありうる（最も尤もらしい）ように推定する方法を**最尤推定法**と呼びます。上の例では、「100 回投げたら 60 回表が出た」というデータに対して、最も尤もらしいコインの表が出る確率を求めました。式 (8.49) のような $L(\theta)$ を**尤度関数**と呼び、最尤推定法では尤度関数が最大となる θ を求めます。

最尤推定法の例として、データを用いて**正規分布**という確率分布におけるパラメータを推定します。正規分布とは、値が分布の中心付近に固まっていてばらつきのある、図 8.3 のような確率分布です。分布の中心である平均を μ、分布のばらつき具合である分散を σ^2 とすると、正規分布の確率密度関数（図 8.3 の曲線）は以下の式で表されます。

$$p(x) = \frac{1}{\sqrt{2\pi\sigma^2}}\exp\left(-\frac{1}{2\sigma^2}(x-\mu)^2\right) \tag{8.53}$$

今、データ $x^{(1)}, x^{(2)}, \ldots, x^{(n)}$ が得られたときに（n はサンプル数）、これらが正規分布に従うとして、パラメータ μ, σ^2 を最尤推定法により求めます。先ほどのコインの例では θ は 1 つでしたが、今回は 2 つあります（推定するパラメータをベクトル $\boldsymbol{\theta} = \left(\mu, \sigma^2\right)$ で表すこともあります (3.11 節)）。

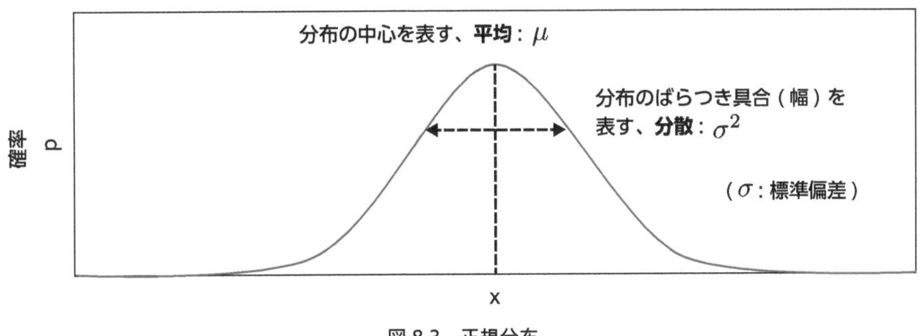

図 8.3　正規分布

例えばデータ $x^{(1)}$ が正規分布から得られる確率は、式 (8.53) の x に $x^{(1)}$ を代入して得られる値です。そのため、データ $x^{(1)}, x^{(2)}, \ldots, x^{(n)}$ がすべて同じ正規分布から得られる確率、すなわち尤度関数 $L(\mu, \sigma^2)$ は、以下の式のように式 (8.53) の x にそれぞれ代入して、すべて掛け合わせたもの（確率の掛け算）となります。

$$
\begin{aligned}
L\left(\mu, \sigma^2\right) = &\left(\frac{1}{\sqrt{2\pi\sigma^2}} \exp\left(-\frac{1}{2\sigma^2}\left(x^{(1)}-\mu\right)^2\right)\right) \times \left(\frac{1}{\sqrt{2\pi\sigma^2}} \exp\left(-\frac{1}{2\sigma^2}\left(x^{(2)}-\mu\right)^2\right)\right) \times \cdots \\
&\times \left(\frac{1}{\sqrt{2\pi\sigma^2}} \exp\left(-\frac{1}{2\sigma^2}\left(x^{(i)}-\mu\right)^2\right)\right) \times \cdots \times \left(\frac{1}{\sqrt{2\pi\sigma^2}} \exp\left(-\frac{1}{2\sigma^2}\left(x^{(n)}-\mu\right)^2\right)\right)
\end{aligned}
\tag{8.54}
$$

尤度関数を対数変換すると、式 (8.54) は以下のように変形されます（log の中の掛け算は log の足し算）。

$$
\begin{aligned}
\log L\left(\mu, \sigma^2\right) &= \log\left(\frac{1}{\sqrt{2\pi\sigma^2}} \exp\left(-\frac{1}{2\sigma^2}\left(x^{(1)}-\mu\right)^2\right)\right) + \log\left(\frac{1}{\sqrt{2\pi\sigma^2}} \exp\left(-\frac{1}{2\sigma^2}\left(x^{(2)}-\mu\right)^2\right)\right) + \cdots \\
&\quad + \log\left(\frac{1}{\sqrt{2\pi\sigma^2}} \exp\left(-\frac{1}{2\sigma^2}\left(x^{(i)}-\mu\right)^2\right)\right) + \cdots + \log\left(\frac{1}{\sqrt{2\pi\sigma^2}} \exp\left(-\frac{1}{2\sigma^2}\left(x^{(n)}-\mu\right)^2\right)\right) \\
&= \sum_{i=1}^{n} \log\left(\frac{1}{\sqrt{2\pi\sigma^2}} \exp\left(-\frac{1}{2\sigma^2}\left(x^{(i)}-\mu\right)^2\right)\right) \\
&= n \log\left(\frac{1}{\sqrt{2\pi\sigma^2}}\right) + \sum_{i=1}^{n}\left(-\frac{1}{2\sigma^2}\left(x^{(i)}-\mu\right)^2\right) \\
&= -\frac{n}{2}\log 2\pi - \frac{n}{2}\log\sigma^2 - \frac{1}{2\,\sigma^2}\sum_{i=1}^{n}\left(x^{(i)}-\mu\right)^2
\end{aligned}
\tag{8.55}
$$

まず μ を推定します。$\log L\left(\mu, \sigma^2\right)$ が最大となるためには $\log L\left(\mu, \sigma^2\right)$ が極大となる必要があるため、以下のように $\log L\left(\mu, \sigma^2\right)$ を μ で偏微分したものを 0 とします。

$$\begin{aligned}\frac{\partial}{\partial \mu} \log L\left(\mu, \sigma^2\right) &= 0 \\ -\frac{1}{\sigma^2} \sum_{i=1}^{n} \left(x^{(i)} - \mu\right) &= 0\end{aligned} \tag{8.56}$$

これを解くと、μ は以下のようになります。

$$\begin{aligned}-\frac{1}{\sigma^2} \sum_{i=1}^{n} \left(x^{(i)} - \mu\right) &= 0 \\ \sum_{i=1}^{n} \left(x^{(i)} - \mu\right) &= 0 \\ \sum_{i=1}^{n} x^{(i)} - n\mu &= 0 \\ \mu &= \frac{1}{n} \sum_{i=1}^{n} x^{(i)}\end{aligned} \tag{8.57}$$

これは 3.3 節の平均値と一致します。

次に σ^2 を推定します。$\log L\left(\mu, \sigma^2\right)$ が最大となるためには $\log L\left(\mu, \sigma^2\right)$ が極大となる必要があるため、以下のように $\log L\left(\mu, \sigma^2\right)$ を σ^2 で偏微分したものを 0 とします。

$$\begin{aligned}\frac{\partial}{\partial \sigma^2} \log L\left(\mu, \sigma^2\right) &= 0 \\ -\frac{n}{2\sigma^2} + \frac{1}{2\left(\sigma^2\right)^2} \sum_{i=1}^{n} \left(x^{(i)} - \mu\right)^2 &= 0\end{aligned} \tag{8.58}$$

これを解くと、σ^2 は以下のようになります。

$$\begin{aligned}-\frac{n}{2\sigma^2} + \frac{1}{2\left(\sigma^2\right)^2} \sum_{i=1}^{n} \left(x^{(i)} - \mu\right)^2 &= 0 \\ -\sigma^2 n + \sum_{i=1}^{n} \left(x^{(i)} - \mu\right)^2 &= 0 \\ \sigma^2 &= \frac{1}{n} \sum_{i=1}^{n} \left(x^{(i)} - \mu\right)^2\end{aligned} \tag{8.59}$$

これは、3.3 節の母分散と一致します。

8.3 確率・同時確率・条件付き確率・確率の乗法定理

ある事象 A が起こる確率を $p(\mathrm{A})$ と表します。例えば、

$$p\,(\text{サイコロを振って 1 が出る}) = \frac{1}{6} \tag{8.60}$$

です。

2 つの事象 A, B が同時に起こる確率を**同時確率**と呼び、$p(\mathrm{A},\mathrm{B})$ と表します。例えば「A がサイコロ P を振って 2 が出る、B がサイコロ Q を振って 3 が出る」であるとき、

$$p\,(\mathrm{A},\mathrm{B}) = \frac{1}{6} \times \frac{1}{6} = \frac{1}{36} \tag{8.61}$$

となります。

ある事象 A が起きた場合だけを考えたとき、別の事象 B が起きる確率を、A が与えられた下での B の**条件付き確率**と呼び、$p(\mathrm{B} \mid \mathrm{A})$ と表します。例えば「A がサイコロ P を振って 2 が出る、B がサイコロ Q を振って 3 が出る」であるとき、

$$p\,(\mathrm{B} \mid \mathrm{A}) = \frac{1}{6} \tag{8.62}$$

となります。

同時確率と条件付き確率の間に成り立つ定理に、**確率の乗法定理**があります。確率の乗法定理は以下の式で表されます。

$$p\,(\mathrm{A},\mathrm{B}) = p\,(\mathrm{B} \mid \mathrm{A})\,p\,(\mathrm{A}) \tag{8.63}$$

例えば、「A がサイコロ P を振って 4 が出る、B がサイコロ Q を振って 5 が出る」であるとき、

$$\begin{aligned} p\,(\mathrm{A},\mathrm{B}) &= \frac{1}{6} \times \frac{1}{6} = \frac{1}{36} \\ p\,(\mathrm{B} \mid \mathrm{A}) &= \frac{1}{6} \\ p\,(\mathrm{A}) &= \frac{1}{6} \end{aligned} \tag{8.64}$$

であり、式 (8.63) が成り立つことを確認できます。

8.4 Anaconda と RDKit のインストール・Spyder の使い方

本書では **Anaconda** というソフトウェアパッケージを用いることを想定しています。Anaconda は、統計処理・機械学習・科学技術計算などを行うためのソフトウェアの集まりであり、Python でデータ解析・機械学習をする環境を無料で簡単に構築できます。

Anaconda をインストールする場合は、こちらの URL [12] におけるウェブサイトが参考になります。Windows か macOS か、自分のコンピュータのオペレーティングシステム（OS）と同じほうを選び、Python 3.x version をインストールしてください。Windows 利用者の中でユーザ名に日本語を含む方は、インストール後に不具合を起こす可能性があるため、デフォルトのアドレス（C:\Users\[ユーザ名]）にではなく、日本語を含まないアドレス（例えば C:\python）にフォルダを作成し、そこにインストールするとよいでしょう。インストールが難しいときは、こちらの URL [13] におけるウェブサイトを参考にしてください。

本書のサンプルプログラムを実行したり、Python でプログラミングをしたり、実行した結果の確認・図示・保存をしたりするため、**Spyder** というソフトウェアを使います。Anaconda をインストールしたときに Spyder も一緒にインストールされています。

Spyder を起動します。Windows の方は、「Windows ボタン（スタートボタン）」→「Anaconda3」→「Spyder」を選択すれば起動できます。macOS の方は、「アプリケーションフォルダ」→「Anaconda3」→「Spyder」をダブルクリックすれば起動できます。Spyder を起動すると、図 8.4 のような起動画面になります。

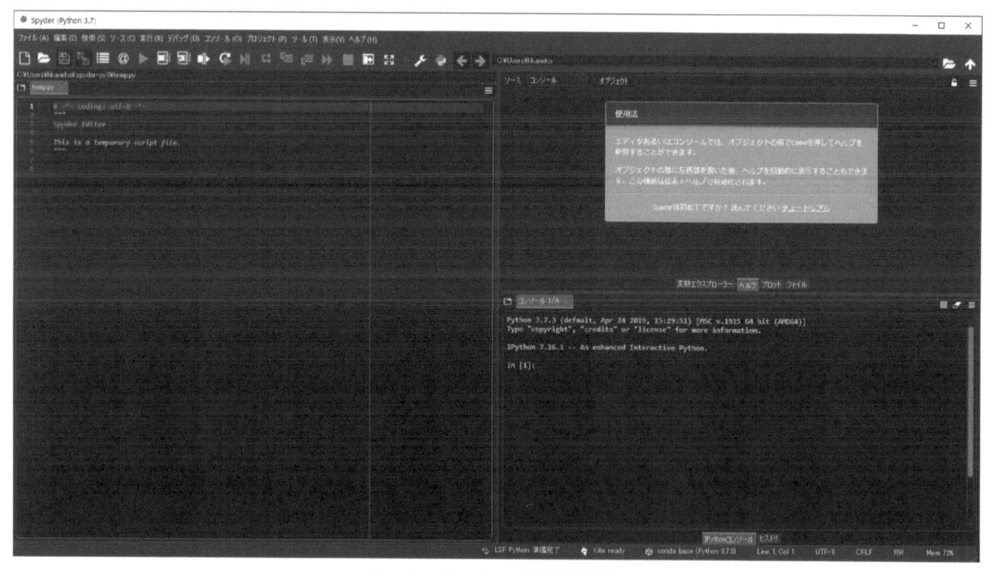

図 8.4　Spyder の起動画面①

Spyder では、図 8.5 のように大きく 3 つの領域「IPython コンソール」・「エディタ」・「その他」に分けられます。それぞれ説明します。

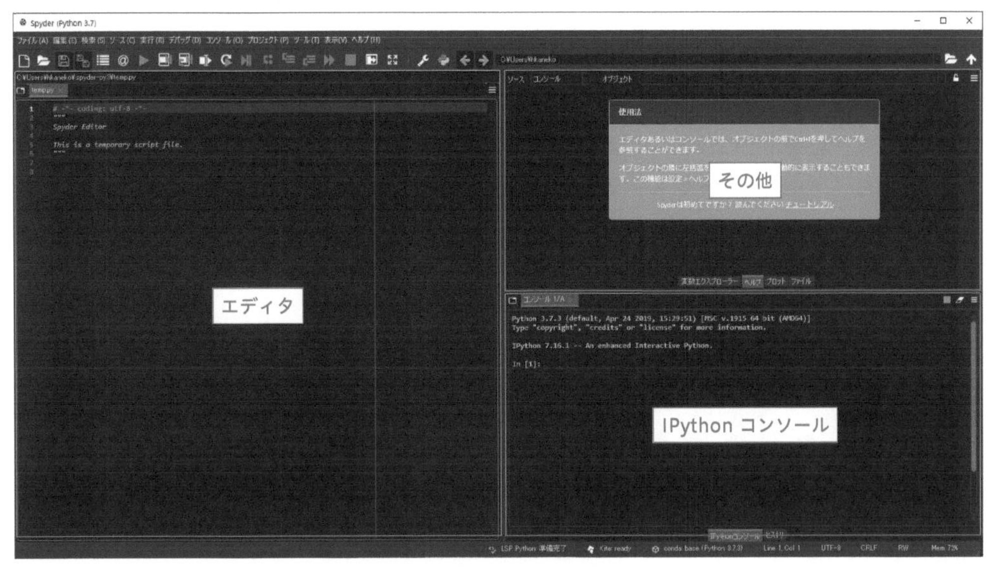

図 8.5　Spyder の起動画面②

「IPython コンソール」では、Python コードを入力して実行したり、実行結果が出力されたりします。例えば図 8.6 のように、In [1]: の右に「print('Hello World')」と入力して、Enter キーを押して実行してみましょう。その下に、「Hello World」と出力されます。「1 + 1」のように計算式を入力すると、その結果が出力されます (図 8.7)。

図 8.6　print('Hello World') を入力して実行し、結果が出力された画面

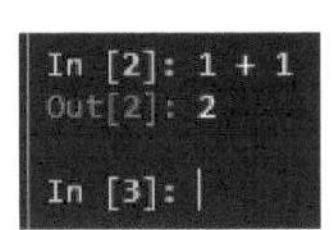

図 8.7　計算式を入力して実行し、結果が出力された画面

「エディタ」では、まとまった Python コードを書いて、Python プログラムを作成します。基本的にはテキストエディタと同じですが、Python プログラミングをしやすいように、文字の色を自動的に変えてコードを見やすくするなどのいろいろな機能があります。実際、エディタで Python プログラムを作成して実行し、IPython コンソールで結果を確認する、といった流れで、データ解析

を進めます。本書で準備されているサンプルプログラムをエディタで開くと、そのプログラムを実行できるようになります。Spyder のメニューの「ファイル」→「開く」から、該当するフォルダもしくはディレクトリに移動し、サンプルプログラムを開きましょう。その後、Spyder のメニューの「実行」→「実行」でサンプルプログラムを実行します。

「その他」は主に変数の内容や図を確認するために使います。「変数エクスプローラー」タブをクリックすると、図 8.8 のような画面が出ます（sample_program_03_02_scatter_plot.py を実行した後の結果です）。変数ごとに、名前や値を確認できます。作成した図は「プロット」タブに表示されます（図 8.9)。「プロット」タブにおける右上のハンバーガーボタン「≡」をクリックして、" インラインプロットをミュートする " のチェックを外すと、IPython コンソールに図が表示されるようになります。

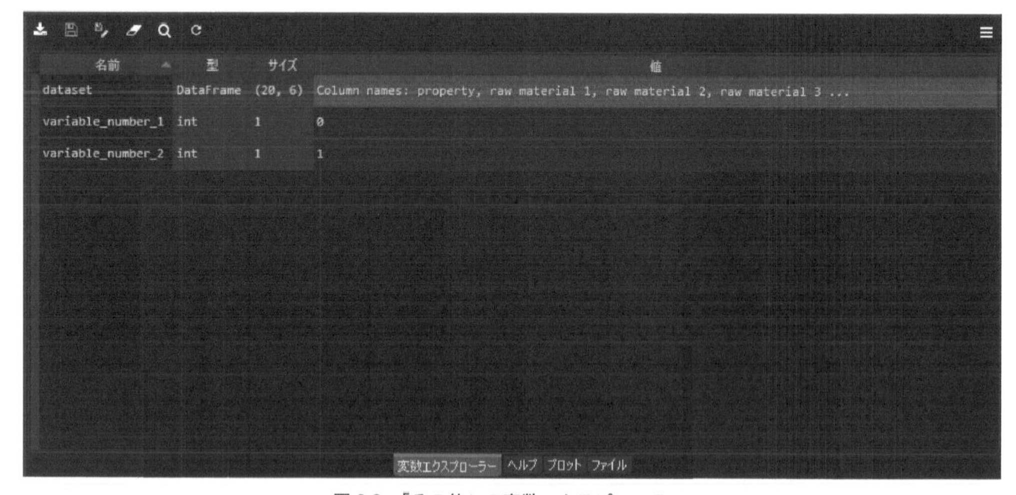

図 8.8 「その他」の変数エクスプローラー

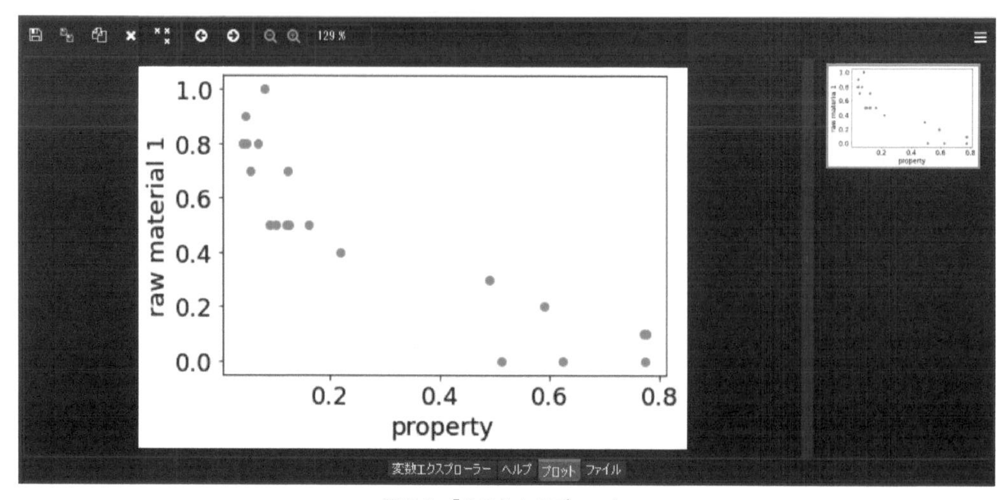

図 8.9 「その他」のプロット

化学構造を Python で扱うときには、RDKit [38] というパッケージを事前にインストールする必要があります。Windows の人ははじめに Anaconda Prompt を起動します。「Windows ボタン(スタートボタン)」→「Anaconda3」→「Anaconda Prompt」で起動できます。macOS の方ははじめにターミナルを起動しましょう。Launchpad → その他 → ターミナルで起動できます。

Anaconda Prompt もしくはターミナルにて、「conda install -y -c rdkit rdkit」と入力して、Enter キーを押すことで実行しましょう。プロセス終了後、サンプルプログラム sample_program_08_01_rdkit.py を実行してインストールに成功したか確認しましょう。サンプルプログラムは以下のとおりです。

```
from rdkit import rdBase
print('RDKit version: {0}'.format(rdBase.rdkitVersion))
```

サンプルプログラム実行後、「RDKit version: 2020.09.1」のように、RDKit のバージョン（バージョンは変わるかもしれません）が 右側の IPython コンソールに表示されれば、RDKit のインストールは成功です。インストールできなかったり、サンプルプログラム実行後にエラーが出たりした場合は、こちらの URL [60] のウェブサイトに対処法の説明があります。

第8章

参考文献

1. 佐藤健太郎 著 , 創薬科学入門 ―薬はどのようにつくられる？(改訂２版), オーム社 , 2018
2. https://ja.wikipedia.org/wiki/ChemDraw
3. https://chemaxon.com/products/marvin
4. https://datachemeng.com/sgrb_ga/
5. T. Ran, W. Li, B. Peng, B. Xie, T. Lu, S. Lu, W. Liu, J. Chem. Inf. Model. 2019, 59(1), 522–534
6. E.C. Hansen, D.J. Pedro, A.C. Wotal, N.J. Gower, J.D. Nelson, S. Caron, D.J. Weix , Nat. Chem. 2016, 8(12), 1126–1130
7. S. Nagasawa, E. Al-Naamani, A. Saeki, J. Phys. Chem. Lett. 2018, 9(10) 2639–2646
8. https://motor-fan.jp/tech/10004180
9. 大村平 著 , 実験計画と分散分析のはなし , 日科技連出版社 , 2013
10. https://datachemeng.com/designofexperimentscodes/
11. https://github.com/hkaneko1985/python_doe_kspub
12. https://www.python.jp/install/anaconda/index.html
13. https://datachemeng.com/anaconda_jupyternotebook_install/
14. https://www.anaconda.com/
15. https://pandas.pydata.org/
16. https://matplotlib.org/
17. 高橋信 著 , マンガでわかる統計学 , オーム社 , 2004
18. https://datachemeng.com/basicmathematics/
19. https://scikit-learn.org/stable/
20. https://datachemeng.com/rrlassoen/
21. https://datachemeng.com/partialleastsquares/
22. https://datachemeng.com/decisiontree/
23. https://graphviz.org/
24. https://datachemeng.com/randomforest/
25. https://datachemeng.com/supportvectormachine/
26. 金子弘昌 著 , 化学のための Python によるデータ解析・機械学習入門 , オーム社 , 2019
27. https://datachemeng.com/fastoptsvrhyperparams/
28. C.M. ビショップ 著 , パターン認識と機械学習 上 , 丸善出版 , 2012
29. http://www.gaussianprocess.org/gpml/chapters/RWA.pdf の A.2
30. https://ja.wikipedia.org/wiki/ 共役勾配法
31. https://ja.wikipedia.org/wiki/ マハラノビス距離
32. https://windfall.hatenablog.com/entry/2015/07/02/084623
33. H. Kaneko, K. Funatsu, J. Chem. Inf. Model., 2014, 54, 2469–2482
34. T. Kishio, H. Kaneko, K. Funatsu, Chemom. Intell. Lab. Syst., 2013, 127, 70–79
35. J. Snoek, H. Larochelle, R.P. Adams, Practical Bayesian Optimization of Machine Learning Algorithms, 2012, arXiv:1206.2944v2
36. E. Contal, V. Perchet, N. Vayatis, Gaussian Process Optimization with Mutual Information, 2014, arXiv:1311.4825v3
37. https://datachemeng.com/handle_molecules/
38. https://rdkit.org/docs_jp/index.html
39. https://en.wikipedia.org/wiki/Simplified_molecular-input_line-entry_system
40. T.J. Hou, K. Xia, W. Zhang, X. J. Xu, J. Chem. Inf. Comput. Sci., 2004, 44(1), 266–275

41. https://en.wikipedia.org/wiki/Chemical_table_file
42. J. Degen, C. Wegscheid - Gerlach, A. Zaliani, M. Rarey, Chem. Med. Chem., 2008, 3(10), 1503–1507
43. https://www.sfu.ca/~ssurjano/rastr.html
44. A.O. Griewank, J. Optim. Theory Appl. 1981, 34, 11–39
45. http://www.cadaster.eu/node/65.html
46. M. Karthikeyan, R.C. Glen, A. Bender, J. Chem. Inf. Model., 2005, 45(3), 581–590
47. K. Hamidieh, Comput. Mater. Sci., 2018, 154, 346-354
48. http://archive.ics.uci.edu/ml/machine-learning-databases/00464
49. Y. Katsura, M. Kumagai, T. Kodani, M. Kaneshige, Y. Ando, S. Gunji, Y. Imai, H. Ouchi, K. Tobita, K. Kimura, K. Tsuda, Sci. Tech. Adv. Mater., 2019, 20, 511–520
50. https://www.cocosimulator.org/
51. https://datachemeng.com/gaussianmixtureregression/
52. H. Kaneko, Adaptive design of experiments based on Gaussian mixture regression, Chemom. Intel. Lab. Syst., 2021, 208, 104226
53. https://datachemeng.com/gaussianmixturemodel/
54. T.K. Moon, IEEE Signal Process. Mag., 1996, 13, 47–60
55. https://scikit-learn.org/stable/modules/generated/sklearn.mixture.GaussianMixture.html
56. https://datachemeng.com/dcekit/
57. https://ja.wikipedia.org/wiki/ ガウスの消去法
58. https://ja.wikipedia.org/wiki/ 余因子展開
59. https://numpy.org/
60. https://datachemeng.com/rdkit_install_import/

索引

欧字

和字

あ行

か行

さ行

た行

な行

は行

ま行

や行

ら行

著者紹介

金子弘昌（かねこひろまさ） 博士（工学）

明治大学理工学部応用化学科准教授。
2011年に東京大学大学院工学系研究科化学システム工学専攻博士課程を修了。東京大学大学院工学系研究科助教を経て、2017年より現職。広島大学大学院先進理工系科学研究科客員准教授（併任）、大阪大学大学院基礎工学研究科招聘准教授（併任）、理化学研究所客員主幹研究員（併任）、合同会社ミライカガク総研社長（併任）、データケミカル株式会社最高技術責任者/CTO（併任）。著書に『化学のためのPythonによるデータ解析・機械学習入門』（オーム社）、『Pythonで気軽に化学・化学工学』（丸善出版）、『化学・化学工学のための実践データサイエンス―Pythonによるデータ解析・機械学習―』（朝倉書店）。

NDC417.7　　185p　　24cm

Python（パイソン）で学（まな）ぶ実験計画法入門（じっけんけいかくほうにゅうもん）
ベイズ最適化（さいてきか）によるデータ解析（かいせき）

2021年 6月 3日　第1刷発行
2024年 6月13日　第8刷発行

著　者　金子弘昌（かねこひろまさ）
発行者　森田浩章
発行所　株式会社　講談社
　〒112-8001　東京都文京区音羽2-12-21
　販　売　(03) 5395-4415
　業　務　(03) 5395-3615

KODANSHA

編　集　株式会社　講談社サイエンティフィク
　代表　堀越俊一
　〒162-0825　東京都新宿区神楽坂2-14　ノービィビル
　編　集　(03) 3235-3701
本文データ制作　株式会社　トップスタジオ
印刷・製本　株式会社　ＫＰＳプロダクツ

落丁本･乱丁本は、購入書店名を明記のうえ、講談社業務宛にお送り下さい。送料小社負担にてお取替えします。
なお、この本の内容についてのお問い合わせは講談社サイエンティフィク宛にお願いいたします。定価はカバーに表示してあります。

ISBN 978-4-06-523530-0